大展好書　好書大展
品嘗好書　冠群可期

休閒保健叢書：32

家庭醫學
速查百科

呂慶瑛　編著

品冠文化出版社

目錄

CONTENTS

目
錄

7

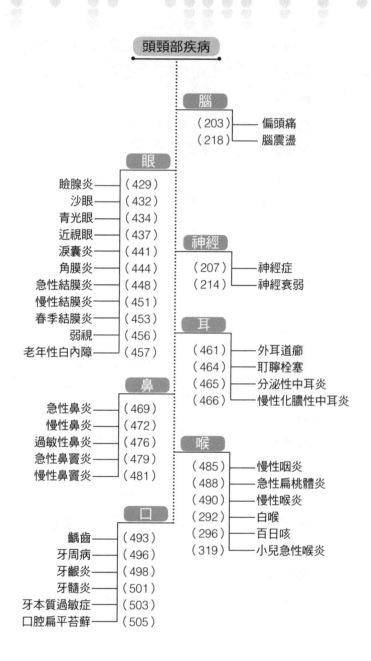

頭頸部疾病

腦
（203）—— 偏頭痛
（218）—— 腦震盪

眼
瞼腺炎 ——（429）
沙眼 ——（432）
青光眼 ——（434）
近視眼 ——（437）
淚囊炎 ——（441）
角膜炎 ——（444）
急性結膜炎 ——（448）
慢性結膜炎 ——（451）
春季結膜炎 ——（453）
弱視 ——（456）
老年性白內障 ——（457）

神經
（207）—— 神經症
（214）—— 神經衰弱

耳
（461）—— 外耳道癤
（464）—— 耵聹栓塞
（465）—— 分泌性中耳炎
（466）—— 慢性化膿性中耳炎

鼻
急性鼻炎 ——（469）
慢性鼻炎 ——（472）
過敏性鼻炎 ——（476）
急性鼻竇炎 ——（479）
慢性鼻竇炎 ——（481）

喉
（485）—— 慢性咽炎
（488）—— 急性扁桃體炎
（490）—— 慢性喉炎
（292）—— 白喉
（296）—— 百日咳
（319）—— 小兒急性喉炎

口
齲齒 ——（493）
牙周病 ——（496）
牙齦炎 ——（498）
牙髓炎 ——（501）
牙本質過敏症 ——（503）
口腔扁平苔蘚 ——（505）

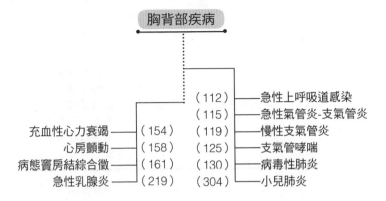
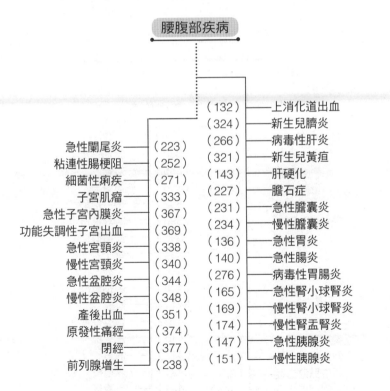

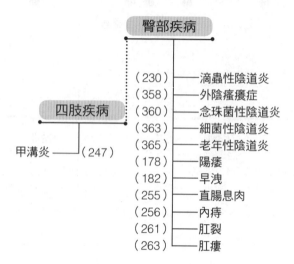

第一章 *CHAPTER*

健康體檢我會做

常見病自我檢查攻略

教你識別大腦衰老

經常出現下列現象，應考慮腦部是否老化：

- 對新近發生的事、剛剛聽到的話，都無清晰的印象。
- 遇到緊迫的事情，就會感到措手不及、浮躁不安。
- 常常沉湎於回憶往事。
- 只關心眼前的事情，對外界的情況懶於理睬。
- 感情衝動，好嘮叨，易發怒。
- 喜歡獨處，不願參加社交活動。
- 安於傳統，不適應新事物、新環境。
- 書寫遲鈍，閱讀緩慢，語速遲緩。

教你識別頸椎病

如果身體有以下表現，就要想到是不是頸椎出了問題：

- 久治不癒的頭痛或偏頭痛。
- 久治不癒的頭暈。
- 非耳部原因引起的持續性耳鳴或聽力下降。

不明原因的心律不整、類似心絞痛的症狀等（即所謂「頸源性心臟病」，因為頸椎病變後，壓迫神經，進而影響心臟功能，出現各種「心臟病」的症狀）。

· 久治不癒的低血壓。

·「莫名其妙」的高血壓。

久治不癒而又「找不到原因」的內臟功能紊亂，如呼吸系統、消化系統、內分泌系統功能紊亂等。

✚ 教你怎樣辨別心臟病

♥ 怎樣捕捉心臟病的前兆

心臟出現病變會有許多早期體徵信號，如出現下列症狀時，請到醫院進行檢查：

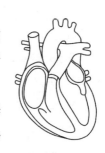

頸靜脈曲張：由鎖骨上延伸至耳垂方向凸起一條青筋，如小指粗細，多為右心功能不全引起。

耳垂皺褶：耳垂出現一條聯貫的、有明顯皺褶的斜紋，極有可能是冠狀動脈硬化所致。

發紺：皮膚黏膜和肢端呈青紫色，多因心臟缺氧、血液中的還原血紅蛋白增多所致。

氣急：在輕微活動或安靜時，常出現呼吸短促，但不伴咳嗽、咳痰，很可能是左心功能不全的表現。

鼓槌指（趾）：手指末端或腳趾端明顯粗大，並且甲面凸起如鼓槌狀，常見於慢性肺源性心臟病和先天性青紫型心臟病患者。

強迫性蹲位：由於心悸、氣喘，只有蹲位才能得到緩解，這是發紺型心臟病所特有的表現。

鼻子變形：鼻子很硬，表明心臟脂肪積累太多；鼻尖腫，表明心臟可能也在腫大或心臟病變正在擴大；紅鼻子

也常預示著心臟出了問題。

特殊面容：面容灰白而發紫，表情淡漠，是心臟病晚期的病危面容；面部呈暗紅色，是風濕性心臟病二尖瓣狹窄的特徵；面部呈蒼白色，則可能是二尖瓣關閉不全的徵象。

皮膚變色：慢性心力衰竭、晚期肺源性心臟病，皮膚可呈深褐色或暗紫色，這與機體組織長期缺氧、腎上腺皮質功能下降有關。

下肢水腫：往往是心功能不全，導致靜脈血流回心受阻的表現。

耳鳴：心臟病患者在早期都有不同程度的耳鳴，這是因為內耳的細微血管比較敏感，在心血管動力異常、尚未引起全身反應時，內耳就得到了先兆信號。

肩痛：這種肩痛與氣候無關，多為左肩、左臂內側的陣發性痠痛。據調查，冠心病患者中有肩痛者占患者總數的 65% 左右。

打鼾：長期持續打鼾者，患心臟病的風險遠遠要大於偶爾打鼾者。

♥ 心臟病發作早期信號

- 胸正中、手臂內側疼痛，以左側為常見。
- 左胸骨或整個上胸部疼痛。
- 牽涉到胸正中、頸、頜部疼痛。
- 胸部較大面積疼痛，頸、頜、手臂內側疼痛。
- 頸中部下端、直到頸上部兩側，兩耳間的頜部疼痛。
- 上腹部疼痛。

心臟病的自我判斷技巧

- 上坡或下樓時氣喘吁吁，呼吸困難。
- 脈率過快或過慢。
- 脈律中斷或不規則。
- 上樓或勞累時胸悶或隱痛。
- 血壓升高或脈差小。
- 腿腳下午常出現水腫感或感覺鞋緊。
- 口唇、指甲青紫色。
- 頸部青筋跳起。

- 兩塊肩胛骨間疼痛。
- 右臂內側從腋窩直至肘腕部疼痛。

左心衰早期自我診斷技巧

左心衰有如下早期徵象：
- 白天尿量減少，夜間尿量增多，體重有明顯增加。
- 血壓較平時高，特別是舒張壓升高。
- 白天站立或坐著時不咳嗽，平臥或夜間臥床後出現乾咳。
- 白天走路稍快或在輕微勞動後即感心慌、胸悶、氣促，休息時脈搏較平時增加 20 次/分鐘以上，或呼吸增加 4 次/分鐘以上。
- 夜間入睡 2～3 小時後，會因胸悶、氣促而驚醒，需坐起片刻或墊高枕頭後方逐漸好轉。

- 咳嗽、痰多，呈白色泡沫狀，勞累或輕微勞動後尤為明顯。

✚ 教你識別心肌梗塞徵兆

- 胸部持續疼痛，並擴散到兩臂、腹部、肩胛骨之間和下顎。胸腔常有一種火辣辣的感覺，脖子或上腹部也會出現疼痛。
- 胸部有一種強烈的悶壓感。
- 臉色蒼白或無色，額頭、上唇甚至整個臉都會冒冷汗。
- 呼吸困難，不得不坐下或躺下。
- 突然出現虛脫，但並未失去知覺。

如上述病痛 15～30 分鐘均不見好轉，需及時請醫生診治。

✚ 教你怎樣辨別心絞痛

♥ 牙痛可能是心絞痛在作怪

約有 18% 的冠心病患者心絞痛時疼痛表現在牙齒上，因為這種牙痛是隱性發作的冠心病反射引起，醫學上稱之為「心源性牙痛」。患有此症者往往牙痛難忍。

這時被牙痛掩蓋著的冠心病即將發作，如及時做心電圖檢查可使冠心病得到早期治療。

♥ 睡眠性、無痛性和貧血性心絞痛

睡眠性心絞痛：此型心絞痛並不發生在過度勞累或過分激動之際，而是發作在進入夢鄉之後，往往在夜間突然

憋醒，心前區疼痛，胸部有壓抑感。多為睡眠中被惡夢驚嚇而致心率加快、心肌耗氧量增加所致。

無痛性心絞痛：此型心絞痛並不表現為痛，而是感到胸部不適、氣短、乏力、頭暈、噁心等，當認清真相後，運用抗心絞痛藥物，上述症狀即可消失。

貧血性心絞痛：冠心病患者若伴有貧血更易引起心絞痛發作，這是由於紅細胞減少，攜氧能力降低，易導致心肌缺氧，待貧血糾正後，心絞痛也隨之好轉或消失。

❤ 伴隨性生活引起的心絞痛

當冠心病患者進行性生活時，心絞痛便伴隨而至。

由於性生活用力過度或時間過長，使心率加快，血壓升高，到達性高潮時，心絞痛則接踵而至。所以，冠心病患者特別是有心絞痛發作史的患者，不僅應服用抗心絞痛藥物，而且性生活應適度。

❤ 伴隨排便引起的心絞痛

排小便時可反射性地引起冠狀動脈功能不全而產生心絞痛，尤其發生在急迫排尿而又不夠通暢時，與用力排尿和精神緊張有關。

排大便引起心絞痛的機制與排尿的相似，多見於嚴重便秘的人，由於排便困難，用力過度，腹壓升高而引發心絞痛。

❤ 幫你輕鬆區分食管病與心絞痛

有些食管疾病可以引發心前區疼痛，類似於冠心病的

心絞痛，如下列食管病：

食管裂孔疝：是指腹腔內臟器（主要是胃）由膈食管裂孔進入胸腔所致的疾病，約有 1/3 的患者可有心前區疼痛、胸悶及心前區緊束感等症狀，可放射到肩、臂部，多發生在平臥、彎腰、咳嗽、飽餐後，疼痛帶有燒灼感，當坐起、站立或走動後可以使疼痛緩解，做上消化道鋇餐檢查可見裂孔疝。

反流性食管炎：是由於食管下括約肌功能失調，致使胃十二指腸液反流入食管，引起的食管黏膜炎症。伴有胸骨後不適和燒灼樣疼痛，需做食管鏡檢查才能明確診斷。

急性食管炎：由於機械性和化學性損傷引起的急性食管炎，會出現胸骨後疼痛，放射於肩部，伴有呼吸困難及疼痛，患者多有食管鏡檢查、吞嚥異物或腐蝕劑病史，診斷多無困難。

✚ 中風先兆早辨別

在中風前 1～2 天常出現異常症狀：血壓明顯增高，伴頭暈、頭痛、煩躁、噁心、嗜睡。

- 反應遲鈍、記憶力減退、判斷力減弱。
- 說話不聯貫、言語不清晰。
- 一側上下肢或面部突然麻木、四肢乏力，握物不緊。

暫時性眼球斜視：發現以上症狀，應考慮中風的可能，應及時請醫生檢查。

單眼突然眼前發黑，持續數秒到數十秒，說明視網膜有短暫性缺血。眼動脈對缺血十分敏感，症狀出現最早，

是腦中風早期信號之一。

60 歲以上的老年人發生急性鼻出血，不是一種孤立的症狀，很可能是腦出血的警報或早期信號。臨床上不少老年人的鼻出血多在驚嚇、憤怒等情緒異常的情況下發生，出血部位多見於鼻腔後部，出血量較大，止血也相對困難，老年人鼻出血後有半數以上在 1～6 個月內會發生不同程度的腦出血，即出血性腦中風。

劇烈頭痛：部分患者在發病前的幾小時到幾個月的時間內有原因不明的劇烈頭痛，部位可在後頸部、顧側、後枕部，也可波及整個頭部，持續時間幾小時到幾天。這是因為動脈瘤真正破裂前，先發生多次少量出血，多次反覆後，才因擴大、破裂而大量出血。

眩暈：多為腦幹、小腦梗塞的先兆，眩暈常伴有肢體症狀，如抬腳費力、手足麻木等。

呵欠不斷：腦動脈硬化逐步加重，血管內徑越來越窄，腦組織缺血、缺氧，會頻繁打呵欠。

短暫性腦缺血發作，也叫小中風。其特點是瞬間症狀發作，每次持續幾分鐘或數小時（一般在 24 小時之內，逐漸恢復而不留後遺症）。這些症狀有復視、單側或雙側肢體癱瘓、口齒不清、吞嚥困難、感覺障礙、近事回憶力喪失等。

隨時自測血壓，將血壓控制在 130/85 毫米汞柱以內。

✚ 教你怎樣辨別糖尿病

♥ 糖尿病早期徵兆巧識別

糖尿病具有多飲、多食、多尿、消瘦症狀。有糖尿病

家族史者，應注意自己身體的變化。

糖尿病有明顯的遺傳傾向，如果父母中有一人患此病，其子女的發病率比正常人高出 3～4 倍，特別是成年糖尿病患者，其中 10%有遺傳家族史。

反覆感染：膽管、尿道、肺部、皮膚等部位感染，反覆發作，遷延不癒。據統計，糖尿病併發肺結核的概率比正常人高 3～5 倍，占肺結核患者的 10%～15%。

上體肥胖：腰圍與臀圍之比大於 0.70，特別是女性，不論其體重多少，血糖耐量試驗異常者高達 60%。因此，這種體型可作為診斷糖尿病的一項特徵。

經常發生低血糖：患者經常出現多汗，特別是局部多汗、飢餓、胸悶、頭暈、心慌、乏力等現象。

皮膚瘙癢：全身皮膚發癢，夜間往往難以入睡，特別是女性陰部的瘙癢更為嚴重，或皮膚有多發性癤腫、癰，長時間治療不癒。口腔牙周反覆發炎，或患有菱形舌炎：即舌體的中央部位乳頭萎縮，局部一塊無舌苔的菱形缺損區，其發生率高達 61.7%。

周圍神經炎：肩部、手足麻木，伴灼熱感、蟻行感。據統計，40%左右的糖尿病患者出現這種症狀。

♥ 由皮膚病變來測定糖尿病

顏面和手足多有泛發性淡紅色斑，以額部為甚，伴有眉毛外側脫落。手足背和耳郭見淡紅色環狀結節，可播散全身。

足緣、足趾、小腿內側和手背有灼燒狀、緊縮性的小水疱，無痛，2 週左右自然痊癒，不留瘢痕。頸部、上背

和肩部出現非凹陷性板狀皮膚硬化。

四肢內側出現對稱性黃色結節，周圍輕度潮紅。四肢末端出現潰瘍、壞疽，潰瘍前有水疱。下肢出現邊緣清晰橙黃色萎縮斑，中央硬化，有時形成潰瘍。小腿脛骨前起初出現紅斑、小水泡、紫癜，逐漸形成圓形褐色萎縮斑，輕度凹陷。

全身瘙癢，尤以外陰、肛門、頭皮等部位為甚。顏面多汗，而軀幹及下肢少許。

♥ 由生殖系統症狀測定糖尿病

排尿困難：男性糖尿病患者出現排尿困難者為21.7%～42.3%。因此，中老年人若發現排尿困難，排除前列腺肥大外，應考慮糖尿病。

陽痿：男性糖尿病患者併發陽痿高達40%～60%，特別是中老年肥胖者更應注意。

不育症：由於膀胱內括約肌鬆弛而射精返回入膀胱，伴以陽痿，故常不育。

其他：經常出現不明原因的疲倦感、空腹感、視力減退、性慾降低、月經紊亂、便秘者，應警惕糖尿病。

80%的糖尿病患者發病在45歲以上。因此，年齡超過45歲，應定期檢查血糖、尿糖。若伴有肥胖、高血壓病、動脈硬化、高血脂症、冠心病者患糖尿病的可能性更大。

✚ 揭開「假感冒」的面紗

有些疾病初期症狀類似感冒，易於誤診，要提高警

惕。揭示這些「假感冒」，找出真正病因，以便及時治療。

♥ 病毒性肝炎

病初多有發熱、精神不振、乏力、頭暈、頭痛、周身關節痠痛等，其主要鑑別點是：病程長、噁心、嘔吐、厭油膩、有黃疸、肝區痛、血生化檢查顯示轉氨酶升高。

♥ 流行性腮腺炎

常以普通感冒形式出現，隨後突然高熱不退，同時腮腺腫大，面頰腫痛，持續 3～7 天，在此期間如沒有及時治療，便會引起化膿性腮腺炎及各種併發症，如腦炎、附睪炎、腎炎、胰腺炎等。

♥ 流行性腦膜炎

冬春多發，初期多鼻塞、流涕、渾身痠痛不爽，很快發展為撕裂性頭痛、噴射樣嘔吐、頸項強直、角弓反張、遍身紅疹、昏迷。

♥ 流行性 B 型腦炎

由蚊子傳播，起病急，季節性強，多集中在 7～9 月，高發於 10 歲以內兒童，體溫迅速上升，伴頭痛、嘔吐、精神不振，甚至昏迷或驚厥，少數有肢體癱瘓。

♥ 麻疹

嬰幼兒多見，頰黏膜有麻疹白斑，皮疹在 3～5 天即蔓延全身，高熱 40℃持續不降，若無異常，兩週即癒。

♥ 肺炎

初起時可出現類似感冒的症狀，但肺炎患者可出現呼吸困難、口唇發紺、咳嗽嚴重、發熱遲遲不退，病程較長。

♥ 扁桃體炎

兒童常見，症狀像感冒，尤其是小兒患病時，不會訴說嗓子痛，容易誤診，因此，對於感冒發熱者都應常規檢查一下咽部。

♥ 猩紅熱

是兒童常見的急性傳染病，冬春季多發，症狀像感冒，診斷要點是：面部和身上皮膚可見到細小、紅色的小丘疹，分佈密集而均勻，口唇周圍呈現一「蒼白圈」，舌體鮮紅像楊梅，扁桃體紅腫，此病傳染性強，應及早隔離治療。

♥ 肺結核

初期表現像感冒，低熱、食慾不振、輕度咳嗽等，但肺結核病程長，午後發熱多見，伴有乏力、乾咳、盜汗和消瘦。

♥ 風濕熱

青少年較為多見，初起時可像感冒，其特點是病程長，發熱持續不退，全身大關節可出現腫脹、疼痛，呈游走性。

♥ 病毒性心肌炎

好發於青少年，起病時也像感冒，其特點是：患者自覺胸悶、氣短，活動時心慌、發熱不明顯，但脈搏加快，每分鐘常達 100 次以上。

✚ 兒科疾病及早發現

♥ 從咳嗽辨別小兒健康

從小兒咳嗽可以辨別感冒輕重或是否患有其他病：

時間：輕者只在早晨起床和午睡起來時吐痰咳嗽；重者夜裡比白天咳得厲害。

頻率：輕者偶有不聯貫的咳嗽；重者經常咳嗽，痰不易咳出。

程度：輕者咳嗽時嗓子無其他聲響，只表明呼吸道有輕度炎症；重者嗓子裡有「嘶嘶、啾啾」的聲音，且呼吸急促，可能是肺炎、哮喘、百日咳等，應及時治療。

- 咳嗽，痰中帶血，低熱，乏力，多屬肺結核。
- 反覆咳嗽，發熱，痰多，有時帶血，多見於支氣管擴張。
- 頻咳，咳膿痰且有惡臭，多為化膿性肺炎，或有肺膿腫可能。
- 咳嗽伴聲嘶，表明咽喉與聲帶旁有炎症或腫瘤。
- 突發嗆咳，多因異物誤入氣管或百日咳、白喉等所致。

❤ 如何判斷小兒先天性心臟病

小兒先天性心臟病可能出現一些體外症狀：

如果孩子出生時體重輕、早產，或有過窒息，或發現孩子口唇發紺，應想到可能患有先天性心臟病。孩子出生後如吸奶無力、呼吸急促、體重不增、發育遲緩，或是雖已長到四、五歲，仍活動量小，動輒滿頭大汗，經常患感冒、咳嗽，甚至肺炎，常表示有較重的先天性心臟病。

孩子如在活動、哭鬧時出現氣急和發紺；睡覺時喜歡側臥，全身蜷曲；在跑、跳或嬉戲時體力明顯不支，容易疲倦，喜歡蹲下休息片刻（這是先天性心臟病患兒特有的蹲居現象），應引起家長的高度重視。

有的孩子隨著年齡增大，發紺逐漸加重，有的患兒即使休息不活動，其口唇、指甲，甚至面頰與口腔黏膜均可出現發紺。同時手指和腳趾的末端增粗，形如鼓槌，稱為杵狀指，這些都表示有較嚴重先天性心臟病的存在。

TIPS

· 孩子一旦出現上述這些現象，家長應儘早帶孩子到醫院檢查診治。

❤ 怎樣知道孩子是否缺鈣

· 經常在入睡時多汗。
· 不易入睡或進入沉睡狀態如經常在入睡後驚醒、啼哭。

- 白天常表現煩躁、坐立不安，不好照顧。
- 出牙遲（10個月後才長牙或牙齒排列不整齊）。
- 學步遲（13個月以後才學步）。
- 陣發性腹痛又查不出寄生蟲。
- 抽搐或抽筋。
- 偏食或厭食。
- 指關節明顯較大，指節瘦小、無力。
- 胸骨疼痛。
- 指甲灰白或有白痕。

以上10條中，如有1項不正常，請向醫生說明；若有2項不正常，表明身體可能患有某種疾病；倘若已患有某種疾病，必須去醫院詳細檢查，及早治療。

婦科疾病及早發現

白帶異常：白帶變為黃色，呈高粱米湯樣，或洗肉水樣，或膿性樣，或有臭味。

出血：陰道不規則出血，時多時少，或淋漓不盡，或性交出血。

陰道有脫出物：子宮或黏膜下肌瘤自陰道內脫垂，勿自行還納。

陰部瘙癢：外陰、陰道持續瘙癢。

外陰部出現腫塊：陰道長出贅生物，甚至破潰後久治不癒。

閉經：女子17歲無月經初潮。

性交痛：性交時因陰道乾澀等原因引起疼痛，甚至性

交困難。

下腹疼痛：下腹部持續性劇痛或陣發性絞痛。

腹部包塊：下腹正中或一側出現包塊，手可摸到。

月經不調：絕經前的婦女經期間隔短於 20 天，或超過 40 天。

發現上述情況應找醫生查明原因，及時治療。

老年疾病及早發現

♥ 老人自測心功能的竅門

老年人的心功能不全，具有一般心臟病患者類似的症狀，但也有自己的特點：

氣短，就是平日所說的上氣不接下氣，這是心功能不全常有的症狀。但有心功能不全的老年人不一定有氣短的感覺，而是活動時感到疲乏無力，難以行走。

踝部（指小腿下端與腳跟連接處）水腫是心功能不全的體徵之一，老年人要排除血清蛋白過低和慢性靜脈循環障礙。若長期臥床或極度衰弱的老年人，水腫常見於臀部（即在腰和臀部之間）而不是踝部。

夜間陣發呼吸困難是左心功能不全的特徵之一。

心臟病常有胸痛，但老年人往往因痛覺遲鈍或因合併糖尿病，可能出現無痛性心肌梗塞。因此，老年人無胸痛並不意味著心功能完好。

老年人心功能不全，心排血量減少，加重腦組織和消化系統供血不足，可出現食慾不振、噁心、嘔吐、腹痛等

症狀；面色發白，唇、甲發紺往往是最初的體徵。

❤ 中老年貧血自我鑑別

在中老年人中，貧血患者不在少數，其中缺鐵性貧血者占多數，中老年人是否貧血可以透過以下幾方面自我鑑別：

- 臉面、口唇、眼結膜、耳朵蒼白而無光澤。
- 心悸、氣短、心動過速，活動後更明顯。
- 皮膚乾燥粗糙，毛髮乾枯發黃。
- 指甲色白，變平凹陷，且脆薄易裂，或呈與肉分離樣。指甲根部的半月弧縮小或全部消失。
- 厭食、噁心、腹脹腹瀉、吞嚥困難、喉部有異物感。異食癖，如喜吃泥土、粉筆等。
- 眼白呈藍白色。
- 舌體變薄縮小、麻木刺痛，色鮮紅似生牛肉，舌苔剝脫，光滑似鏡面。
- 神疲乏力、嗜睡、頭暈、耳鳴、眼花、記憶力減退、思想不集中、性情煩躁，時有低熱。

❤ 老年痴呆的徵兆早知道

痴呆是大腦老化、萎縮、大腦皮質高級功能廣泛損害所致的智能障礙。

日本專家吉澤勳先生在多年臨床經驗和一些調查結果的基礎上制定了一種簡易的「痴呆預知自測法」，可供參考。

- 幾乎整天和衣躺著看電視。

- 什麼興趣愛好都沒有。
- 沒有一個可親密交談的朋友。
- 平時討厭外出，常悶在家裡。
- 日常生活中沒有屬於自己幹的工作或在家庭中不起什麼作用。
- 不關心世事，不讀書不看報。
- 覺得活著也沒什麼意義。
- 身體懶得動，無精打采。
- 討厭說和聽玩笑話。
- 血壓高或血壓低。
- 平時盡發牢騷或埋怨。
- 將「想死」作為口頭禪。
- 被人說神經過敏和過分認真。
- 過分憂慮。
- 經常焦躁，易發脾氣。
- 對任何事情都不會激動，無動於衷。
- 什麼事不親自動手便不放心。
- 不聽別人的意見，固執己見。
- 沉默寡言。
- 配偶去世已有 5 年以上。
- 不輕易對人說「謝謝」。
- 老講自己過去值得自豪的事。
- 對新的事物缺乏興趣。
- 任何事都要以自己為中心，否則心不平。
- 對任何事都缺乏忍耐。

以上 25 種現象中如有 15～25 種現象符合你的情況，

將來患痴呆症的可能性就極高；如有 8～14 種現象符合，也應及時引起重視了；如僅 1～7 種現象，暫且放心，但也不能麻痺大意。

營養素指標自檢

 ## 缺乏維生素的表現

♥ 缺乏維生素 A 的表現

口腔潰瘍，頭髮枯乾，脫髮，皮膚粗糙，記憶力減退，心情煩躁及失眠。

眼睛怕光、易感疲勞、易患結膜炎，抵抗感冒力差。指甲出現深刻明顯的白線。

♥ 缺乏 B 群維生素的表現

＊ 缺乏維生素 B_1

- 小腿有間歇性的痠痛；
- 消化不良，皮膚粗糙，氣色不佳，有時手腳發麻；
- 患視神經炎，在強光下看不見東西，在暗光下反而看得清楚。

TIPS

如果哺乳期的女性缺乏維生素 B_1，嬰兒就會視力衰弱。

＊ 缺乏維生素 B_2

- 嘴角破裂潰爛，出現各種皮膚性疾病，手腳有灼熱感覺。

- 對光有過度敏感的反應。
- 手腳發熱，皮膚多油質，頭皮屑增多，飯後有時視力模糊；眼睛過分潮濕流淚，或有結膜炎、白內障等。
- 失眠，口臭，原因不明的頭痛，精神倦怠。

* **缺乏維生素 B_3（煙酸）**

- 精力缺乏，腹瀉，失眠，頭痛或偏頭痛，記憶力欠佳，精神憂慮或緊張。
- 易怒，牙齦出血或牙齦過敏，痤瘡。

* **缺乏維生素 B_6**

- 肌肉痙攣，外傷不癒合，孕婦過度噁心、嘔吐。
- 舌頭紅腫，口臭，口腔潰瘍，情緒低落。
- 會造成角膜營養失調，變得粗糙或剝離；伴眼瞼水腫。

* **缺乏維生素 B_9（葉酸）**

- 濕疹，唇部乾裂，少白頭，憂慮或緊張，記憶力欠佳，精力缺乏，抑鬱，食慾不振，胃痛。

* **缺乏維生素 B_{12}（甲鈷胺）**

- 食慾不振，記憶力不佳，呼吸不均勻，精神不集中。
- 行動易失衡，身體時有間歇性不定位痛楚，手指及腳趾痠痛。

❤ 缺乏維生素 C 的表現

- 易流鼻血，容易感冒，口乾舌燥，不適應環境溫度變化。

- 傷口不易癒合，虛弱，牙齦出血，舌苔厚重。
- 易患白內障。

缺乏維生素 D 的表現

關節炎或骨質疏鬆症，背部疼痛，蛀牙，頭髮脫落，肌肉顫搐或痙攣，脆骨。

缺乏維生素 E 的表現

四肢乏力，易出汗，皮膚乾燥，頭髮分叉，精神緊張，女性痛經。

缺乏礦物質的表現

缺乏鈣的表現

- 精力不集中，容易疲勞，抽筋乏力，腰痠背痛，關節痛，免疫力低。
- 老年性皮膚瘙癢，腳後跟疼痛，腰椎、頸椎疼痛。
- 牙齒鬆動、脫落，明顯的駝背、身高降低，食慾減退、消化道潰瘍。
- 多夢、失眠、煩躁、易怒等。
- 兒童易患厭食、偏食。
- 不易入睡、易驚醒；易感冒，頭髮稀疏；智力發育遲緩。
- X 形或 O 形腿，雞胸。

缺乏鐵的表現

- 皮膚蒼白，舌部疼痛。

- 疲勞、無力，食慾不振以及感到噁心。
- 貧血，免疫力低下。
- 兒童的智力發育和生長發育表現遲緩。

🖤 缺乏鋅的表現

- 肝脾腫大。
- 妊娠反應加重，如嗜酸、嘔吐加重。
- 男性不育：少精、弱精或精液不液化。
- 兒童味覺障礙：厭食、偏食或異食。
- 易患口腔潰瘍，傷口不易癒合，青春期痤瘡等。
- 生長發育不良，免疫力下降，經常感冒、發熱。
- 智力發育落後。

✚ 缺乏蛋白質的表現

- 精神委靡不振，易疲勞。
- 抵抗力下降，易感染疾病。
- 皮膚乾燥發涼、毛髮乾燥變黃易脫落、指甲生長遲緩。
- 兒童的生長發育遲緩、體質下降。
- 淡漠、易激怒、貧血以及乾瘦或水腫。

✚ 缺乏必須脂肪酸的表現

- 皮膚易損傷。
- 生長遲緩。
- 生殖障礙。
- 易患腎臟、肝臟、神經和視覺方面的疾病。

第二章 CHAPTER

健康常識要知道

用藥常識

身體有病，吃藥是必須的。如果懂得一些藥物常識，對身體的早日康復大有益處。

處方藥與非處方藥

處方藥與非處方藥的區別在於：處方藥必須憑執業醫師或執業助理醫師處方才可調配、購買和使用；而非處方藥不需要憑執業醫師或執業助理醫師處方即可自行判斷、購買和使用。

瞭解非處方藥

對一些大病或疑難雜症，毫無疑問，人們會馬上去醫院，由醫生開出處方，決定用藥。而對一些小病或常見病，大多數人選擇自行購藥。「大病進醫院，小病上藥店」是如今人們求醫求藥的真實寫照。

非處方藥雖然方便、實惠，但由於是自行購藥，因此，正確選購和用藥非常重要，應注意以下兩個方面。

1.要正確判斷病情

無論是給自己或是家人買藥，都要做到對病情心中有數。

2.正確選藥

每一種藥都有說明書，列有以下內容：產品名稱、藥

物成分、適應證、劑量、劑型、用法、用量、不良反應、禁忌證、注意事項、保存方法、有效期、批准文號、藥號、生產廠家、地址等。

買藥時要將病情與藥物相對照，考慮適用與否，在適應證符合的情況下，還要注意「不良反應和禁忌證」，以免顧此失彼，對身體造成不必要的傷害。

❤ 遵照藥品說明嚴格用藥

服用非處方藥時，要遵照藥品說明嚴格用藥，包括用法、用量、療程等，不可擅自超量或長時間服用。因為非處方藥同樣具備毒副作用，安全只是相對而言。

一般使用非處方藥物進行治療 3 天後，病情不見好轉或有加重現象，應立即停藥，並到醫院診治。需要服用多種藥時，應向職業藥師諮詢，切忌擅自同時服用，否則可能會加大毒副作用，而且還不易查明原因。

服用非處方藥後，如出現高熱、皮疹、哮喘、瘙癢症狀時，應立即去醫院診治。

TIPS

買非處方藥時一定要留存購藥憑證，並要求寫清藥名，以備查證。

✚ 正確使用藥物

正確用藥，就能夠使藥物發揮出最大效力，既能在短

時間內消除或減輕病症，又能最大限度地減少藥物對身體的不良作用。而不正確的用藥方法，既發揮不出藥效的全部作用，又會對身體造成一定的危害，甚至加重病情。

❤ 常用藥的服用方法

【中藥與西藥要相隔半小時服用】

如果患者需要服用中藥和西藥，那麼，兩種藥之間最少要間隔半小時服用，因為大部分西藥被身體吸收需半小時左右，新陳代謝後，對中藥的影響就會變得小了。也就是說，半小時之後，中藥和西藥就互不影響彼此藥效的發揮了。

【藥片磨成粉，不良反應多】

對於一些年老體弱或患多種慢性病的人來說，常常要服多種藥，由於某些藥品難以下咽，家人常會將一些難以順利下咽的片劑藥品磨成粉狀，沖水順服。這種做法是不科學的，有的不但達不到治療目的，相反還會引起一些不良反應。

相關藥品資料顯示，不可以切半或是磨粉服用的藥物，大約有 362 種，如降壓藥，本應在小腸內正常吸收，磨成粉狀之後，它們來不及到小腸，提前在胃部被吸收，由此就帶來不必要的噁心、胃絞痛等症狀，增加了身體的不適。

【喝湯藥有「黃金時間」】

湯藥的服法很有講究，一般來說，上午 9 點和下午 3 點左右，是身體吸收藥物的「黃金時間」，此時服湯藥效果最佳。

但是，不同藥性的湯藥有其不同的特點，服藥時間也要針對不同的病症來調整。

如治療虛證和腸胃病的湯藥，服用時間應在飯前30～60分鐘；補益藥和瀉下通便的湯藥，宜在飯前空腹服用。

通便的大黃、火麻仁等中藥，宜在清晨或白天服用。

驅蟲藥宜在早晨空腹服用。

安神藥則應在睡前服用。

治療心肺病證和其他一般疾病的湯藥，則通常在飯後15～30分鐘服用為好，避免藥物對腸胃產生刺激，減少副作用；

助消化或對腸胃有刺激的湯藥也應在飯後服用。

【湯藥「冷服」「溫服」「熱服」有講究】

傳統的中醫理論認為，一般的中藥湯劑應該「溫服」，即湯藥煎煮後立即濾出，在常溫下放置到30～37℃時再喝。

還有丸、散一類的中成藥也應該以溫水送服。需要「熱服」的，是那些屬於解表、發散風寒的藥，並且可在服藥後喝些熱稀飯、熱水，以助藥力。而一般止咳、清熱、解毒的藥，應「冷服」，以免引起刺激。總之，要遵循一個原則，即「寒者熱之，熱者寒之」。

只有這樣才能最大限度地發揮藥的效力。

【適宜飯前服用的藥物】

部分抗生素：

如氨苄西林、頭孢氨苄、頭孢拉定、頭孢克洛、克拉黴素、羅紅黴素、利福平、異煙肼等。

胃動力藥：

如多潘立酮、甲氧氯普胺、西沙必利等。

胃腸解痙藥：

如阿托品、顛茄片等。

胃壁保護藥：

如胃舒平、三硅酸鎂、膠體果膠鉍等。

口服營養藥：

如人參製劑、鹿茸精、蜂乳、六味地黃丸以及一些對
胃腸刺激小的滋補藥等。

收斂藥：

如鞣酸蛋白、蒙脫石散、次碳酸鉍等。

吸附藥：

如活性炭等。

助消化藥：

如乳酶生、多酶片等。

降血糖藥：

如美吡達、格列波脲、格列喹酮、阿卡波糖等。

部分降血壓藥：

如卡托普利等。

【有些藥物服用後勿曬太陽】

服用後不可曬太陽的藥物叫做光敏性藥物。常見的有
抗生素類、沙星類藥物。

如果服用了此類藥物，又長時間暴露在太陽底下，嚴
重者會導致皮膚起水泡。

這是因為經太陽的照射，會使藥物中的某些成分活
化，從而直接地破壞或殺死皮膚細胞。剛開始皮膚出現麻

刺感或紅斑，這時應立即用涼水濕敷紅腫發熱的部位，還要在醫生的指導下，口服皮質類固醇藥物。

如果皮膚損傷嚴重，發生感染，要服用抗生素來治療。為避免發生光敏反應，可使用「羥氯喹」來加以預防。

【吃藥不能盲目做「加法」】

以感冒為例，如果兩種藥中含有同一種成分，就只能選擇服用其中一種，避免攝入過多，增加毒性。

一般來說，治療感冒的西藥可以和治療感冒的中藥一起吃，比如服用酚麻美敏片後也可以吃板藍根、流感丸。但是，西藥不能和複方藥同吃，因為複方藥裡可能含有中、西藥兩種成分。

【管住口，藥效佳】

不同的藥物其活性成分不同，某些藥物與某些飲食存在相剋作用。

所有藥物：忌菸

服藥後 30 分鐘內不能吸菸。因為煙鹼會加快肝臟降解藥物的速度，使藥物難以發揮應有的作用。

阿司匹林：忌菸、果汁

阿司匹林與酒同服，不僅加重發病症狀和全身疼痛症狀，還容易使肝損傷。如果與果汁同服，會誘發胃出血。

鈣片：忌菠菜

菠菜不僅會妨礙人體吸收鈣，還容易生成草酸鈣結品。因此，服用鈣片前後 2 小時內不要吃菠菜。

黃連素：忌茶

因為茶會沉澱黃連素中的生物鹼，大大降低其藥效，

因此，服用黃連素 2 小時內不能飲茶。

布洛芬：忌咖啡、可樂

布洛芬對胃黏膜有較大的刺激，咖啡和可樂都會刺激胃酸分泌，胃酸增多會損傷胃黏膜，加劇胃黏膜的刺激，甚至誘發胃出血、胃穿孔。

抗生素：忌牛奶、果汁

服用抗生素前後 2 小時內不可飲用果汁或牛奶。因為它們不僅會使藥效降低，還有可能生成有害物質，增加毒副作用。

降壓藥：忌西柚汁

西柚汁會增加降壓藥的血藥濃度，引起藥物性低血壓。

多酶片：忌熱水

酶是一種活性蛋白質，遇到熱水後即凝固變性，失去應有的助消化作用，因此，服多酶片時要用涼開水送服。

抗過敏藥：忌奶酪、肉製品

奶酪、肉製品與抗過敏藥同吃會誘發頭暈、頭痛、心慌等症狀。

維生素 C：忌蝦

服用維生素 C 前後 2 小時不能吃蝦，因為兩者結合會生成具有毒性的物質。

苦味健胃藥：忌甜食

因為苦味健胃藥依靠苦味刺激唾液、胃液等消化液分泌，而甜食掩蓋了苦味，會降低藥效，還會與健胃藥中的許多成分發生反應，降低其治療效果。

【不適合睡前服的藥】

每類藥物都有自身的特點，服用時間不當也會對身體造成損害。

止咳藥：

如果睡前服用止咳藥的話，會造成睡後副交感神經興奮性增高，導致支氣管平滑肌縮小，再加上痰液阻塞在狹窄的管腔裡，極易出現呼吸困難等症狀。

降壓藥：

如果在睡前服用，睡後血藥濃度到達峰值，血壓大幅度下降，心、腦、腎等重要器官會出現供血不足。

利尿藥：

利尿藥服用 1 小時左右就會發揮利尿作用，為了不影響睡眠，宜在清晨服用。

補鈣劑：

睡前服補鈣劑不但會誘發胃腸疾病，還使人易患尿路結石，因此，不要在睡前服用補鈣劑。

【服藥喝水有講究】

需要用 200～300 毫升溫開水送服的藥。以磺胺甲噁唑為代表的磺胺類藥，服用時如果飲水過少，藥物的代謝產物就會在尿液中形成結晶，出現腰痛、蛋白尿乃至血尿等。

服用抗生素藥物時也應飲水，如果飲水少，藥物就會滯留在食管中，從而在局部產生一個藥物濃度超高的區域，這會給食管黏膜造成強烈的刺激。

服用阿司匹林等解熱鎮痛藥的同時也應大量飲水，因為這些藥物進入人體後，會直接作用於體溫調節中樞，使

出汗量增加。如果不及時補充水分，很可能造成全身水和電解質的失衡，對身體不利。

服用糖漿時不宜飲水。糖漿類藥物不僅由胃腸道來吸收，還會覆蓋在咽喉部的黏膜上，起到消除局部炎症、減少刺激的作用，從而緩解咳嗽症狀。如果喝水過多，附著在咽喉部的糖漿就會被稀釋，就無法發揮藥效。

服用消化道黏膜保護劑時飲水量不宜超過 50 毫升。在服用蒙脫石散、L-谷氨醯胺呱侖酸鈉顆粒等保護消化道黏膜的藥物時，飲水量不應超過 50 毫升。這樣有利於藥物覆蓋在胃腸道黏膜上，從而發揮藥效。

某些中成藥對飲水有特殊要求。某些中成藥需要用特殊的「水」來送服，可以在一定程度上提高藥效。這些「水」包括黃酒、米湯、薑湯、鹽水等。

黃酒性溫熱，有通經活血、散寒的作用，用黃酒送服雲南白藥、跌打丸等，有利於藥效的發揮。

米湯具有保護胃氣的作用，服用參苓白朮散、四神丸等可用米湯送服。

生薑具有散寒、溫胃的效用，把生薑熬成薑湯來送服感冒清熱沖劑，效果更好。

食鹽能引藥入腎，服用六味地黃丸、左歸丸等藥物宜用鹽水。

【用藥記住「五先五後」】

先食療，後藥療：

俗話說「是藥三分毒」，所以能用食療的就先食療，比如薑湯、紅糖水治療風寒感冒，不妨先喝點，如果不見效再吃藥也不遲。

先中藥，後西藥：

中藥多屬於天然藥物，其毒副作用比西藥要小，除非使用西藥有特效，否則最好先用中藥治療。

先外用，後內服：

為減少藥物對身體的毒害，能用外用藥治療的疾病（比如皮膚病、牙齦炎、扭傷等）可先用外敷藥解毒、消腫，最好不用內服消炎藥。

先吃藥，後輸液：

大多數人以為輸液病好得快，其實不然。藥劑由血液流向全身，最後進入心臟，直接作用於血管壁和心臟。因此，能用內服藥使疾病緩解的，就不必用注射的方法來治。

先用成藥，後用新藥：

近年來新藥、特效藥越來越多，一般來說它們在某一方面有獨特的療效，但由於應用時間較短，其缺點和毒副作用，尤其遠期毒副作用還沒被人們全部認識，因此，患病時最好先用中西成藥，確實需要使用特效藥時，也要慎之再慎之，特別是用進口藥物尤其要謹慎。

【按時服藥才見效】

每日服用 1 次的藥，要固定服藥時間，每天都在同一時間服用。

每日服用 2 次，一般是指早晚各 1 次（一般指早 8 時、晚 8 時）。

每日服用 3 次，一般是指早、中、晚各 1 次。

每日服用 4 次，一般是指早 8 時、午 1 時、下午 4 時和晚 8 時。

每 4 小時服用 1 次，一般是指每間隔 4 小時服 1 次。

此外，也有隔日 1 次或每週服用 1 次的，飯前服用一般指飯前半小時服用，健胃藥、助消化藥大多在飯前服用，不註明飯前的皆在飯後服用。睡前服用指睡前半小時服用，空腹服用指清晨空腹服用，大約在早餐前 1 小時。必要時服用指症狀出現時服用，如退熱藥在發熱時服用，解熱鎮痛藥也可在疼痛時服用。

【辨別藥物的不良反應】

任何藥物都有兩重性，既有防治疾病的作用，又有可能引起人體不良反應的作用。

不良反應包括副作用、毒性作用、過敏反應和繼發反應。

各種藥物在治療時或多或少都可產生一些副作用，如阿托品在緩解胃腸痙攣時，常有引起口乾的副作用；氯苯那敏在抗過敏的同時，會出現乏力、嗜睡等。

有些藥的副作用表現在消化系統方面，服用後使人噁心、嘔吐、厭食、腹瀉、便秘等；表現在神經系統方面的有頭痛、眩暈、耳鳴等；用量過大或長期使用，則可出現毒性作用，如對肝腎的損害，出現轉氨酶升高或血尿，白細胞數減少或貧血等。

地西泮、呱替啶等可致呼吸抑制。

過敏反應表現為皮炎、藥疹、蕁麻疹等，嚴重時可致過敏性休克。

如青黴素類抗生素，使用前都必須做過敏試驗。繼發反應則見於使用廣譜抗菌藥不妥引起的菌群失調，造成白色念珠菌大量繁殖等。

✚ 建立自己的家庭藥箱

　　家中備有一個藥箱是十分必要的，除了方便外，有時在關鍵時刻還能救人性命。

❤ 家庭常備外用藥品

　　醫用酒精，碘酊，過氧化氫溶液，風油精，清涼油，活絡油，雲南白藥，麝香跌打風濕膏，消毒棉籤和棉球，紗布或繃帶，創可貼。

❤ 家庭常備西藥

解熱鎮痛藥：

阿司匹林、布洛芬。

感冒藥：

羚羊感冒片、酚麻美敏片、複方鹽酸偽麻黃鹼緩釋膠囊。

止咳藥：

甘草片、急支糖漿、枸櫞酸噴托維林。

消化不良：

健胃消食片、山楂丸、多潘立酮、鋁碳酸鎂片。

上火：

牛黃解毒丸、黃連上清丸。

腹瀉：

諾氟沙星、顛茄磺苄啶。

抗生素：

青黴素、羅紅黴素。

抗過敏藥：

氯苯那敏、阿司咪唑、氯雷他定。

♥ 家庭常備中成藥

消化不良類藥物：

香砂六君丸。

感冒類藥物：

柴胡沖劑、複方板藍根沖劑。

感染性發熱類藥物：

清開靈膠囊。

心絞痛類藥物：

速效救心丸、麝香保心丸。

眩暈類藥物：

眩暈寧顆粒（如伴有血壓升高，還可加服全天麻膠囊）。

失眠類藥物：

安神補腦液。

♥ 寶寶的小藥箱

嬰幼兒的抵抗力相對比較弱，又比較頑皮，很容易在玩耍過程中沾染病毒、細菌，所以常常會突發急症或受到意外傷害。

最好在家裡為嬰幼兒準備一個急救藥箱，以備不時之需。最好給寶寶準備一個單獨的急救藥箱，而不要與大人

的混用，以免心急拿錯藥。

藥箱裡面最好有不同的小格，以便分別存放常備藥品、應急藥品、外用藥品及其他用品。

【藥品選擇】

在藥品的選擇上要注意多選擇上市時間長的藥品，儘量不要選擇新藥（除非醫生推薦），因為老字號的藥品在市面上使用時間長，其藥性和毒副作用已經經過臨床檢驗，相對來說更加安全可靠。

多選擇療效穩定、使用方便的口服藥、外用藥，儘量少選或者不選注射藥物。

另外，要注意針對寶寶的特殊疾病準備特效急救藥品，如哮喘專用噴劑、心臟病特效藥等。

如果寶寶有過敏問題，在選用藥品的時候要特別注意，避免選用含有致敏原的藥品。

應急藥品主要包括：

針對寶寶的特殊疾病而準備的特效急救藥品、快速退熱防止小兒驚厥的藥品、止瀉類藥品、抗過敏藥品等。

常備藥品主要包括：

解熱鎮痛類藥品，如阿司匹林、感冒藥；止咳化痰類藥品；幫助消化的藥品；抗生素等。

外用藥主要包括：

外用消炎、消毒類藥品，如醫用酒精、碘酒、醫用高錳酸鉀等；外用消腫、止痛類藥品，如止痛膏藥、紅花油等。

其他藥品包括：

醫用消毒藥棉、紗布、繃帶、醫用膠布、創可貼等。

💛 藥品的儲存

每種藥品的包裝盒和藥品說明最好放在一起，如果是購買的散裝藥，可以自己另加一個包裝，寫清楚購買時間和使用方法，這樣一方面在使用的時候便於查閱，另一方面便於定期檢查藥效是否過期。

TIPS

要注意的是，最好不要用舊藥品的包裝盒來存放其他藥品，也儘量不把不同藥品放在同一個包裝盒裡面，以免誤用。平時最好經常清查藥箱，如果發現藥片（丸）發霉、粘連、變質、變色、鬆散、有怪味，或藥水出現絮狀物、沉澱、揮發變濃等現象時，要及時處理掉，並補充相應新藥。

最後要提醒的是，藥箱要存放在寶寶不易拿到的地方，以免因誤服而造成危險。

【夏季藥品存放須知】

炎炎夏日，有些藥品最怕熱，因此，最好放在冰箱裡保存。

外用藥：

如滴眼液、滴鼻液、滴耳液、洗劑和漱口液等。

中成藥：

因這些藥多為「膏、丸、丹、散」類，其中蜂蜜和紅

糖等都是很常見的添加劑，在高溫受潮時非常容易變質。另外，有些中成藥是用白蠟封口，在高溫下也容易裂開，導致變質。

糖衣片：

此類藥在高溫下容易黏結成團快，隨之變質。如黃連素片等易融化變黑；板藍根沖劑等易吸潮結塊。

膠囊或膠丸：

在高溫下容易出現軟化、破裂、漏油等狀況。

針劑：

很多抗生素類的針劑都是乾粉狀的，高溫下會使藥物變質，需要嚴格低溫乾燥保存。

擦劑：

擦劑含有揮發性的溶媒，如酒精等，因此，使用後應擰緊瓶蓋，放在冰箱中保存。

➕ 掌握家庭護理技能

❤ 學會測量體溫、血壓和脈搏

在家護理患者，護理者必須要學會測量體溫、脈搏、血壓以及呼吸等技能，因為患者身體哪怕有一點變化，都是最先從這幾個體徵表現出來的。

體溫：

測量體溫的部位有 3 種：腋測法、口測法、肛測法。

腋測法：

先把體溫計甩一甩，使水銀柱在刻度表數值以下，然後把尖頭的一面夾到腋窩處，測量 10 分鐘，正常值為 36～37℃。

口測法：

測前與腋測法相同，只是把體溫計放到舌下，測量 5 分鐘，正常值為 36.2～37.2℃。

肛測法：

測前同上，只是把體溫計插到肛門裡，體溫計露到外面約 2/3 就可以，測量 5 分鐘，正常值為 35.5～37.7℃。

體溫過高（發熱）、體溫過低，都視為體溫異常。其中發熱又分為 4 度：低熱 37.5～38℃，中度發熱 38～39℃，高熱 39～40℃，超高熱為 40℃以上。

35℃以下為體溫過低。出現這種狀況常見於休克、慢性消耗性疾病、甲狀腺功能低下及低溫環境中暴露過久等。

血壓：

正常值，一般成年人收縮壓為 90～140 毫米汞柱；舒張壓為 60～90 毫米汞柱；脈差壓為 30～40 毫米汞柱。

測量方法：

測量血壓一般以右上肢血壓為準。受檢者露出右臂，測量者將袖帶平展地縛於上臂，其下緣在肘窩上方 2～3 公分處，不可過鬆或過緊，再把聽診器放在動脈上，然後打氣，動脈音消失後再將汞柱升高 2～3 公分，緩慢放氣，聽到第一個聲音時的壓力為收縮壓，聲音消失時的血壓為舒張壓。

脈搏：

正常人脈率為每分鐘 60～100 次，節律規整，強弱適中，管壁光滑，柔韌且有彈性。

測量方法：

一般用食指、中指、無名指的指腹觸診橈動脈的搏動，橈動脈觸不到時，選其他動脈。

❤ 教你看懂化驗單

【怎樣看懂尿常規化驗單】

現在尿常規檢查打印出來的符號都是英文縮寫，下面簡單介紹這些英文縮寫的含義：

NIT 代表尿中的亞硝酸鹽；

pH 代表酸鹼度；

GLU 代表尿糖；

PRO 代表尿蛋白；

BIL 代表膽紅素；

WBC 代表白細胞；

SG 代表尿相對密度；

ERY 代表尿紅細胞；

UBG 代表尿膽原；

BLD 代表隱血；

KET 代表酮體。

【怎樣看懂前列腺化驗單】

前列腺液化驗單的正常結果：

外觀：乳白色稀薄液體。

卵磷脂小體：極多，幾乎滿視野。

上皮細胞：少見。

紅細胞：在顯微鏡高倍視野下，少於 6 個(HP)。

白細胞：少於 10 個(HP)。

精子：少見。

pH：6.3～6.5。

【看懂化驗單裡的數字】

心率：

正常人平均心率為每分鐘 60～100 次。成人安靜時心率超過 100 次/分鐘者，為心動過速；低於 60 次/分鐘者，為心動過緩。

心率可因年齡、性別及其他因素而變化。

尿量：

正常值為 1 000～2 000 毫升/ 24 小時。

如果 24 小時尿量大於 2 500 毫升則為多尿。生理性多尿是因為飲水過多所致；病理性多尿見於糖尿病、尿崩症、腎小管疾病等。

如果 24 小時尿量小於 400 毫升，則為少尿，多因飲水過少、脫水、腎功能不全所致。

如果 24 小時總尿量少於 100 毫升，則稱為無尿，多見於腎功能衰竭、休克等嚴重疾病。

夜尿量：

一般為 500 毫升。夜尿指晚 8 時至第二天早晨 8 時的總尿量，排尿 2～3 次。

如果夜尿量超過白天尿量，且排尿次數增多，稱為夜尿增多，分為生理性和病理性兩種。前者是由於睡前飲水過多所致；後者常為腎臟功能受損的表現，是腎功能減退的早期信號。

尿紅細胞數（RBC）：

正常值為 0～3 個/高倍視野。

血小板計數（PLT）：

正常值為 100～300。

血紅蛋白（Hb）：

成年男性正常值為 120～160 克/升；成年女性正常值為 110～150 克/升。

如果血紅蛋白小於正常值，就說明可能是貧血，應及時到醫院診治。

白細胞計數（WBC）：

正常值為（4～10）$\times 10^9$ 個/升。白細胞計數大於 10×10^9/升為白細胞增多，小於 4×10^9/升為白細胞減少。一般來說，急性細菌感染或炎症時，白細胞可升高；病毒感染時，白細胞可降低。

糖尿病排除標準：

空腹時血糖含量小於 6.1 毫摩爾/升，且餐後 2 小時血糖小於 7.8 毫摩爾/升。

糖尿病預警信號：

空腹時血糖含量大於 5.6 毫摩爾/升。

弱視：

矯正視力小於等於 0.8。弱視的療效與年齡密切相關，一般認為，4～6 歲是治療的最佳時期，12 歲以後療效逐年降低，成年後基本無治癒的可能。

如果你感覺最近尿量明顯增多，口渴，應及時去醫院檢查，看是否有糖尿病、腎病的傾向。

當發現身上經常有「烏青塊」時，應及時去血液科門診就診，查明原因。

TIPS

六種情況宜看中醫：

一是慢性疾病；

二是大病初癒；

三是婦科疾病；

四是兒童疾患；

五是疑難疾病及癌症晚期；

六是有病難診。

家庭醫學速查百科

第三章 *CHAPTER*

家庭急救常識要知道

家庭急救知識速遞

✚ 危重病患急救措施

♥ 昏迷患者急救要訣

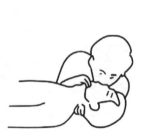

- 勿進食、勿飲水，以防止窒息及發生吸入性肺炎。
- 讓患者頭偏向一側，保持呼吸道通暢，防止嘔吐物吸入肺內。
- 有假牙的取下假牙。
- 注意保暖。

♥ 暈厥患者急救要訣

- 讓患者頭低腳高躺下。
- 解開患者衣領、褲帶及胸罩。
- 注意保暖或安靜。
- 餵服糖水或熱茶。
- 用低濃度氨溶液由鼻內滴入。
- 用拇指、食指捏壓患者合谷穴（手之虎口處）；還可用拇指掐或針刺人中穴。
- 給患者灌服少量葡萄酒。
- 出現心搏驟停，應立即在其左前胸猛擊一拳，並進行人工呼吸及心臟按摩。
- 經初步處理後送醫院治療。

❤ 心衰患者急救要訣

安慰患者，消除精神緊張。

採取坐位，兩足下垂。

注意脈搏、呼吸及尿量，以便向醫生報告。

肺心病患者勿用鎮靜劑。

有氧氣袋者可輸氧。

❤ 急性腹痛患者急救要訣

急性腹痛，在醫生未作出明確診斷前，禁用麻醉止痛劑（如嗎啡、呱替啶等）。

有下列情況之一者，應送醫院急診：

·上腹痛數小時後轉為右下腹疼痛。

·腹痛伴有頻繁的嘔吐或腹瀉。

·伴有反跳痛的腹痛。

·腹痛伴有休克者。

·老年人的腹痛。

·不能緩解的小兒腹痛等。

❤ 咯血、嘔血患者急救要訣

將患者平臥，有假牙的取下假牙，頭偏向一側。

親人應守護在床邊，安慰患者，消除患者的緊張及煩躁情緒。抓緊時間送入醫院。

❤ 急性酒精中毒患者急救要訣

·患者興奮煩躁勿使用安眠鎮靜劑。

- 酒醉患者皮膚血管擴張，冬天易導致凍傷，故應注意保暖。
- 鼓勵患者嘔吐。
- 嚴重中毒或伴有心臟病、高血壓病或甲狀腺功能亢進症等，應儘快送醫院。

❤ 心臟病發作急救要訣

- 儘量解除患者的精神負擔和焦慮情緒。
- 立即將硝酸甘油或硝酸異山梨酯放於患者舌下。
- 讓患者取半坐位，口服 1～2 粒麝香保心丸。
- 患者感到心跳逐漸緩慢以致停跳時，應連續咳嗽，每隔 3 秒鐘咳 1 次，心跳即可恢復。

如心搏驟停，可用下列方法急救：

叩擊心前區：

施術者將左手掌覆於患者心前區，右手握拳，連續用力捶擊左手背。心臟停搏 1.5 分鐘內有效。

胸外心臟按摩：

患者仰臥硬處，頭部略低，足部略高，施術者將左手掌放在患者胸骨下 1/3 處、劍突之上，將右手掌壓住左手背，手臂則與患者胸骨垂直，用力急遽下壓，使胸骨下陷 2～3 公分，然後放鬆，連續操作，每分鐘 60～70 次。伴有呼吸停止者，則應人工呼吸與心外叩擊交替進行，直到將患者送至醫院。

❤ 冠心病發作救護對策

冠心病患者應隨身攜帶內裝有硝酸甘油、雙嘧達莫

片、亞硝酸異戊酯、長效硝酸甘油、地西泮等 5 種藥品的保健盒。

當心絞痛發作時，就地坐下或躺下，迅速取 1～2 片硝酸甘油，嚼碎含於舌下，一般 3 分鐘左右即可緩解。

情況緊急時，可把亞硝酸異戊酯小瓶包在手帕中捏碎，放到鼻前吸入，半分鐘即可見效。

沒有藥時，可用拇指掐中指指甲根部，直到有痛感，亦可一壓一放，持續 5 分鐘，症狀即能減輕，然後速去醫院治療。

♥ 血壓升高自救要訣

高血壓病患者突然血壓升高，應保持情緒鎮定，立即服用降壓藥物，並轉移到陰涼處坐下，使上身和頭部抬起。

可用 40～45℃ 的水洗腳，水浸到距膝 2/3 處。將毛巾用冷水浸濕敷於頭部。

患者若有噁心、嘔吐、頭痛加劇現象，宜立即就醫。

♥ 休克急救要訣

- 使休克者平臥，注意保暖。
- 外傷出血引起的休克，應立即止血。
- 對可能骨折者用夾板、繃帶固定。
- 對神志不清者針刺或指掐人中穴。
- 對呼吸困難者可做人工呼吸。在初步處理後立即送醫院救治。

♥ 低血糖急救要訣

低血糖是多種因素引起的糖代謝紊亂，引起血糖水平降低的一種反應，患者突然出現神經系統和心血管系統異常，嚴重者造成死亡。

如發現有面色蒼白、腹痛、暈厥、煩躁不安、焦慮、心慌、周身冷汗、驚厥、抽搐，重者昏迷等症狀。

應採取以下措施：

- ·臥床休息。
- ·口服糖水或含糖飲料。
- ·出現驚厥、抽搐及昏迷應送醫院急救。

♥ 哮喘持續狀態急救要訣

嚴重的哮喘發作可持續 24 小時以上，經過一般治療不能緩解者稱為哮喘持續狀態。如患者表現為呼吸困難、呼氣延長；咳嗽、面色蒼白或發紫；心率增快（常在每分鐘 120 次以上）。嚴重者血壓下降；大汗淋漓、出現肺氣腫或神志不清而出現昏迷等症狀時，應採取以下措施：

協助患者取坐位或半臥位休息；或讓患者抱著枕頭跪坐在床上，腰向前傾。

迅速取出家用吸氧瓶，以每分鐘 3 升的高流量氧氣通過鼻導管或面罩給患者吸入。

萬托林氣霧吸入，按壓 1～2 噴，每天不超過 8 噴。口服萬托林，每次 2～4 毫克，每日 3 次。

注意患者保暖，環境安靜，鼓勵患者配合治療。

室內通風，空氣新鮮，但不要吹對流風。

避免室內有煤油、煙霧、油漆等刺激氣體。

立即向急救中心呼救，或直接去醫院急診室救治。

♥ 窒息患者急救要訣

將窒息者平放在空氣流通處，然後施行人工呼吸。即先托起患者下巴，使頭儘量後傾，讓其氣道通暢。

再捏緊他的鼻子，然後對準他的嘴巴用力吹氣，使他的胸膛鼓起，如此反覆進行，約每分鐘 12 次。

♥ 幼兒噎食急救要訣

遇上幼兒噎食來不及送醫院搶救時，可以用家庭現場急救法，即「海姆里希手法」：

急救者一足跨出一腿直立，做弓步，立即讓發生噎食的幼兒面朝下平臥在急救人的大腿上，頭部伸出膝蓋之外。

急救者右手托住幼兒的腹部，左手壓住幼兒的背部，兩手分別同時用力擠壓，促進堵塞氣管的食物擠出，速度越快效果越佳，要求每分鐘 50～80 次。

如果食物擠出後幼兒仍未恢復呼吸，此時應當即施行口對口人工呼吸（在場有醫生、衛生員、保育員更好），開始時應注意先呼出兩次急促的氣體，每次約 1.5 秒，然後進行深呼吸，要有耐心和毅力，直至幼兒恢復自主呼吸方可停止人工呼吸。

♥ 高溫中暑急救要訣

對於高溫中暑的重症患者，在專業急救人員到來之

前，現場第一目擊者可採取下列措施予以急救：

- 立即將患者移到通風、蔭涼、乾燥的地方，如走廊、樹陰下。
- 讓患者仰臥、解開衣釦，脫去或鬆開衣服。
- 如衣服被汗水濕透，應更換乾衣服，同時打開電扇或空調，以儘快散熱。
- 儘快冷卻體溫，降至 38℃以下。具體做法：用涼濕毛巾冷敷頭部、腋下以及腹股溝等處；用溫水或酒精進行全身擦拭；冷水浸浴 15～30 分鐘。
- 意識清醒的患者或經過降溫後清醒的患者可飲服綠豆湯、淡鹽水等解暑。
- 還可服用人丹和藿香正氣水。

♥ 癲癇發作急救要訣

癲癇發作是指腦部興奮性過高的某些神經元突然過度地高頻放電引起的腦功能短暫異常。反覆發作者稱為癲癇。

一般因精神緊張、情緒激動，飲酒而誘發。

癲癇發作時，常常突然意識喪失、摔倒在地、抽搐、尖叫或面色發紺，呼吸短暫停頓。有的還咬破舌頭，吐帶血泡沫；瞳孔散大、小便失禁、發作後轉入昏睡。

如發生上述情況，可採取下列措施：

- 保持患者側臥，以防嘔吐物阻塞氣管。
- 解開衣領、褲帶。
- 用毛巾墊住牙床防止咬破舌頭。
- 若有生命危險，反覆抽搐不止，應速轉送醫院。

➕ 外 傷 急 救

♥ 頭部外傷急救要訣

頭皮外傷，無傷口但有皮下血腫，可用包紮壓迫止血。

而頭部局部凹陷，表明有顱骨骨折，只可用紗布輕覆，切不可加壓包紮，以防腦組織受損。

♥ 眼球刺傷急救要訣

尖銳物體意外刺入眼內，或玻璃等小碎塊高速彈入眼內發生眼球穿通，傷者會自覺視力減退或失明、疼痛、畏光、流淚。

當遇到這種情況時，可採取下列措施：

眼部用消毒紗布或用乾淨手帕敷蓋，不要加壓，面部可用冰袋或冷毛巾冷敷，以助止血，然後送醫院急救。途中要儘量避免顛簸，以防加重傷勢。

♥ 流鼻血快速止血對策

鼻子經常流血，每次流血如一時很難止住，可請別人對著自己耳朵吹氣（越使勁，止血越快），左鼻流血吹右耳，右鼻流血則吹左耳。

♥ 急性腰扭傷急救要訣

腰突然扭傷後，如傷勢較輕，可讓患者仰臥在墊厚的木板床上，腰下墊 1 個枕頭。

先冷敷傷處，2～3 天後改用熱敷。如症狀不減輕或

傷重者，應急送醫院治療。

♥ 脊柱骨損傷急救要訣

脊柱骨損傷的患者如果頭腦清醒，可讓其動一下四肢，單純雙下肢活動障礙，提示胸或腰椎已嚴重損傷；上肢也活動障礙，則頸椎也受損傷。

先讓患者平臥地上，兩上肢伸直併攏。將門板放在患者身旁。

4 名搬動者蹲在患者一側，一人托其背、腰部，一人托肩胛部，一人托臀部及下肢，一人托住其頭顱，並隨時保持與軀幹在同一軸線上，4 人同時用力，將患者慢慢移上門板，使其仰臥，腰部和頸後各放一小枕，頭部兩側放軟枕，用布條將頭部固定，然後急送就近醫院。

♥ 腳踝扭傷急救要訣

輕度腳踝扭傷，應先冷敷患處，24 小時後改用熱敷，用繃帶纏住足踝，將腳墊高，即可減輕症狀。

♥ 脫臼急救要訣

肘關節脫臼：可把肘部彎成直角，用三角巾把前臂和肘托起，掛在頸上。

肩關節脫臼：可用三角巾托起前臂，掛在頸上，再用一條寬帶纏過胸部，在對側胸前打結，把脫臼關節上部固定住。

髖關節脫臼：應用擔架將患者送往醫院。

💜 割脈急救要訣

割脈會引起大量出血，使肢體循環血量驟減，若延誤搶救時間，則會出現休克而死亡。

當遇到這種情況時，可採取下列措施：

迅速將無菌棉墊或消毒紗布折成多層壓迫止血，或加壓包紮傷口。加壓包紮後血仍不止者，應在心臟近端按規定方法用止血帶止血，或在血管搏動明顯處採用血管鉗止血。傷者取頭低足高位，以保證腦部和重要臟器的血液供應。立即送醫院進行急救。

✚ 食物中毒急救

💜 變質肉食類食物中毒急救方案

誤食變質肉食類食物而發生急性中毒。

可對症採用下列中藥解毒方法：

若不慎食用驢、馬肉而發生急性中毒，可迅速取淡豆豉 40 克，杏仁 15 克，用清水煎煮後溫服。

若是食用狗肉而發生中毒，可取空心菜（又名通心菜、蕹菜）5 公斤切碎，用 8 碗清水煎煮，當汁液煎至 3～4 碗時溫服（儘量多飲）。

若是鳥肉中毒，可取生扁豆 10 克，曬乾研成粉末，用涼開水沖服。

💜 變質果蔬類食物中毒急救方案

誤食果蔬類食物發生中毒後，可採取下列排毒解毒方

法：

　　若因馬鈴薯中毒，可取馬鈴薯秧（苗）250 克，水煎後濾汁飲服，每日 2 次，直到痊癒。

　　若因木薯中毒，可取鮮蘿蔔、白菜各 1500 克，用涼水沖洗乾淨，切碎搗爛後榨壓，取得濾汁後加紅糖適量，分數次服用。

　　若因食用菱角而致腸胃積滯，可取生薑 6～10 克，用清水煎煮，待冷卻後分多次飲服，可起到健胃消積導滯的功效。

　　若將桐油誤作食用油食用而發生中毒，取乾柿餅 200 克，嚼吃，可治桐油中毒後而誘發的嘔吐、腹脹。

　　若因白果（銀杏果）中毒，可用麻油 50 克灌服，並用雞毛掃喉嚨催吐排毒。

　　若因苦杏仁中毒，可將生綠豆搗碎，加水一大碗，煮沸後過濾取汁，加入砂糖 50 克，待溫後飲服。

　　食物中毒較嚴重者在對症採取上述中藥解救措施後，還應及時送往醫院就診治療。

❤ 蘑菇中毒急救的三大策略

黃豆解毒法：

將黃豆煎成湯劑，飲服，可解蘑菇中毒。

綠豆解毒法：

將綠豆加自來水搗成汁，飲服，可解蘑菇中毒。

壓足趾解毒法：

蘑菇中毒時，在第二腳趾和第三腳趾間出現反應，若在此處上下用力指壓，即可助解毒。

❤ 誤食乾燥劑急救要訣

食品中常用的乾燥劑是氧化鈣和硅膠。誤食後，可分別採取下列措施：

氧化鈣是我們通常所說的生石灰，如果誤食此種乾燥劑，因氧化鈣在遇水變成氫氧化鈣的過程中釋放熱量，會灼傷口腔或食管。同時，氫氧化鈣呈鹼性，對口、咽、食管有腐蝕性，如濺入眼中會引起結膜和角膜的損傷。

對誤食此種乾燥劑者，千萬不要催吐，要立即口服牛奶或水，一般成人服 120～240 毫升，小孩一般按每公斤體重服用 10 毫升，但總量要少於 200 毫升，因過多飲水可誘發嘔吐。同時要注意，不要用任何酸類物質來中和，因為中和反應釋放出的熱量可加重損傷。若有乾燥劑濺入眼睛，可儘快用清水、生理鹽水從鼻側往眼側沖洗，沖洗至少 15 分鐘，然後送醫院。

皮膚被污染者，要用大量清水沖洗乾淨，嚴重者可按化學燒傷處理。

硅膠是另一種常用的乾燥劑，呈半透明顆粒狀。硅膠在胃腸道不能被吸收，可經糞便排出體外，對人體沒有毒性。所以誤服了這種乾燥劑後不需要做特殊處理。

✚ 動物傷害急救

❤ 毒蛇咬傷急救要訣

綁紮傷肢：

被毒蛇咬傷後，第一步要立即綁紮傷口的上方，其目的是阻止靜脈血的回流，減少毒液的擴散。綁紮要在咬傷

後 1～3 分鐘內完成，並且越快越好。綁紮的要點是在傷處的高位綁紮，例如，手指傷，要綁紮在傷指的根部；小腿傷，要紮在膝關節上方；前臂傷，應綁紮在肘關節上方。綁紮的鬆緊度應以能阻止淋巴液和靜脈回流，又能使動脈血少量通過為度，基本以綁紮後患肢有緊、脹的感覺即可。

注意每隔 15 分鐘應放鬆綁紮 2～3 分鐘，以防止被綁紮的肢體遠端因缺血壞死。

傷口沖洗：

在綁紮後，要用清水、肥皂水或冷茶水沖洗傷口及周圍皮膚，也可用 2%過氧化氫溶液或 1：5 000 的高錳酸鉀溶液沖洗。注意，不可用酒精沖洗傷口。

擴創排毒：

沖洗後進行擴創排毒。用小刀或刀片按牙痕方向縱切或十字形切開皮膚，切時不宜過深，只達皮下即可。之後可用嘴吸吮傷口，但要注意，吸吮者的口腔黏膜必須無破損、潰瘍，牙齒無病患，否則易中毒。

如果咬傷部位的皮下組織較厚或周圍組織較多，可採用拔火罐拔毒，也可用火烙法，即把火柴點燃後在咬傷的牙痕處燒灼，連續 3～5 次，燒灼後牙痕處形成焦痂，使進入體內的蛇毒變性，減少全身中毒反應。毒液吸完後，傷口處理要用 7 層消毒紗布覆蓋，進行濕敷，有利於毒液繼續流出。

進行完現場的綁紮和排毒處理後，要及早送傷者到醫院救治，如果毒蛇已被打死，應將死蛇一起帶去，以利對症下藥。

【應對蛇傷五大法寶來幫你】

絲瓜葉治蛇傷法：

將絲瓜鮮葉搗爛，敷在傷處，並服 100 克絲瓜葉汁，每日數次，可治蛇咬傷。

辣椒治蛇傷：

將辣椒搗爛成糊，敷於蛇咬處，另生食 10 餘個辣椒，可治蛇傷。

香蕉治蛇傷：

將香蕉搗爛敷在傷口處，對蛇傷有止血祛毒之效。

生薑治蛇傷：

被毒蛇咬傷後，應先排出污血，將鮮薑切成細末，撒在傷口，再用手帕蓋上，乾後即換，可緩解蛇毒。

雄黃大蒜防治蛇傷：

把雄黃與大蒜搗碎後捏成藥丸，帶在身邊，毒蛇便不敢近身。一旦被毒蛇咬傷，應先擠出沾有毒素的污血，再敷上用雄黃、大蒜捏成的藥丸。

♥ 狗咬傷急救要訣

被狗咬傷後，應按以下急救要點救治：

被狗咬傷後，應在傷口上下 5 公分處用布帶勒緊，用吸奶器將污血吸出，然後用肥皂水沖洗傷口。咬人的狗應予隔離，一旦確診為攜帶狂犬病毒，應立即處死。

立即用清水徹底沖洗傷口約半小時，然後用燒酒沖擦傷口，再用 2.5%～5%碘酒燒灼傷口。為止痛，可事先滴

入麻醉藥。

　　如咬傷嚴重，傷口靠近頭部，應盡快使用抗狂犬病毒免疫血清，在傷口內或周圍浸潤注射。

　　除傷口觸及大血管外，一般禁止縫合和包紮。立即到所屬防疫站注射狂犬病疫苗。

　　如隔衣咬傷，應立即換下衣褲，煮沸消毒 20 分鐘，或徹底洗淨暴曬。

♥ 貓咬傷急救要訣

　　被貓咬傷後，應在傷口上端用止血帶紮緊，並用生理鹽水或涼開水沖洗傷口，再用 5%的苯酚腐蝕局部。

♥ 蜂類蜇傷急救要訣

　　蜂類毒液主要為蟻酸及神經毒素。受蜇部位除疼痛外，還會發紅、腫大。被蜂類蜇傷後，應採取下列措施：

* 應立即拔除蜇入皮膚的尾刺。
* 蜜蜂蜇傷局部可敷肥皂水、鹼水或 3%氨水。
* 黃蜂（馬蜂）蜇傷局部可塗些食醋。

　　還可任選下列一種辦法：南通蛇藥用水調成糊狀外敷；紫花地丁或蒲公英 50～100 克，搗爛外敷；雄黃、細辛等量，研末用水調敷患處；蔥頭一片摩擦蜇傷處亦可消腫止痛。

* 被馬蜂、蠍子蜇了，用鹼面和煤油塗於患處即癒。
* 被黃蜂或毛蟲傷了皮膚，如能立刻用稀氨水搓抹患處，可立即消毒止痛，效果甚佳。
* 被蜂、毒蟲刺傷皮膚，可用醬汁塗搽，能減輕疼

痛。

· 被蜈蚣咬傷，馬上用鹽水洗搓，即可止痛。

✚ 金屬中毒急救

♥ 巧解鉛中毒

蘿蔔汁解毒：

將蘿蔔榨汁，大量飲服，療效較好。

蜂蜜解毒：

將蜂蜜與香油調成糖稀狀服下，可解鉛中毒。

木賊草解毒：

取木賊草 30 克，水煎服，每日 1 劑。

綠豆甘草解毒：

鉛中毒後，可取 120 克綠豆、60 克甘草，煎湯分 2 次飲服，同時每次服用 300 毫克維生素 C，每日 1 劑，連服 10～15 天，可以解毒。

【鋁中毒預防六大策略】

人體內蓄積的鋁過多，會引起鋁中毒，使用鋁製品必須採取正確的操作方法，使鋁元素混入食物中的含量控制在最低限度。

①用鋁製炊具應避免與其他硬物摩擦，以防鋁脫落。炒菜不宜用鋁製炊具。

②鋁鍋使用前略加熱，使氧化層破損處再氧化，可減少鋁滲出。

③鋁製盛器不宜久放調味品和飲料。

④鋁鍋燒煮食物的時間不宜超過 4 小時。

⑤用完鋁製炊具，洗淨後用火烤乾，保持氧化膜完

整。

⑥從鋁勺、鋁鏟上刮下的食物多含鋁屑，不宜食用。

♥ 巧解汞中毒

蛋清防止水銀中毒。

萬一咬斷體溫表，誤將表內的水銀吃下後，可立即服生雞蛋清 3 個，以減少腸胃對水銀的吸收，並注意檢查近期的糞便，如長時間還未排出，應去醫院治療。

濃茶、牛奶解汞中毒。

用濃茶、牛奶適量，連續服用，可解汞中毒。

✚ 藥物中毒急救

♥ 鼠藥中毒急救的三大對策

清水解毒：

讓患者喝 300 毫升清水，再用筷子或手指刺激咽喉催吐，反覆洗胃，可減輕鼠藥中毒的症狀。

雞蛋清解毒：

鼠藥中毒後，應立即服雞蛋清 5 ～ 6 個，並用手刺激咽喉催吐。

柿子解毒：

鼠藥中毒後，立即取 1 小盅柿汁服下，以催吐出胃裡的食物。

♥ 農藥中毒急救要訣

誤服農藥 10 ～ 30 分鐘後，一般會出現頭暈、噁心、嘔吐、流涎、大汗、站立不

穩、面色蒼白、大小便失禁等症狀。一般應採取以下方法：

在送醫院搶救前，可用筷子、羽毛或手指刺激咽喉，幫助患者將農藥吐出。

嘔吐後可服用蛋清、牛奶或濃奶粉等，以保護胃黏膜，減輕農藥對胃壁的刺激，延緩對毒物的吸收。

【敵敵畏中毒急救要訣】

發現有人誤服敵敵畏中毒，應按以下方法搶救：

給患者灌服 1：5 000 的高錳酸鉀溶液或小蘇打溶液、淡肥皂水，然後用筷子或手指刺激其咽喉，催吐洗胃，反覆多次。

迅速使患者離開中毒現場，脫去被污染的衣物，用溫肥皂水或生理鹽水洗淨被污染的皮膚、頭髮。

儘快送往醫院進行治療。

✚ 其他急症急救

♥ 小兒高熱驚厥急救要訣

一旦發現小兒高熱驚厥，可按以下方法處理：

立即讓患兒平臥，頭偏向一側，解開衣領扣，取出口內食物或吸去咽喉部的分泌物，保持呼吸道通暢，防止窒息。

用紗布或手帕包在筷子或牙刷柄上，放入上下齒之間，防止舌頭被咬傷。

止搐：

可用大拇指指甲掐患兒的人中穴。較強刺激 1～2 分鐘，直到患兒發出哭聲。

降溫：

用冷濕毛巾敷患兒前額，或放在頸部，大腿內側腹股溝大動脈搏動處。

也可用冷濕毛巾反覆擦頸部，兩側腋下、四肢、腹股溝等處約 5 分鐘。經擦浴後，患兒體溫很快下降，往往熱退自止。

驚厥停止，患兒清醒後餵退熱藥 1 次，再餵 1 杯涼開水，然後送附近醫院進一步診斷與治療。

❤ 兒童驚厥急救要訣

發現小兒驚厥，不宜驚慌失措，亂搖患兒，以免加重病情。不要灌水餵湯，以免其被吸入氣管。

- ・應打開窗戶，解開患兒上衣讓呼吸通暢。
- ・將筷子用布包裹塞入患兒上下牙之間以免咬破舌頭。
- ・高熱引起的驚厥，可用冷毛巾敷於額部。
- ・詳細記錄驚厥的時間、症狀，立即送醫院治療。

❤ 異物吸入氣管、食管急救要訣

異物誤入氣管、食管時，應讓患者頭朝下，拍擊其背部，促使異物咳吐出來，以防異物阻塞氣管引起窒息。

如無效，應趕快送醫院。

❤ 鼻腔異物急救要訣

孩子無意中會將異物如豆類、紐釦、珠子、蠟筆、海綿等塞入鼻腔；成人則多半因意外事故將金屬片、玻璃

片、光滑小球或其他金屬物吸入鼻腔。

發生上述情況時，應採取下列措施：

異物剛進入鼻腔，大多停留在鼻腔口，成人可自己壓住健側鼻孔，用力擤鼻涕。

聽話兒童，也可用此法。但 2～3 歲兒童不宜採用，否則有可能將異物吸入。

鼻腔異物擤不出或已經進入了鼻腔深處，特別是圓形異物，切不可用鑷子去夾，以免越滑位置越深，應立即送醫院處理。

❤ 老人噎食急救要訣

食物團塊完全堵塞聲門或氣管引起的窒息，俗稱「噎食」。這是老年人猝死的常見原因之一。

發生這種情況，可採用美國學者海姆里斯發明的一種簡便易行、人人都能掌握的急救法：

對意識尚清醒的患者可採用立位或坐位，搶救者站在患者背後，雙臂環抱患者，一手握拳，使拇指掌關節突出點頂住患者腹部正中線臍上部位，另一隻手的手掌壓在拳頭上，連續快速向內、向上推壓衝擊 6～10 次（注意不要傷其肋骨）。

昏迷倒地的患者應採用仰臥位，搶救者騎跨在患者髖部，按上法推壓衝擊臍上部位。

這樣衝擊上腹部，等於突然增大了腹內壓力，可以抬高膈肌，使氣道瞬間壓力迅速加大，肺內空氣被迫排出，使阻塞氣管的食物（或其他異物）上移並被排出。這一急救法又被稱為「餘氣衝擊法」。

> 如果無效，隔幾秒鐘後，可重複操作一次，
> 造成人為的咳嗽，將堵塞的食物團塊衝出氣道。

❤ 溺水現場急救要訣

當發現有人溺水時，應及時將其救出水面，撥打「119」求救的同時，可採取下列措施予以現場急救：

將溺水者救出水面後，應立即清除口腔內、鼻腔內的瘀泥和雜物，迅速進行吐水急救。

搶救者右腿膝部跪在地上，左腿膝部屈曲，將溺水者頭部下垂，搶救者右手按壓溺水者背部，讓溺水者充分吐出口腔內、呼吸道內以及胃內的水。

如果溺水者呼吸停止，在迅速疏通呼吸道後，使其仰臥、頭部後仰，立即進行口對口人工呼吸。

具體方法是，搶救者捏住溺水者鼻孔，深吸氣，口對著溺水者的口吹氣，吹氣量要大，每分鐘吹 15～20 次。

如果溺水者心跳停止，立即讓溺水者仰臥，用拳頭叩擊心前區 1～2 次，用力要適當。

然後，雙手重疊放在溺水者胸骨中下 1/3 交界處，有規律不間斷地用力按壓。按壓時雙臂繃直，頻率要達到 80～100 次/分鐘，深度 3～4 公分（兒童為 2～3 公分）。直到能夠摸到患者頸動脈搏動時停止。

如果只有 1 個救護者做心肺復甦，每按壓心臟 7～8 次，向肺內吹氣 1 次，如果有 2 個人進行搶救，可按壓心

臟 4～5 次，向肺內吹氣 1 次，效果更好。

經過現場急救後，迅速將溺水者送到附近醫院繼續搶救治療。

❤ 游泳時抽筋化解要訣

游泳時一旦出現抽筋，千萬不要慌亂。應採取下列措施：

如腳趾抽筋，那就馬上將腿屈起，用力將足趾拉開、扳直。

如小腿抽筋，先吸足一口氣，仰臥在水面，用手扳住足趾，並使小腿用力向前伸蹬，讓收縮的肌肉伸展和鬆弛。

如手指抽筋時，手握成拳頭，然後用力張開，如此反覆，即可解脫。

❤ 觸電急救要訣

迅速切斷電源。

一時找不到閘門，可用絕緣物挑開電線或砍斷電線。

立即將觸電者抬到通風處，解開衣鈕、褲帶，若呼吸停止，必須做口對口人工呼吸或將其送附近醫院急救。

可用鹽水或凡士林紗布包紮局部燒傷處。

❤ 酸鹼傷眼急救要訣

酸、鹼不慎濺入眼內，應參考下法儘快救治：

2 分鐘內用清水反覆沖洗眼部，如果能酸物傷眼用 2%碳酸氫鈉溶液沖洗；鹼物傷眼用 1%醋酸或 4%硼酸溶

液沖洗更為理想。

傷眼的當天應冷敷，第三天可熱敷。

劇烈疼痛時可用 0.5%鹽酸地卡因眼藥水滴入眼內。

口服抗生素防止感染。

口服維生素 A、維生素 C、維生素 D，促進患眼恢復。

♥ 雷擊後現場急救要訣

雷擊會引起全身或局部性損傷與功能障礙，重者當即心搏驟停。

當發現有人被雷擊後，應採用下列措施：首先，要識別傷者處於心跳、呼吸極其微弱的「假死狀態」，還是心跳、呼吸確已停止。切勿將雷擊後的強直誤認為是屍僵。

對假死者，立即給予心肺復甦、口對口人工呼吸及胸外心臟按壓，能給予吸氧更好，並立即向急救中心求援。

即便心跳、呼吸尚存，也要預防出現遲發反應，如昏迷、抽搐、心律失常、休克、呼吸不規則，應及時送往附近醫院診治。

對局部皮膚出現的燒傷、出血進行簡單包紮。

對輕傷者出現的頭暈、心悸、局部麻痛、四肢無力、驚恐呆滯，除了要讓其鎮靜休息外，還需要密切觀察病情變化，尤其要注意心率及呼吸的變化。

♥ 煤氣中毒急救要訣

【發生煤氣中毒後，因程度不同而有不同症狀表現】

輕度中毒時表現為頭暈、頭痛、乏力、心悸、胸悶、噁心、嘔吐等，意識清楚。中度中毒時，除有以上症狀

外，還會神志不清，口唇呈櫻桃紅色。重度中毒時患者可陷於昏迷狀態，常有驚厥、大小便失禁、瞳孔散大、呼吸不規則等症狀。

【當發生煤氣中毒時，應立即採取下列措施】

立即打開門窗，有條件時將患者移到空氣新鮮處。鬆解衣釦，注意保暖，安靜休息，以減少腦和心臟組織的耗氧量。

如患者神志不清，但呼吸正常，可將他置於恢復體位。如患者呼吸微弱或呼吸停止，應立即做人工呼吸。

儘快選用最簡單的解毒方法：

【灌汁法】可用酸菜湯或蘿蔔汁灌服；也可用食醋100～150毫升分次服用。

【針刺法】重症中毒者可針刺人中穴、合谷（拇指、食指根聯結處即俗稱虎口處）、十宣（十指指尖蹼面）。若患者呼吸困難，能吸氧更好。對於嚴重中毒者應千方百計就近就醫，不要貽誤搶救治療時機。

【發生煤氣中毒較輕時，可參考以下偏方】

綠豆緩解煤氣中毒法：

煤氣中毒出現噁心嘔吐症狀時，速將綠豆煮湯飲服，或取 30 克綠豆粉用開水沖服，均可緩解煤氣中毒。

茶醋治煤氣中毒法：

取濃茶、陳醋各 200 克，調勻後分 3 次飲服，每半小時 1 次，可治煤氣中毒。

蘿蔔治煤氣中毒法：

適量白蘿蔔洗淨搗汁，取 100 克一次服完，可緩解煤氣中毒。

❤️ 燒傷、燙傷急救要訣

迅速脫離燒傷、燙傷源，以免傷情加劇。儘快剪開或撕掉燒傷處的衣褲、鞋襪。

用冷水沖洗傷處以降溫。

小面積輕度燒傷可用必舒膏、玉樹油等塗抹。

用清潔的毛巾或被單保護傷處，並儘快送醫院治療。

❤️ 凍傷急救要訣

發生凍傷後應掌握以下急救要點：手足一般性凍傷可浸入 37℃ 水中 5 分鐘左右，如此反覆浸泡直至恢復正常。以衣著、被褥、暖氣、空調以及熱飲等提高體溫，促進血液循環，改善全身受寒與凍傷局部狀況。凍傷部位不可立即用火烤或過熱的水浸泡。全身凍傷可用 27℃ 水淋浴或盆浴，使體溫緩慢恢復。

第四章 *CHAPTER*

中醫常識要知道

中醫常識

✚ 觀髮巧辨病

白髮：青少年白髮，如無遺傳因素和精神的重創，可能患有胃腸疾病或結核病、貧血、動脈粥樣硬化等。

黑髮：如本來不十分黑的頭髮突然發黑，則提示可能患了腫瘤。

脫髮：過早顱頂脫髮，可能是結腸炎、膽囊炎所致。男性前額或頭頂脫髮可能腎虛所致，女性脫髮可能患有腎病。突然迅速脫髮，可能是營養不良、貧血、腫瘤所致。

斷髮：如頭髮脆弱易斷、缺少光澤，可能是甲狀腺出了毛病。

乾枯：可能為腎臟氣虧血虧所致。

✚ 觀面巧辨病

♥ 面色蒼白

面色與疾病有著密切關聯。中醫認為，全身氣血的盛衰均能從面部顯示出來，氣血充盈，面色正常；氣血虛衰，則面色異常。

當面色蒼白時對幼兒來說多為虛寒證；對成年人來說多為失血、陽氣暴脫、驚懼。

如大出血、休克引起的血容量急遽減少，會出現面色蒼白；寒冷、驚恐、劇烈疼痛、由於疼痛刺激毛細血管強烈收縮，也會出現面色蒼白。

💛 面色發黃

面色發黃嚴重時，醫學上又稱為「黃疸」，是由於肝臟細胞受損或膽管阻塞，因此血中膽紅素濃度超過正常範圍，滲入組織和黏膜，致使皮膚黃染。

患有嚴重貧血、惡性腫瘤或慢性腎炎的人皮膚也會變黃。

鉤蟲病患者，由於長期慢性出血，面色枯黃，又稱「黃胖病」。

💛 黑色面容

腎上腺皮質功能減退症、慢性腎功能不全、肝硬化、肝癌等疾病患者，都可能出現面色變黑。

惡性腫瘤患者臉色會漸漸變得黑斑重重，顯得髒兮兮的；如果是副腎上腺皮質激素不正常所引起的狄森病，則會引起皮膚或黏膜黑色素沉著，不僅臉黑，連乳頭、陰部、口腔黏膜，以及手和腳都會變黑；女性常見的黑皮症也有灰黑色的色素沉著在臉上、脖子及耳朵周圍。

💛 面色潮紅

面部潮紅是局部毛細血管擴張充血及血液加速所致。飲酒、日曬、情緒激動、劇烈運動，都會出現面部潮紅。

另外，如染有急性傳染病或高熱性疾病也會出現面部潮紅，如大葉性肺炎、肺結核、傷寒、瘧疾等病。

一氧化碳中毒臉也會變紅，平時臉色泛紅而脖子粗短的人需警惕腦出血，下午至夜間臉色泛紅且伴有低熱，可

能是患有肺結核。

♥ 面有白斑

若幼兒面部有淡白色的圓形斑，大小如小拇指一般，呈單發或多發，可能是有蛔蟲。若斑大，則表明蛔蟲多；斑小，則表明蛔蟲少。

♥ 面呈青色

面呈青色大多是驚風徵候，此多見於幼兒，若在成人則多為瘀血或痛證。如果是青紫色，則多見於發紺，是由於呼吸器官或循環器官障礙，導致人體缺氧，血液中含有較多的二氧化碳，使唇部、鼻子、耳朵、手指尖都變成紫色，大多是重症肺病、心臟病體徵表現。

♥ 面色發灰

臉頰發灰時說明身體缺氧，肺功能不佳，應多去公園散步、慢跑，並多吃綠色蔬菜，增加蛋白質、礦物質和粗纖維的攝入。如額頭皺紋增加，表明肝臟負擔過重，必須戒酒、少吃動物脂肪，多飲礦泉水。

✚ 觀眼巧辨病

♥ 看眼瞼

眼瞼水腫：

主要見於水腫病，因眼瞼部組織鬆弛，易引起水腫，故水腫病首先見於眼瞼部。輕微的水腫，可見眼瞼細小皺紋消失，隨著水腫加重，眼瞼水腫也加重。水腫病最常見

的是急慢性腎炎、腎盂腎炎、妊娠中毒，應及時治療。

眼瞼下垂：

眼瞼開閉運動出現障礙，黑睛不能完全顯露出來。眼瞼下垂既有先天性原因，又有後天的因素，對症治療會有所改善。若為先天性因素的治療，應首選手術療法，即做眼瞼整形。

露睛：

即眼瞼閉合不全，黑睛在眼瞼閉合時仍有外露，多見於小兒。中醫學認為是由脾虛、氣血不足所致。

小兒睡眠時露睛，多有慢性消化不良、飲食欠佳、營養不良，即所謂脾虛的患兒，最易發生慢驚風，應及時去兒科治療。

腫泡眼：

從腫泡眼看，腫眼泡是指眼瞼水腫，是體內水液代謝失調的現象，是由於血管中過多的液體貯存在眼皮組織中。腫眼泡可能由腎臟的疾病引起，也可能是鼻竇炎、皮膚過敏、感冒等引起局部組織的水分代謝失調，停留於眼皮疏鬆的組織中。

TIPS

按摩促進血液循環。冷熱交替敷眼後，如果覺得眼部還是有水腫，可以薄薄塗上一層緊致眼霜，然後按照眼部消腫按摩方法輕輕按摩眼周，短短兩三分鐘就能改善水腫，使肌膚光滑緊致。

❤ 看眼形

眼部形態改變包括眼球、眼瞼、瞳孔的變化。此處重點講眼球形態的變化，眼瞼變化見前，瞳孔變化見後。

正常人的眼球在眶窩內深淺適中，不同國家和地區的人雖略有不同，但在當地人群中眼球位置是適中的。有些疾病會出現眼球的淺、深位置改變，最常見的是眼球突出和凹陷。

眼球突出可見於眼窩內有新生物生長向外擠壓。

如腦腫瘤的壓迫症狀、高度近視眼、先天性青光眼、繼發性青光眼、帕金森病、白血病等疾病，臨床上最多見的是甲狀腺功能亢進，以上疾病應對症治療。眼球凹陷見於嚴重脫水、身體過度消瘦者。疾病晚期消耗過重的患者兩眼球深陷無神、表情呆板，是為危候，應住院治療。

❤ 看瞳孔

瞳孔的顏色和人體自身色素有關，瞳孔的顏色和體色、毛色是相關的。

眼珠顏色的深淺和日照強度有關係。

其實歐洲人和亞洲人的瞳孔沒有區別，有區別的是虹膜的顏色，虹膜的色素細胞所含色素量的多少就決定了虹膜的顏色。

色素細胞中所含色素越多，虹膜的顏色就越深，眼珠的顏色也就越黑；而色素越少，虹膜的顏色就越淺，則眼珠的顏色就越淡。

色素細胞中的色素含量與皮膚顏色是一致的，並且與

種族的遺傳有關係。

東方人是有色人種，虹膜中色素含量多，所以眼珠看上去呈黑色；

西方人是白色人種，虹膜中色素含量少，基質層中分佈有血管，所以眼珠看上去呈淺藍色。

♥ 看眼白

紅色：主要是眼球充血、感染炎症的原因。

白色：白睛正常時呈白色，但有光彩。

黃色：白睛發黃，似有黃色素附著在白睛上，屬於膽汁代謝障礙或膽汁外溢。

斑點：白睛部有散佈性小出血點或有小塊瘀血斑，即有出血傾向。可考慮再生不良性貧血、血小板減少性紫癜、動脈硬化（腦動脈硬化），有時也是腦血管栓塞或出血的先兆。

如發現有此種斑點，到醫院查一下大便中有無蛔蟲卵便能確診。

✚ 觀鼻巧辨病

♥ 看鼻尖

鼻翼和鼻尖部發紅，並有小膿疱：可能是痤瘡。若女性鼻尖發紅，可能是患有婦科疾病的徵兆。

鼻尖呈紫藍色：是患有心臟病的徵象。

鼻尖呈黑色：多有胃病。

鼻尖呈白色：為貧血的表現。

鼻尖「五彩斑斕」，即有棕色、藍色、黑色等雜色：

提示脾臟和胰腺出現疾病。

鼻尖發腫：可能心臟發生水腫。

❤ 看鼻梁

鼻梁明顯扭曲：多數腳有毛病，通常鼻尖歪向哪一側，那一側的腳多患有疼痛性足綜合徵。

鼻梁出現黑褐色斑點或斑片：可能是內臟疾病在鼻部的反映。

鼻梁部出現紅色斑塊，且高出皮膚表面，並向兩側面頰部擴展：可能是紅斑狼瘡。

鼻子很硬：常是動脈硬化的跡象或膽固醇過高，心臟脂肪過剩。

❤ 看鼻色

紅鼻子：可能在心臟和血液循環方面有問題。

鼻端、鼻翼部發紅、皮膚受損，並有毛細血管擴張和組織增厚：可能是酒渣鼻。

鼻黏膜萎縮、鼻腔分泌物呈綠色，並伴有使人難聞的腥臭味：多為患有慢性萎縮性鼻炎。

✚ 觀耳巧辨病

耳白：耳呈白色為寒證，如耳郭上出現白的糠皮樣皮膚脫屑，可能是患有皮膚病。

耳紅：呈紅色為熱證。

耳青黑：呈青黑色者，為痛證。

耳焦黑：焦黑、乾枯者，為腎精虧損的徵候。

耳郭心區呈紅：如呈紅暈、鮮紅、黯紅、黯灰等，很可能患有冠心病。

耳垂為青色：性生活過度之徵候。

✚ 觀唇巧辨病

唇色發白：雙唇淡白，血氣不足，多見於貧血或失血症；雙唇蒼白，則失血過多；僅下唇蒼白，為胃虛寒，如胃痛、嘔吐、胃部發冷等症狀；上唇蒼白泛青，多為大腸虛寒、脹氣、腹痛、腹瀉等。

唇色發紅：若為淡紅，多為體弱、血虛或氣血兩虛；若為深紅色，多見於發熱徵象；若為發紺，則為缺氧，多見於肺炎、心力衰竭者；若為櫻紅色，多為一氧化碳中毒。

唇色青紫：多見於心衰、肺心病和血管栓塞。

唇色發黑：若環口為黑色，多為腎氣衰絕；唇呈乾焦紫黑，更為惡兆；若唇色黯黑而濁，多為消化系統疾病。

唇色微黃：多見於心臟衰弱。

✚ 觀舌巧辨病

舌質呈鮮紅色：反映了身體內熱。

舌質變紅、右邊腫脹：說明膽有毛病。

舌質左邊特別紅：可能是胰腺炎的前兆。

舌面出現一層平滑的發紅或者發黃的厚舌苔：多表明肝臟有問題。

舌質從深紅色變成淡藍色：表示缺氧。

舌質呈淡白色：氣血不足、虛弱的表現，也可能得了

胃黏膜炎。

舌中間出現白色舌苔：表明十二指腸系統出了問題。

舌體後 1/3 部分有白色舌苔：說明小腸和大腸有炎症。

舌苔顏色灰白、乾燥：說明胃口不好。

舌苔有白色頑癬：若舌面有點狀白色頑癬，似地圖狀，則表明消化不良。

舌面有奶色斑點，且在無痛的情況下面積不斷擴大：提示可能患有癌症。

舌質呈青紫色：是氣滯血瘀的反映。

舌體下端發青：反映患者的心臟或肺有致命危險的疾病。

✚ 觀指甲顏色巧辨病

指甲呈黃色：除了甲癬可致黃甲外，全身性疾病如黃疸、甲狀腺功能減退、腎病綜合徵、胡蘿蔔血症等，也可能引起黃甲。

指甲呈綠色：指甲部分或全部變綠，如非長期接觸洗滌劑或肥皂所致，則可能是傳染上綠膿桿菌。

指甲呈灰色：多見於營養不良、類風濕關節炎、偏癱或黏液水腫等。

棕褐色或黑色指甲：多見於伴有全身色素沉著的疾病，如腎上腺皮質功能減退症、黑色素斑、胃腸息肉綜合徵；也可見於服用環磷醯胺等抗腫瘤藥物後。細菌性心內膜炎、旋毛蟲症患者的指甲，有時可見到棕黑色的點狀出血瘀斑。

紫色與蒼白色交替出現：這可能是肢端動脈痙攣症。

✚ 觀臍巧辨病

向上形：肚臍向上延長，幾乎成為三角形，這種肚臍的人多半為胃、膽囊和胰腺的狀況不佳。

向下形：形狀成倒三角的肚臍，這表明患有胃下垂、便秘等疾病，同時還要注意慢性腸胃病及婦科疾病。

偏右形：這種人易患肝炎、十二指腸潰瘍等疾病。

偏左形：這種人腸胃不佳，可能有便秘、大腸黏膜等疾患。

淺小形：身體較虛弱，激素分泌不正常，渾身無力。

常見中醫傳統療法

 人體穴位常識

穴位是指神經末梢密集或神經幹線經過的地方。

穴位學名是腧穴，別名包括：氣穴、氣府、節、會、骨空、脈氣所發、砭灸處、穴位。

人體周身約有 52 個單穴，300 個雙穴、50 個經外奇穴，總共有 720 個穴位。

有 108 個要害穴，其中有 72 個穴一般點擊不至於致命，其餘 36 個穴是致命穴，俗稱「死穴」。

【頭頸部】

百會穴：在頭頂正中線與兩耳尖連線的交點處，即後髮際正中線直上 7 吋。

太陽穴：在眉梢與目外眥中點、向後約 1 吋凹陷處。

印堂：在兩眉頭連線的中間。

聽宮：在耳屏的前方、下頜關節後方的凹陷處。

魚腰：在眉毛正中、眼平視時下對瞳孔處。

率谷：在耳尖上方、入髮際 1.5 吋處。

晴明：在內眼角上方 0.1 吋處。

耳門：在聽宮穴上方，耳屏上切跡的前方，張口時呈凹陷處。

素口：在鼻尖端正中處。

頰車：在下頜角前上方一橫指，當用力咬牙時，咬肌隆起處。

人中：在鼻柱下，人中溝的上 1/3 與下 2/3 的交界處。

承泣：眼平視時，在瞳孔的直下方，眼眶下緣上。

下關：在顴弓與下頜切跡所形成的凹陷處。

風府：在後髮際正中直上 1 吋枕外隆凸直下凹陷處，即兩筋之間陷中。

風池：平風府穴，斜方肌和胸鎖乳突肌之間凹陷處。

腦戶：在後髮際正中上量 2.5 吋，當枕骨粗隆之上緣陷中。

上廉泉：在頜下正中 1 吋，舌骨與下頜緣之間凹陷處。

頸臂：在鎖骨上方，胸鎖乳突肌的後緣處。

啞門：在向後髮際上 0.5 吋，第 1 頸椎與第 2 頸椎棘突之間處。

缺盆：鎖骨上窩中央，距前正中線 4 吋。

天容：在下頜角後下方、胸鎖乳突肌前緣凹陷中。

廉泉：在頸部前正中線、喉頭結節上方陷處。

天牖：在乳突後下方、胸鎖乳突肌後緣近髮際處。

天柱：在啞門穴旁開 3 吋處。

人迎：在喉結旁開 1.5 吋、胸鎖乳突肌前緣、頸總動脈搏動處。

翳風：在耳垂後、乳突和下頜骨之間的凹陷處。

扶突：在胸鎖乳突肌後緣與結喉相平處。

天窗：喉結旁開 3.5 吋，胸鎖乳突肌後緣處。

天鼎：在胸鎖乳突肌後緣，扶突穴直下 1 吋處。

【軀幹部】

天突：在胸骨切跡上緣凹陷處。

膻中：在兩乳頭連線的中點處。

氣海：在腹部正中線、臍下 1.5 吋處。

大包：在極泉穴與第 11 浮肋端之中點處。

腹哀：在大橫穴上 3 吋，即劍突尖下。

期門：在臍上 6 吋、巨闕穴旁開 3.5 吋處。

鳩尾：在臍上 7 吋，即劍突尖下。

神闕：在腹部、臍窩中央處。

步廊：在中庭穴旁開 2 吋處。

極泉：舉臂開腋時，在腋窩中間、腋動脈內側。

日月：在乳頭直下第 7 肋間隙，即期門下 1 吋。

上脘：在腹部正中線上，臍上 5 吋處。

京門：在第 12 肋骨頭下。

急脈：在大腿內側面上部，從恥骨聯合之中央外量 2.5 吋。

梁門：在腹上部、臍上 4 吋、中脘穴旁開 2 吋處。

章門：在側腹部第 11 肋游離端的下緣。

庫房：在鎖骨中線第 1 肋間隙處，即華蓋穴旁開 4 吋。

維道：在髂前上棘前下方、五樞前下 0.5 吋處。

淵腋：在腋下 3 吋，乳頭旁開 4 吋陷中。

中府：在雲門穴下方約 1 吋，第 1、2 肋骨之間，距胸骨正中線 6 吋處。

下脘：在腹部正中線，臍上 2 吋處。

不容：在幽門穴旁開 1.5 吋，即巨闕穴旁開 2 吋處。

帶脈：在章門穴下與臍相平處。

乳中：在乳頭中央處。

乳根：在乳頭直下第五肋間。

關元：在曲骨穴上 2 吋、臍下 3 吋處。

中極：在臍下 4 吋處。

曲骨：在臍下 5 吋，恥骨聯合上緣。

輒筋：在腋下 3 吋，復前行 1 吋處。

天樞：在肚臍旁開 2 吋處。

食竇：在任脈旁開 6 吋的第 5 肋間。

會陰：在肛門前陰部後兩陰之間。

大椎：在第 7 頸椎與第 1 胸椎棘突間正中處。

風門：在第 2 胸椎棘突下旁開 1.5 吋處。

天宗：在肩胛岡下窩的中央。

至陽：在第 7、8 胸椎棘突之間。

脊中：在第 11、12 胸椎棘突之間。

膏肓俞：在第 4 胸椎棘突下旁開 3 吋處。

魂門：在第 9、10 胸椎突棘旁開 3 吋處。

肝俞：在第 9 胸椎棘突旁開 1.5 吋處。

意舍：在第 11 胸椎棘突下旁開 3 吋處。

腎俞：在第 2 腰椎棘突下旁開 1.5 吋處。

胃倉：在第 12 胸椎棘突下旁開 3 吋處。

志室：在第 2 腰椎棘突下旁開 3 吋處。

腰眼：在第 3 腰椎棘突下旁開 3～4 吋處。

命門：在第 2、3 椎之間。

肩井：在大椎穴與肩峰連線的中點、肩部高處。

長強：在尾骨尖與肛門之間。

【四肢部】

巨骨：在鎖骨肩胛岡之間凹陷處。

臂臑：在上臂外側、三角肌止點稍前處、肩（髃）與

曲池的連線上。

尺澤：在肘橫紋上、肱二頭號肌腱外側處。

曲澤：在肘橫紋上、肱二頭肌腱近尺側緣。

曲池：屈肘時，在肘橫紋頭與肱骨外上髁之中點處。

手三里：在曲池穴下 2 吋處。

少海：屈肘時，在肘橫紋尺側端與肱骨內上髁之間凹陷處。

青靈：在少海穴上 3 吋處。

內關：在腕橫紋正中直上 3 吋。

腕骨：在手背尺側，當第 5 掌骨與鉤骨、豌豆骨之間凹陷處。

合谷：在第 1、2 掌骨之中點稍偏食指處。

陽谿：拇指向上撓時，在腕關節橈側凹陷處。

中渚：在第 4、5 掌骨小頭之間、掌指關節上方 1 吋凹陷處。

八邪：握拳時，每個掌骨小頭之間處。

風市：在直立、雙手自然下垂時，在大腿外側中指尖所到之處。

陰包：在曲泉穴上 4 吋、股內肌與縫匠肌之間。

陰廉：在大腿內側、氣衝穴直下 2 吋動脈處。

血海：在大腿內側面下部、髕骨內上緣上 2 吋處。

箕門：在大腿內側血海穴上 6 吋處。

承扶：在臀部下緣橫紋中點處。

委中：在窩部橫紋中點處。

足三里：在外膝眼下 3 吋、脛骨外側一橫指脛骨前肌上。

膝陽關：在陽陵穴上、股骨外上髁上方凹陷處。

承山：在小腿後面正中出現「人」字形凹陷處，即委中穴與足跟之中處。

懸鐘：在外踝高點直上 3 吋，腓骨前緣。

三陰交：在內踝尖上 3 吋、脛骨後緣。

解谿：在足背的踝關節橫紋中點、拇長伸肌腱和趾長伸肌腱之間。

崑崙：在外踝與跟腱之間凹陷處。

太谿：在內踝高點與跟腱之間凹陷處。

湧泉：在足掌心的前 1/3 與後 2/3 交界處。

死穴又分軟麻、昏眩、輕和重四穴，各種皆有九個穴。合起來為 36 個致命穴。在日常操作時須小心注意。

歌訣：

> 百會倒在地，尾閭不還鄉，
>
> 章門被擊中，十人九人亡，
>
> 太陽和啞門，必然見閻王，
>
> 斷脊無接骨，膝下急亡身。

❤ 奇經八脈及十二經絡走向

人體主要有奇經八脈和十二經絡。

那到底什麼是奇經八脈呢？

其實，奇經八脈只是人體經絡走向的一個類別。

所謂經，是指神經縱運行的在的干脈。絡，是指神經橫運行的網絡系統的小支脈。

經絡如環無端、內外銜接，內屬於臟腑，外絡於肢節，經分十二經脈，絡無法計數。

【十二經絡走向】

手三陰經：從胸沿臂內側走向手。

手三陽經：從手沿臂外側走向頭。

足三陰經：從足沿腿內側走向腹。

足三陽經：從腹沿腿外側走向足。

【奇經八脈】

任脈、督脈、衝脈、帶脈、陰蹻脈、陽蹻脈、陰維脈、陽維脈。

【疏通經絡簡易操】

第一式

擺頭擊頸兼拍腰：吸氣、補元神、舒頸鬆肩。左右交叉各做 18 次。

第二式

展手旋臂，屈腿旋腰：壯腰、補肝腎。左右交叉各做 6 次。

第三式

俯仰舉手展臂，弓腳拉筋：吐濁納清，貫穿任督兩脈，疏通全身經絡，通氣行血，強健筋肉，滑利關節。左右交叉各做 5 次。

✚ 推 拿 療 法

推拿治療最重要的是手法。規範、熟練、適當的手法，及其操作的方向、頻率的快慢、用力的輕重與治療的部位、穴位以及具體病情、患者體質強弱等相結合，就能發揮調整臟腑，疏通經絡，行氣活血等作用。

💙 常用推拿手法

擺動類：是指主要以前臂的主動運動，帶動腕關節左右擺動來完成手法操作過程的一類手法。如一指禪推法、大魚際揉法等。

摩擦類：是指手法操作過程中，著力部位與被治療部位皮膚表面之間產生明顯摩擦的一類手法。如摩法、擦法、推法、抹法、搓法等。

振顫類：是指雙手用微力做連續的小幅度的上下連續顫動，使關節有鬆動感的一類手法。如振法、顫法、抖法等。

擠壓類：是指單方向垂直向下用力和兩個方向相對用力作用於某一部位的一類手法。如按法、壓法、點法、捏法、拿法、捻法、撥法、踩蹺法等。

叩擊類：是指有節律富有彈性地打擊機體表面的一類手法。如拍法、擊法、叩法、彈法等。

以上的各種手法作用力一定要柔和，避免手法過重造成損傷。

💙 小兒推拿法

小兒推拿手法應輕快柔和，有的手法雖與成人推拿相同，但也有所不同。

推法：用拇指面（正、側兩面均可）或食、中指面，在選定的穴位上作直線推動，稱直推法；用雙手拇指面在同一穴位起向兩端分開推，稱分推法。

揉法：用指端（食、中、拇指均可）或掌根，在選定

的穴位上貼住皮膚，帶動皮肉筋脈作旋轉迴環活動，稱揉法。治療部位小的用指端揉，大的用掌根揉。

捏脊法：用雙手的中指、無名指和小指握成半拳狀，食指半屈，拇指伸直對準食指前半段，然後頂住患兒皮膚，拇、食指前移，提拿皮肉。自尾椎兩旁雙手交替向前，推動至大椎兩旁，算作捏脊一遍。

推脊法：用食、中指（併攏）面自患兒大椎起循脊柱向下直推至腰椎處，稱推脊法。

✚ 拔罐療法

拔罐療法因其簡單、易操作，患者無痛苦，療效顯著，深受廣大人群的歡迎。且由於其適應範圍十分廣泛，凡針灸、按摩療法適用的疾病均可進行拔罐治療。

❤ 常用拔罐療法

單罐法：單罐法即單罐獨用，一般用於治療病變範圍比較侷限的疾病。

留罐法：又稱坐罐法，指罐吸拔在應拔部位後留置一段時間的拔罐法。

留置時間一般為 5～10 分鐘，它可用於拔罐治療的大部分病證，是最常用的拔罐法。

多罐法（神經節段拔罐法）：多罐法即多罐並用，一般用於治療病變範圍比較廣泛、病變處肌肉較豐滿的疾病，或敏感反應點較多者，可根據病變部位的解剖形態等情況，酌情吸拔數個至 10 餘個。

閃罐法（病變反射區吸拔法）：閃罐法指罐吸拔在應

拔部位後隨即取下，反覆操作至皮膚潮紅時為止的拔罐方法，若連續吸拔 20 次左右，又稱連續閃罐法。此法的興奮作用較為明顯，適用於肌肉痿弱、局部皮膚麻木或功能減退的虛弱病證及中風後遺症等。

針罐法：針罐法是針刺與拔罐相結合的一種綜合拔罐法。

其具體操作也可分為兩類：

①留針拔罐法。選定穴位，針刺至得氣後，運用一定手法，留針於穴區，再拔罐。

②不留針拔罐法。係指針刺後立即去針，或雖留針，但須至取針後，再在該部位拔罐的一種方法。

走罐法：走罐法又稱推罐法、行罐法或旋罐法。操作前需先在罐口或吸拔位塗上一層薄薄的潤滑油。

血罐法：又稱為刺絡拔罐或刺血拔罐。不宜刺得過深，出血量控制在 20 毫升左右。

平衡罐法：是內臟神經調節吸拔法。

指罐法：是在需要拔罐治療的穴位或患處先用手指代替針點按穴位（點穴）或點揉患部後再進行拔罐治療的方法。

發泡罐法：透過延長時間和增大吸拔力量等使罐內產生水泡（皮下充水）而達到治療目的。

❤ 拔罐療法的選穴原則

就近拔罐：

即在病痛處拔罐。這是由於病痛之所以出現，是因為局部經絡功能之失調，如經氣不通所致。在病痛處拔罐，

就可以調整經絡功能，使經氣通暢，通則不痛，從而達到治療疾病的目的。

遠端拔罐：

是指在遠端病痛處拔罐。這遠端部位的選擇是以經絡循環為依據，刺激經過病變部位經絡的遠端或疼痛所屬內臟的經絡的遠端，以調整經氣，治療疾病，如牙痛選取合谷，胃腹疼痛選取足三里，頸椎疼痛選取足三里等。

特殊部位拔罐：

某些穴位具有特殊的治療作用。因此，根據病變特點來選擇拔吸部位，如大椎、曲池、外關等有退熱作用。如治療發熱時，可以在上述部位處拔罐。內關對心臟有雙向調節作用，如心跳過緩、過急可以選擇此穴。

中間結合，強調脊椎、頸椎部是指頸椎到胸椎的部位，主要治療頭部、頸部、肩部、上肢及手部的病變和功能異常，如頭暈、頭痛、頸椎病、落枕、肩周炎、手臂肘腕疼痛等。

胸椎上部是指第 1 胸椎到第 6 胸椎的部位。主要治療心、肺、氣管、胸廓的病變，如心悸、胸悶、氣短、咳喘、胸痛等病證。

胸椎下部是指第 7 胸椎到第 12 胸椎的部位，主要治療肝、膽、脾、腸等器官的病證，如肝區脹痛、膽囊炎、消化不良、急慢性胃炎、腸炎、腹痛、便秘等病證。

腰椎部是指腰椎以下的腰椎部，主要治療腎、膀胱、生殖系統、腰部、臀部、下肢各部位的疾病，如腎炎、膀胱炎、痛經、帶下、陽痿、腰椎增生、椎間盤脫出、坐骨神經痛、下肢麻痺、癱瘓、疼痛等病證。

【拔罐療法必選俞穴】

全身疾病：大椎、身柱。

下半身疾病：命門。

呼吸系統：風門、肺俞、脾俞、中府等。

循環系統：心俞、腎俞、肝俞、脾俞、神道。

消化系統：膈俞、肝俞、脾俞、胃俞、中脘、上脘、三焦俞、大腸俞、天樞、關元、膽俞、阿是穴。

泌尿系統：肝俞、脾俞、腎俞、膀胱俞、中極、關元。

內分泌系統：肺俞、心俞、肝俞、脾俞、腎俞、中脘、關元。

神經系統：心俞、厥陰俞、肝俞、脾俞、腎俞。

腦血管：心俞、厥陰俞、肝俞、脾俞。

運動系統：肩髃、肩貞、肩中俞、肩外俞、環跳、阿是穴。

五官及皮膚系統：風門、肺俞、肝俞、阿是穴。

♥ 禁忌拔罐的人群

為了避免不必要的傷害，或者延誤病情，以下病證應當禁用或慎用拔罐療法：

高熱、抽搐和痙攣發作者不宜拔罐。對於癲癇患者則應在間隙期使用。

有出血傾向的患者慎用，更不宜刺絡拔罐，以免引起大出血。

有嚴重肺氣腫的患者，背部及胸部不宜負壓吸拔。心力衰竭或體質虛弱者，不宜用拔罐治療。

骨折患者在未完全癒合前不可拔罐，以避免影響骨折

對位及癒合。急性關節扭傷者，如韌帶已發生斷裂，不可拔罐。

皮膚有潰瘍、破裂處，不宜拔罐。在瘡瘍部位膿未成熟的紅、腫、熱、痛期，不宜在病灶拔罐。面部癰腫禁忌拔罐，以免造成嚴重後果。局部原因不明的腫塊，亦不可隨便拔罐。

孕婦的腰骶及腹部不宜拔罐。

惡性腫瘤患者不宜拔罐。

過飢、過飽、醉酒、過度疲勞者均不宜拔罐。

精神失常、精神病發作期、狂躁不安、破傷風、狂犬病等不能配合者不宜拔罐。

艾灸療法

艾灸法是灸療法中最常用的方法，是以艾絨為主要材料，製成艾炷或艾條，點燃後燻熨或溫灼穴位，以治療疾病和保健的一種方法。

又可以分為艾炷灸、艾條灸、艾燻灸等。

常見的幾種艾灸療法

直接灸：

將大小適宜的艾炷，直接放在皮膚上施灸。若施灸時需將皮膚燒傷化膿，癒後留有瘢痕者，稱為瘢痕灸。常用於治療哮喘、肺結核、瘰癧等慢性疾病。

若不使皮膚燒傷化膿，不留瘢痕者，稱為無瘢痕灸。一般虛寒性疾患，均可此法。

間接灸：

又稱為間隔灸法或隔物灸法，是指艾炷與皮膚之間隔墊物品進行施灸的方法。

艾條灸：

用艾條在體表一定部位施灸的一種治療方法。艾條灸包括懸起灸和實按灸兩種。簡便易行的懸起灸在生活中最為常用，包括溫和灸、雀啄灸和迴旋灸。

溫和灸：

將艾條的一端點燃，在距離施灸部位約 3 公分處進行燻烤，一般以灸至局部出現溫熱、潮紅為度。此法具有溫通經絡、祛風散寒作用。

雀啄灸：

將艾條燃著的一端懸置於施灸部位之上，一上一下地活動施灸，像鳥啄食一樣，本法適用於昏厥、兒童疾病、胎位不正等。

迴旋灸：

是將艾條的一端點然，在距離施灸部位皮膚 3 公分左右的距離，往復迴旋施灸，使患者有溫熱感而不致灼痛，灸至局部出現溫熱潮紅為度。此法適用於病變面積較大的風濕痛、軟組織損傷、皮膚病等。

♥ 艾灸的注意事項

醫生建議，艾灸的時間根據病情與部位而定，一般每次約 20 分鐘。

施灸過程中如感覺太熱，可適當將艾條抬高散熱。

施灸後局部皮膚出現微紅灼熱，屬正常現象，若出現

小水泡無需處理，可自行吸收。

此外需要特別注意的是，凡屬實熱證、陰虛發熱者不宜用艾灸，顏面部、大血管處、孕婦腹部及腰　部亦不宜施灸。

TIPS

艾灸保健和其他任何一種治療方法一樣，在進行時也有禁忌和注意事項：

臉部，不能直接灸，以防形成瘢痕，影響美觀。

孕婦的腰骶部、下腹部，男女的乳頭、生殖器等不能灸。

關節關鍵部位不要直接灸。

大血管處、心臟不能灸。

極度疲勞，過飢、過飽、醉酒、大汗淋漓、情緒不穩或婦女經期，忌灸。

某些傳染病、高熱、昏迷、驚厥期間，或身體極度衰竭，形瘦骨立者等忌灸。

無自制行為能力者如精神病患者等忌灸。

第五章 *CHAPTER*

常見疾病診斷和處理早知道

內科疾病

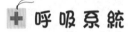

呼吸系統

❤ 急性上呼吸道感染

本病誘因

急性上呼吸道感染簡稱上感，常指鼻、咽、扁桃體、喉部黏膜的急性炎症。本病 90%以上由病毒所致，病毒感染後繼發細菌感染。依病變主要部位的不同又可稱為急性鼻咽炎、急性咽炎、急性扁桃體炎等。

【主要症狀】

冬春多見。起病急，不規則發熱、鼻塞、流涕、噴嚏、頭痛、咽痛、怕冷、咳嗽為主要症狀，可伴有扁桃體及頜下淋巴結腫大或合併有嘔吐、腹瀉等消化道症狀。嚴重者高熱，可發生驚厥，嬰幼兒全身症狀重，而年長兒局部症狀重。

急性上呼吸道感染症狀不論輕重，如不及時治療，一般均可引起全身併發症，如鼻竇炎、急性眼結膜炎、口腔炎、喉炎、中耳炎、頸淋巴結炎、咽後壁膿腫、扁桃體周圍膿腫、上頜骨髓炎、支氣圍膿腫、上頜骨髓炎、支氣管炎和肺炎等。假若感染由血液循環播散於全身各處，細菌感染併發敗血症時，可引起多種化膿性病灶，如皮下膿

腫、腹膜炎、關節炎、腦膜炎、泌尿道感染等等。

【就醫指南】

具有典型症狀，並有因天氣突變的受涼病史或接觸感冒者的病史。

咽峽部、咽後壁、軟顎、扁桃體充血，淋巴濾泡增生，或見扁桃體有膿性分泌物。細菌感染白細胞及中性粒細胞增高，咽培養可找到致病菌。

病毒感染一般白細胞偏低或在正常範圍內。但在早期白細胞總數中性粒細胞百分數可偏高。雖然細菌感染白細胞總數多數增高，有些嚴重病例也可出現減低。

【西醫治療】

體溫在 38℃以上時，可服用對乙醯氨基酚口服液、酚麻美敏片、阿司匹林泡騰片等退熱，4 小時可重複一次。如發生高熱時，具體方法可用 75%酒精兌一倍溫開水在頸部兩側、腋下、腹部溝等有大動脈搏動處做酒精擦浴，頭部可用冷毛巾濕敷降溫，防止驚厥。

藥物降溫可用阿司匹林每次每公斤體重 3～6 毫克，口服，必要時每 8 小時 1 次。

TIPS

一般不使用抗生素。疑細菌感染或有併發症時可選用青黴素，每日 2.5 萬～5 萬單位/公斤體重，分 2～4 次肌內注射；口服羥氨苄青黴素、頭孢氨苄青黴素、紅黴素等，服藥時間 3～5 天。

【中醫治療】

中醫根據症狀及脈象將本病分型，然後進行辨證論治。根據臨床表現，本病主要可分為風寒感冒和風熱感冒兩型。

◎風寒感冒：

症見發熱，惡風怕冷，鼻塞流涕，咳嗽，且舌淡紅，苔薄白。適宜用疏風散寒、宣肺止咳、辛溫解表的方法治療。

可用中成藥：小兒感冒沖劑、維 C 銀翹片、兒童清肺丸、兒童清肺口服液、解肌寧嗽丸等。

◎風熱感冒：

症見發熱，惡風，有汗，頭痛，鼻塞，流涕，咳嗽，痰稠色白或黃，且舌尖紅、苔薄白或薄黃，脈浮數。適宜用解表祛風、清熱解毒、辛涼解表的方法治療。

可用中成藥：小兒清咽沖劑、板藍根沖劑、雙黃連口服液、清熱解毒口服液、透表回春丸、小兒金丹片、小兒久嗽丸、妙靈丹等。亦可用小兒解熱栓放入肛門內。

【參考方藥】金銀花、連翹、淡豆豉、牛蒡子、桔梗、前胡、淡竹葉各 10 克，荊芥、薄荷（後下）各 6 克，鮮蘆根 15 克。

小兒為純陽之體，感受外邪（或感寒或受風熱）都可見到高熱，甚至高熱驚厥、四肢抽搐，煩躁譫妄，痰盛咳嗽氣喘，口渴面赤等症狀。此時治宜清熱解表，化痰開竅，息風定驚。

可服用至聖保元丹、小兒回春丸、小兒清熱散、牛黃鎮驚丸等。

★刮痧法

足部反射區有六個基本反射區；重點刮肺、支氣管、甲狀旁腺、淋巴（上身）、淋巴（腹部）、淋巴（胸部）、上顎。

背部：大椎、肺俞、風門、腎俞。

下肢：足三里、豐隆。

腹部：膻中、天突、中府、神厥。

【預防與保健】

增強抵抗力是預防本病的關鍵。加強室外活動，多曬太陽，增強體質，提高抗病能力。平時注意氣候變化，及時增減衣服，注意清潔衛生，冬春季節少去公共場所。

兒童患者要適當休息，充足睡眠，多飲白開水，避免受涼。合理餵養，添加輔食，預防佝僂病、營養不良等疾病。注意隔離，防止交叉感染。發熱兒童要注意控制體溫，避免體溫突然上升引起驚厥。

飲食宜清淡，避免肥甘厚味。無論對於預防還是病後調理，都非常重要。

♥ 急性氣管炎-支氣管炎

本病誘因

氣管、支氣管黏膜的急性炎症稱為急性氣管、支氣管炎。其病因有多方面：

感染

造成急性氣管、支氣管炎是在機體氣管——支

氣管防禦功能下降時，由病毒或細菌直接感染氣管──支氣管引起，也可因急性上呼吸道感染的病毒、細菌蔓延播散而來。一般在病毒感染的基礎上繼發細菌感染，常見致病細菌有流感嗜血桿菌、肺炎球菌、鏈球菌、葡萄球菌等。

過敏反應

吸入的花粉、有機物粉塵、真菌孢子等，肺內移行的鉤蟲和蛔蟲的幼蟲或細菌蛋白質均可作為過敏原，導致氣管──支氣管的過敏性炎症。

物理和化學反應

吸入粉塵、刺激性氣體、過冷空氣或二氧化硫、二氧化氮、氨氣、氯氣等煙霧，可刺激氣管──支氣管黏膜而發病。

【主要症狀】

初起有不同程度的上呼吸道感染症狀如鼻塞、噴嚏、咽痛咽癢、聲音嘶啞、頭痛、周身不適或肌肉疼痛、輕度畏寒、發熱等。主要表現為咳嗽和咳痰。開始時咳嗽不明顯或輕度刺激性咳嗽，無痰或少痰，1～2天後咳嗽加重，痰量增多，由黏液轉為黏液膿性痰，偶見痰中帶血，可伴有氣促、胸骨後發緊的感覺。較重者呈陣發性咳嗽或終日咳嗽。

伴發支氣管痙攣時可有氣急症狀和哮鳴音。

本病一般呈自限性，體溫可在1週內恢復正常，但咳嗽有時延長數週方癒。若遷移不癒，可逐漸轉為慢性支氣管炎。

【就醫指南】

寒冷季節或氣候突發時易於發病。

無慢性咳喘史。

X光檢查：無異常或僅有肺紋理略粗。

急性上呼吸道感染，伴咳嗽、咯痰、痰量逐漸增多。聽診雙肺呼吸音粗糙，有乾性或濕性音，偶有哮鳴音。

實驗室檢查：病毒感染，血常規無異常。細菌感染，白細胞總數及中性粒細胞可輕度升高。

【西醫治療】

＊ **抗感染治療**：口服阿莫西林膠囊 0.5 克，每日 3 次，或交沙黴素 0.4 克，每日 3 次，或頭孢克洛 0.5 克，每日 3 次；肌內注射青黴素 160 萬單位，每日 2 次，或克林黴素 600 毫克，每日 2 次。

＊ **止咳化痰**：複方甘草合劑 10 毫升，每日 3 次，或枸橼酸噴托維林 25～50 毫克，每日 3 次，或鹽酸氨溴索片 30 毫克，每日 3 次。兼喘者，茶鹼控釋片 0.1 克，每日 2 次，或沙丁胺醇 2.4～4.8 毫克，每日 3 次。

發熱者，給予 APC 或百服寧治療。

【中醫治療】

中醫根據症狀及脈象將本病分型，然後進行辨證論治。

◎**風燥傷肺型**：症見乾咳少痰，連聲作嗆，喉癢咽痛，唇鼻乾燥，口乾，或伴鼻塞，頭痛，惡寒發熱，且苔薄白或薄黃，脈浮數。適宜用疏風清肺、潤燥止咳的方法治療。

【參考方藥】桑葉 10 克、豆豉 10 克、杏仁 10 克、

浙貝母 10 克、沙參 15 克、山梔子 10 克、玉竹 15 克、百部 10 克、黃芩 10 克、天花粉 15 克、蘆根 30 克。

◎**肺熱陰傷型**：症見乾咳，痰少黏稠或痰中帶血，聲音嘶啞，口乾咽燥，或午後潮熱顴紅，手足心熱，夜寐盜汗，且舌紅少苔，脈細數。適宜用養陰清熱、潤肺止咳的方法治療。

【**參考方藥**】沙參 15 克、麥冬 15 克、玉竹 15 克、天花粉 15 克、百合 15 克、桑葉 10 克、杏仁 10 克、桑白皮 10 克、蘆根 30 克、川貝粉 6 克（沖服）。

◎**風寒襲肺型**：症見咳嗽聲重，咯痰稀薄色白，常伴鼻塞，流清涕，頭痛，肢體酸楚，惡寒，發熱，無汗，且舌苔薄白，脈浮或浮緊。適宜用疏風散寒、宣肺止咳的方法治療。

【**參考方藥**】麻黃 6 克、杏仁 10 克、生甘草 6 克、前胡 10 克、桔梗 10 克、荊芥 10 克、紫菀 10 克、百部 10 克、牛蒡子 10 克、大青葉 30 克、黃芩 10 克。

◎**痰熱蘊肺型**：症見咳嗽氣短聲粗，痰多色黃質黏，面赤身熱，口乾欲飲，且舌質紅、舌苔黃膩，脈滑數。適宜用清肺化痰、肅肺止咳的方法治療。

【**參考方藥**】黃芩 10 克、桑白皮 10 克、知母 10 克、全瓜蔞 30 克、浙貝母 10 克、杏仁 30 克、橘紅 10 克、蘆根 30 克、魚腥草 30 克、膽南星 10 克、枳實 10 克、生甘草 6 克。

◎**風熱犯肺型**：症見咳嗽頻劇，氣粗或咳聲嘎啞，咽痛，痰黏色黃或黃白相間，常伴鼻流黃涕，頭痛四肢酸楚，惡寒發熱，口渴，且舌苔薄黃，脈浮數或浮滑。適宜

用疏風清熱、宣肺化痰的方法治療。

【參考方藥】金銀花 30 克、連翹 15 克、大青葉 30 克、桑葉 10 克、菊花 10 克、薄荷 6 克、杏仁 10 克、牛蒡子 10 克、前胡 10 克、黃芩 10 克、浙貝母 10 克。

【預防與保健】

積極鍛鍊身體，增強體質，提高自身的免疫力。

注意氣候變化，避免受涼。防止空氣污染，改善勞動條件，保持環境的衛生。

患病後要注意休息，早睡早起，避免勞累。

注意保暖，防止感冒，避免吸入過敏原和刺激性物質。多飲水，忌菸酒和辛辣食物。

精神要放鬆，性格要開朗，不忌醫諱病，遵醫囑按時服藥檢查。

♥ 慢性支氣管炎

本病誘因

氣管、支氣管黏膜及其周圍組織的慢性非特異性炎症稱為慢性支氣管炎。本病是一種常見多發病，老年人多見，吸菸，寒冷地區及環境污染較重地區發病率高。本病屬中醫「咳嗽」「喘證」範疇。

呼吸道局部防禦和免疫功能降低。正常人呼吸道有著完善的防禦功能，下呼吸道始終處於無菌狀態。全身或呼吸道局部防禦和免疫功能減弱，為發病提供內在的條件。尤其老年人呼吸道免疫和防禦功能退化，更是如此。

自主神經功能失調。呼吸道副交感神經反應性增高時，輕微刺激就可導致支氣管痙攣收縮，分泌物增加。

吸菸與本病的發生有著密切的關係。吸菸者容易感染和發病，吸菸量越大，吸菸時間越長，患病率也越高，戒菸後病情可減輕或痊癒。

感染常常是繼發性的，可加劇病變的發展。主要為病毒和細菌感染，也可有支原體感染。病毒以鼻病毒、黏液病毒、腺病毒和呼吸道合胞病毒多見，細菌常見流感嗜血桿菌、肺炎球菌、甲型鏈球菌、奈瑟球菌等。

寒冷多為該病發作的重要誘因。寒冷季節，特別是氣候突然變化時常加重或急性發作。

塵埃、塵蟎、細菌、真菌、寄生蟲、花粉及化學氣體等都可作為過敏原而致病。喘息型支氣管炎多有過敏史。

刺激性粉塵、煙霧和空氣中二氧化硫、二氧化氮、氯氣、臭氧等污染長期的刺激，常為本病發生的誘因。

【主要症狀】

反覆發作的咳嗽、咯痰或伴有喘息為主要表現，一般晨間咳嗽較重，白天較輕，晚間睡前有陣咳或排痰。起床後或體位變動時引起排痰，常以清晨較多，一般為白色泡沫狀黏液或漿液，偶可帶血。

在急性呼吸道感染時，症狀迅速加劇，痰量增多，呈

白黏痰或黃膿痰。

隨著病情的反覆發作和進展，終年咳嗽、咯痰不停，冬秋加劇，並發生喘息。若有嚴重而反覆的咯血，提示嚴重的肺部疾病，如腫瘤。急性發作伴有細菌感染時，痰則變為膿性黏液，咳嗽和痰量亦隨之增加。喘息型慢性支氣管炎可引起喘息。早期無氣急現象，反覆發作數年，併發阻塞性肺氣腫時，可伴有輕重程度不等的氣急。勞動或活動後氣喘明顯，嚴重時動則即喘，生活難以自理。

根據臨床病症的表現，本病又分兩型。

單純型：以反覆咳嗽、咯痰、痰多為主症。

喘息型：除咳嗽、咯痰外，伴喘息，但無明顯的呼吸困難。如併發肺氣腫，則呼吸困難逐漸加重。

本病病程可分為 3 期。

急性發作期：一週內出現膿性或黏液膿性痰，痰量明顯增加，常伴見其他痰症表現。

慢性遷延期：具有不同程度的咳、痰、喘表現。

臨床緩解期：有輕微咳嗽，咯痰量少，並持續 2 個月以上。

【就醫指南】

有反覆發作的咳嗽、咯痰或伴有喘息病史，並排除由心、肺腫瘤或結核等其他可導致咳嗽、咯痰、喘息的症狀。

每次持續發病最少為 3 個月，並連續發病 2 年以上者。

肺底可聽診到乾、濕囉音，喘息型可聽到廣泛哮鳴音。急性發作期有乾、濕囉音及哮鳴音。

X 光檢查：肺紋理增粗、增重，或呈條索狀、斑點狀、斑片狀高密度影。

實驗室檢查：急性細菌感染，血常規檢查白細胞總數及中性粒細胞增高。血常規檢查、痰液塗片或培養可助診斷。

　　喘息性支氣管炎應注意與支氣管哮喘、心源性哮喘鑑別。常併發阻塞性肺氣腫，甚至肺動脈高壓和肺源性心臟病。

【西醫治療】

　　＊ **抗感染治療**：口服阿莫西林 0.5 克，每日 3 次，或頭孢克洛 0.5 克，每日 3 次，或阿莫西林克拉維鉀酸 375 毫克，每日 3 次；肌內注射青黴素 160 萬單位，每日 2 次，或丁胺卡那黴素 0.2 克，每日 2 次，或克林黴素 600 毫克，每日 2 次；靜脈滴注青黴素 320 萬單位，每日 3～4 次，或環丙沙星 200 毫克，每日 2 次，或頭孢呋辛酯 150 毫克，每日 3 次。或根據痰培養選擇其他抗生素。

　　＊ **止咳化痰**：複方甘草合劑 10 毫升，每日 3 次，或鹽酸氨溴索 30 毫克，每日 3 次，或強力稀化黏素 300 毫克，每日 3 次。或蒸餾水 40 毫升、α-糜蛋白酶 5 毫克、慶大黴素 4 萬單位霧化吸入，每日 2 次。或加入複方安息香酊。

　　＊ **解痙平喘**：口服茶鹼控釋片 0.1～0.2 克，每日 2 次，或沙丁胺醇 8 毫克，每日 2 次，或鹽酸溴己新片 1～2 片，每日 3 次；噴霧吸入硫酸特布他林氣霧劑、丙酸倍氯米松氣霧劑、複方異丙托溴銨霧化液吸入劑等；肌內注射二羥丙茶鹼 0.25～0.5 克，喘甚時肌內注射 1 次；靜脈注射或滴注氨茶鹼 0.25 克入 40%葡萄糖注射液注射，或氨茶鹼 0.5 克、或二羥丙茶鹼 0.5 克入 5%葡萄糖注射液 500 毫升中，每日 1 次；激素治療時，可選用氫化可的松 200 毫克，靜脈滴注，每日 1～2 次，喘息減輕後減量停

藥或改為潑尼松口服，維持治療。

　　＊**緩解期治療**：酮替芬 1 毫克，每日 3 次；提高免疫劑可選用核酪口服液，或胸腺肽或干擾素治療。

　　【中醫治療】

　　中醫根據症狀及脈象將本病分型，然後進行辨證論治。

　　◎**風寒襲肺型**：症見咳嗽聲重，或有氣急喘息，咯痰稀薄色白，兼有頭痛，惡寒，發熱，無汗，且舌苔薄白，脈浮緊。適宜用宣肺散寒、止咳平喘的方法治療。

　　【參考方藥】咳嗽、咯痰為主者，麻黃 6 克、杏仁 10 克、生甘草 6 克、前胡 10 克、枳殼 10 克、桔梗 10 克、牛蒡子 10 克、金沸草 10 克、橘紅 10 克。

　　有喘息者，炙麻黃 10 克、杏仁 10 克、桂枝 6 克、蘇子 10 克、半夏 10 克、細辛 3 克、乾薑 6 克、五味子 5 克、射干 10 克、橘紅 10 克。

　　可用中成藥：通宣理肺口服液。

　　◎**風熱犯肺型**：症見咳嗽聲粗，氣粗或咳聲嘎啞，痰黏色黃，咽痛，或有惡寒發熱，頭痛四肢酸楚，且舌苔薄黃，脈浮數或滑。適宜用疏風清熱、宣肺化痰的方法治療。

　　【參考方藥】桑葉 10 克、菊花 10 克、連翹 15 克、杏仁 10 克、桔梗 10 克、生甘草 6 克、薄荷 6 克、金銀花 30 克、黃芩 10 克、浙貝母 10 克、紫菀 10 克。

　　可用中成藥：羚羊清肺丸。

　　◎**痰熱蘊肺型**：症見咳嗽喘息，氣急粗促，痰黏色黃，胸脅脹滿，煩熱口渴，便秘尿赤，身熱有汗，且舌質紅苔黃膩，脈滑數。適宜用清肺化痰、止咳平喘的方法治療。

【參考方藥】桑白皮 10 克、黃芩 10 克、杏仁 10 克、生山梔 10 克、全瓜蔞 30 克、生石膏 30 克（先煎）、浙貝母 10 克、蘇子 10 克、半夏 10 克、葶藶子 10 克、膽南星 10 克、橘紅 10 克。

可用中成藥：氣管炎咳嗽痰喘丸。

◎**肺虛喘咳型**：症見咳聲低弱，喘促短氣，氣怯聲低，咯痰稀薄，自汗畏風，或嗆咳痰少黏稠，煩熱口乾，面色潮紅，且舌質淡紅、苔少剝落，脈細數無力。適宜用益氣養陰、定喘化痰止咳的方法治療。

【參考方藥】太子參 15 克、生黃蓍 30 克、麥冬 30 克、五味子 10 克、生白朮 10 克、防風 6 克、百合 15 克、玉竹 15 克、紫菀 10 克、川貝粉 6 克（沖服）。

可用中成藥：生脈飲口服液。

中醫傳統療法

★針灸療法
在夏季三伏季節，用梅花針叩肺俞、膏肓、百勞等穴。

【預防與保健】

在臨床緩解期要注意生活規律，勞逸結合，早睡早起，注意休息，預防感冒，避免到環境污染嚴重、有刺激性氣體及人員稠密的場所去；在慢性遷延期，要減少體力勞動和戶外活動，積極治療；在急性發作期，要臥床休息。

食物要清淡易消化，宜吃新鮮蔬菜，如大白菜、菠菜、油菜、白蘿蔔、胡蘿蔔、番茄等，為補充各種維生

素、無機鹽的消耗，多吃柑橘、梨、枇杷、百合、蓮子、白果等具有止咳化痰作用的果品。忌吃韭菜等辛辣食物。戒菸、戒酒。

❤ 支氣管哮喘

本病誘因

簡稱哮喘，是一種發作性、可逆性、廣泛性支氣管炎和阻塞性疾病，是由多種細胞特別是肥大細胞、嗜酸性粒細胞和T淋巴細胞參與的慢性氣管炎症。

本病可發生於任何年齡，但以12歲以前開始發病者居多，以秋冬季節發病最多，春季次之，夏季最少，是嚴重威脅公眾健康的一種慢性疾病。

主要激發因素有特異性或非特異性吸入物、感染、食物、氣候改變、精神因素、運動及藥物因素等。

有過敏體質的人接觸某些抗原也會引起過敏反應。

本病反覆發作可併發慢性支氣管炎、慢性阻塞性肺疾病、肺源性心臟病。

【主要症狀】

哮喘的主要症狀是反覆發作的咳嗽、喘息、胸部憋悶，常為伴有哮鳴音的呼氣性呼吸困難，可自發或經治療後緩解。哮喘發作時，表現為胸廓飽滿、叩診過清音和聽診可聞及肺內廣泛哮鳴音等。

外源性哮喘：常在童年、青少年時發病，多有家族過

敏史。前驅期，發作前多有鼻咽發癢、流涕、流淚、噴嚏和乾咳等前驅症狀。發作期，以喘鳴性呼氣性呼吸困難為主，伴胸悶和平臥困難。緩解期，喘息好轉，咳出多量黏液痰後哮喘緩解。

內源性哮喘：成年發病，為非致敏原引起，呼吸道感染誘發最常見。先有咳嗽、咳痰，而後逐漸出現哮喘症狀。

混合性哮喘：外源性哮喘過程中可兼有感染因素參與，常使喘息曠日持久而長期發作，稱為混合性哮喘。

其他類型哮喘：職業性哮喘、運動性哮喘、精神性哮喘、藥物性哮喘和胃—食管反流性哮喘等均有相應病史。

哮喘持續狀態：嚴重哮喘發作，常規治療不能緩解，持續 24 小時以上者，稱哮喘持續狀態。多表現為張口聳肩呼吸、發紺、多汗、被迫端坐，甚至出現呼吸、循環衰竭。

【就醫指南】

有哮喘發作史，發作時喘息、氣促、胸悶，或有咳嗽症狀，雙肺可聽到散在或瀰漫性的以呼氣期為主的哮鳴音。並排除可引起氣喘或呼吸困難的其他疾病。

診斷的參考條件：

合併其他過敏性疾病。

皮膚試驗陽性。

經 1%異丙腎上腺素或 0.2%沙丁胺醇霧化吸入後，第一秒用力呼氣量（FEV_1）增加 15%以上。

支氣管激發試驗（或運動激發試驗）陽性。

輔助檢查：X 光、肺功能、血氣分析、血嗜酸粒細

胞、致敏原皮膚試驗有助於確診。

臨床分型：外源性哮喘：多為兒童、青少年，常於春秋發病，可有前驅症狀，發病急，緩解快，緩解後哮鳴音很快消失，血清中 IgE 增高。

內源性哮喘：常於冬季或氣候變化時發病，有呼吸道感染症狀，起病慢，症狀緩解後哮鳴音和濕囉音仍可持續多時，血清中 IgE 正常。

本病應注意與喘息性支氣管炎、心源性哮喘相鑑別。

併發症：發作時可並發氣胸、縱隔氣腫、肺不張；長期反覆發作和感染可並發慢性支氣管炎、肺氣腫、支氣管擴張、間質性肺炎、肺纖維化和肺源性心臟病。

【西醫治療】

＊ **激素治療**：丙酸倍氯米松氣霧劑，每次 2 噴，每日 3 次。

＊ **控制感染**：合併呼吸道感染時，應及時使用抗生素（參照慢性支氣管炎內容）。

＊ **通暢呼吸道**：用祛痰藥，複方甘草劑 10 毫升，每日 3 次，或鹽酸氨溴索片 30 毫克，每日 3 次，或強力稀化黏素 300 毫克，每日 3 次；蒸餾水 40 毫升、α-糜蛋白酶 5 毫克、慶大黴素 4 萬單位，霧化吸入，每日 2 次；體位引流排痰。

哮喘持續狀態的治療。

＊ 糾正缺氧：低流量吸氧。

＊ 補液：一般每天 2 000～3 000 毫升等滲液。

＊ 糾正酸中毒，預防電解質紊亂。併發代謝時，給予 5%NaHCO3 靜脈滴注。

＊糖皮質激素治療：氫化可的松 100～300 毫克，入 500 毫升液中靜脈滴注，每日 1～2 次，哮喘緩解後逐漸減量停藥，或潑尼松 30 毫克，頓服或分 3 次口服，逐漸減量。

＊支氣管解痙藥：氨茶鹼 0.25 克用 5%葡萄糖注射液稀釋後靜脈注射後，再用 0.5 克入 500 毫升液中靜脈滴注，或二羥丙茶鹼 0.25～0.5 克，肌內注射或靜脈滴注。其餘口服、噴霧吸入解痙藥同一般治療。

＊袪痰：同一般治療。

＊鎮靜：非那根 25 毫克肌內注射，或 10%水合氯醛 10～20 毫升灌腸。

【中醫治療】

中醫根據症狀及脈象將本病分型，然後進行辨證論治。

發作期治療。

◎寒哮型：症見呼吸急促，喉中痰鳴，胸滿如窒，咳嗽，痰少稀薄或咯吐不爽，面色青灰或蒼白，形寒怕冷，且舌苔白滑，脈弦緊或浮緊。適宜用溫肺散寒、化痰平喘的方法治療。

可用中成藥：咳喘膠囊、小青龍沖劑、雞鳴定喘丸、寒喘丸、麻黃止嗽丸、消喘膏、順氣止咳丸、橘紅痰咳沖劑等。

【參考方藥】炙麻黃 10 克、射干 10 克、細辛 3 克、乾薑 5 克、五味子 5 克、半夏 10 克、蘇子 10 克、杏仁 10 克、款冬花 10 克、紫菀 10 克、葶藶子 10 克、地龍 10 克。

◎**脾虛型**：症見納少脘痞，倦怠乏力，氣短懶言，便溏腹瀉，且舌質淡，苔薄白膩，脈細弱無力。適宜用健脾化痰的方法治療。

可用中成藥：人參健脾丸。

【參考方藥】黨參 15 克、白朮 10 克、茯苓 15 克、陳皮 10 克、半夏 10 克、炙甘草 6 克、山藥 15 克、生黃蓍 30 克、砂仁 5 克（後下）、紫菀 10 克、川貝粉 6 克（沖服）。

◎**腎虛型**：症見氣短息促，動則為甚，吸氣不利，心慌，腰痠膝軟，或畏寒肢冷，面色蒼白，或顴紅煩熱，且舌淡紅少苔，脈沉細或沉細數。適宜用補腎納氣、陰陽並補的方法治療。

可用中成藥：百令膠囊、麥味地黃丸。

【參考方藥】五味子 10 克、麥冬 15 克、熟地 15 克、山萸肉 24 克、山藥 15 克、丹皮 10 克、茯苓 15 克、澤瀉 10 克、仙靈脾 10 克、胡桃肉 15 克、紫河車 10 克、生黃蓍 30 克、黃精 15 克。

·········· 中醫傳統療法 ··········

★刮痧法

足部反射區有 6 個基本反射區；重點刮肺、支氣管、甲狀腺、甲狀旁腺、大腸反射區以及淋巴（上身胸部）、橫膈膜反射區。

胸部：天突、膻中、中府。

背部：定經、肺俞、腎俞、灸哮、命門。

下肢：足三里、豐隆、三陰交。

【預防與保健】

患者應當注意生活規律，勞逸結合，早起早睡。

有過敏史的患者要避免接觸致敏原，如粉塵、花粉、塵蟎、刺激性氣體及吸入性藥物。注意保暖，免受風寒，盡量避免到人群密集、感染機會多的場所去。哮喘頻繁發作期，要減少戶外活動，多臥床，保持室內衛生，定期清掃，注意通風。

選擇易於消化、清淡、富含維生素、微量元素鈣的食物，保證攝取足夠的熱量和蛋白質，可以選擇瘦肉、蛋、奶、動物內臟、豆類、雜糧、蔬菜、水果等進行搭配；少食油膩、生冷之物；嚴格戒菸、戒酒。

哮喘有時可因情緒緊張、精神刺激等引發。因此，患者在平時要注意調節緊張情緒，保持心情舒暢、情緒穩定，不受外界因素的影響。

緩解期可參加力所能及的體育活動，如散步、太極拳、氣功等，以增強體質，減少哮喘發作。

♥ 病毒性肺炎

本病誘因

病毒性肺炎往往是由於上呼吸道病毒感染向下蔓延所致的肺部炎症。常見的病毒有流感病毒、副流感病毒、呼吸道合胞病毒、鼻病毒、腺病毒、柯薩奇病毒、埃可病毒等。此外，麻疹病毒、水痘—帶狀疱疹病毒、鉅細胞病毒、風疹病毒等也可引起肺炎。

【主要症狀】

由於引起肺炎的病毒不同，其表現也有所差別。但一般成人病毒性肺炎的症狀輕微，起病緩慢，可有不同程度的發熱、頭痛、全身痠痛，伴刺激性乾咳、少痰。重症多見於嬰幼兒，可有高熱、呼吸困難、發紺，甚至發生休克、心力衰竭和呼吸衰竭。繼發細菌感染時，病情加重，治療效果不佳。

【就醫指南】

肺部常無明顯異常或僅聽到少許濕囉音。X 光檢查、咽拭子或下呼吸道分泌物培養、血清特異性抗體測定、用 PCR 技術可檢測病毒 DNA，有助於診斷。

【西醫治療】

金剛烷胺每次 0.1 克，每日 2 次，7 日為 1 療程；嗎啉雙胍（病毒靈）每次 0.1 克，每日 3 次，6～10 日為 1 療程；三氮唑核苷（病毒唑）每次 0.5 克，靜脈滴注，每日 1 次，5～7 日為 1 療程。無環鳥苷（阿昔洛韋）、干擾素等也可酌情選用。

繼發細菌感染時，可給予青黴素、頭孢菌素等抗生素治療。

【中醫治療】

板藍根、大青葉、金銀花、黃芩、連翹、菊花、貫眾等均有一定抗病毒作用。也可選用板藍根沖劑、抗病毒沖劑等中成藥。

·············中醫傳統療法·············

★推拿療法

在腳背最高處用拇指向前推按，在第 1 和第 2 蹠骨之

間會有明顯的酸脹痛感覺。

再用第 2、第 3、第 4 指的指端，在該處按揉，每次 100～200 下，每天早晚各 1 次，1 個月後乾咳基本消失。因為腳背最高處主肺經及氣管，透過按揉刺激，可減少氣管痙攣，達到止咳效果。

【預防與保健】

勞逸結合，注意休息，預防感冒，避免到環境污染的場所。病重時臥床休息、保持呼吸道通暢。飲食宜清淡，多吃新鮮蔬菜水果，戒菸戒酒。適當參加一些體育活動，以增強體質。

 **消化系統**

上消化道出血

本病誘因

上消化道出血十分常見，是食管、胃、十二指腸和胰、膽等病變引起的出血。

引起上消化道出血的常見原因為消化性潰瘍、急慢性胃炎、肝硬化合併食管或胃底靜脈曲張破裂、胃癌、應激性潰瘍等。上消化道大量出血一般指在數小時內的失血量超過1 000毫升或循環血容量的20%。

【主要症狀】

有嘔血或嘔血和黑便，在出血量較大或腸蠕動亢進時

排出暗紅色便。

表現因出血量而有不同。

輕度：

出血量＜500 毫升，僅有頭暈、不適、血壓脈搏多正常，血紅蛋白＞100 克/升。

中度：

出血量 500～1000 毫升，有頭暈、冷汗，脈搏稍快，血壓稍有下降，血紅蛋白＜80 克/升。

重度：

出血量＞1000 毫升，暈厥、冷汗，脈搏增快，甚至休克，血紅蛋白＜60 克/升。

【就醫指南】

根據臨床表現及大便隱血試驗陽性，即可診斷為上消化道出血。臨床還可根據病史，選擇 X 光鋇餐造影、纖維胃鏡、B 型超音波等檢查，可進一步明確引起出血的原發病。

【西醫治療】

＊補充有效循環血量：

補充晶體液及膠體液（中分子右旋糖酐，宜慢滴，每日不超過 1000 毫升），臨床以先補膠體液為宜。

＊中度以上出血，根據病情需要適量輸血。

＊根據出血原因和性質選用止血藥物：

炎症性疾患引起的出血：可用 H_2 受體拮抗劑：西咪替丁 200 毫升，加小壺（利用輸液器滴管旁插小孔給藥）；法莫替丁 20 毫克，加小壺，每日 2 次，質子泵抑制劑洛賽克 20 毫克，加小壺，每日 1～2 次。

亦可用冰水加去甲腎上腺素洗胃。

食管靜脈曲張破裂出血：用三腔管壓迫止血；同時以垂體後葉素 10 單位加小壺，再以 10 單位加入 200～500 毫升葡萄糖或糖鹽溶液中靜脈滴注，維持 4～6 小時，再重複，直至血止，高血壓病及冠心病患者慎用。

凝血酶原時間延長：可以靜脈注射維生素 K₁，連續使用 3～6 日；腎上腺色腙片，肌內注射或經胃管注入胃腔內，每 2～4 小時 1 次。以適量的生理鹽水溶解凝血酶，使成每毫升含 50～500 單位的溶液，口服或經胃鏡局部噴灑，每次常用量 2 000～20 000 單位，嚴重出血者可增加用量，每 1～6 小時 1 次。

內鏡下出血：

食管靜脈曲張硬化劑注射。

噴灑止血劑：5%～10%孟氏液 50～100 毫升，局部噴灑，具有強烈收縮作用，能使血液凝固和血管閉塞，少數患者可出現短暫的噁心、嘔吐及上腹不適等不良反應。

高頻電凝止血。

雷射止血。

微波組織凝固止血。

熱凝止血。

＊ 如果經保守治療，活動性出血未能控制，宜及早考慮手術治療。

【中醫治療】

中醫根據症狀及脈象將本病分型，然後進行辨證論治。

◎脾不攝血：症見病程日久，時發時止，吐血暗淡，

黑便稀溏，腹脹食慾不佳，面色萎黃，頭暈心悸，神疲乏力，口淡或口泛清涎，或胃寒肢冷，且舌淡苔薄白，脈細弱。適宜用健脾益氣、攝血扶中的方法治療。

可用中成藥：人參歸脾丸、荷葉丸。

【參考方藥】黨參 10 克、黃蓍 12 克、白朮 10 克、茯苓 10 克、當歸 10 克、炒地榆 12 克、炒蒲黃 10 克、血餘炭 10 克、三七 6 克、乾荷葉 10 克、炙甘草 6 克。

◎**肝火犯胃型**：症見吐血鮮紅或紫暗，口苦目赤，胸脅脹痛，心煩易怒，失眠多夢，或見赤筋紅縷、栀積痞塊，且舌邊紅苔黃，脈弦數。適宜用清肝瀉火、涼血止血的方法治療。

【參考方藥】龍膽草 10 克、山栀子 10 克、夏枯草 8 克、牡丹皮 10 克、黃芩 10 克、生地黃 15 克、生白芍 10 克、茜草 10 克、炒地榆 10 克、紫珠草 10 克。

◎**胃中積熱型**：症見吐血紫暗或成咖啡色，甚則鮮紅，常夾有食物殘渣；口臭口苦，心煩不安，大便色黑如漆，且舌紅苔黃，脈滑數。適宜用清胃瀉熱、降逆止血的方法治療。

可用中成藥：新清寧片。

【參考方藥】生大黃 10 克、黃連 10 克、黃芩 10 克、生地榆 10 克、紫珠草 10 克、茜草根 10 克、血竭 5 克、生甘草 6 克。

◎**瘀阻胃絡型**：症見便血或伴吐血，血色紫黯，或有血塊，胃脘疼痛，痛有定處，痛如針刺，且舌質紫或有瘀點，脈細澀。適宜用祛瘀止血、活血化瘀的方法治療。

可用中成藥：雲南白藥。

【參考方藥】生蒲黃 10 克、五靈脂 6 克、茜草 12 克、延胡索 8 克、川楝子 10 克、三七 5 克、花蕊石 12 克、旱蓮草 15 克。

【預防與保健】

精神放鬆，靜臥休息，避免情志刺激。

飲食清淡、易於消化，大出血者暫禁食，一般則給予流質飲食。

積極治療原發病，針對病因進行治療。

 急性胃炎

本病誘因

急性胃炎是由各種不同因素引起的胃黏膜甚至胃壁的急性炎症。多為胃黏膜出現糜爛和出血，通常伴有腸炎，故後者又稱胃腸炎。

本病的主要病因有細菌和毒素的感染、理化因素的刺激、機體應激反應及全身疾病的影響等。

臨床一般以急性單純性胃炎為多見。

【主要症狀】

因其病因不同，表現也各異，一般常見症狀以噁心、嘔吐和腹痛為主，此外尚可見便血。

【就醫指南】

病變可侷限於胃竇、胃體或瀰漫分佈於全胃。多發於夏秋之季。多數僅有消化不良表現，常為原發病掩蓋，多數患者可確定病因。

胃部出血常見，有時可引起嘔血和（或）黑便。

確診有賴於纖維胃鏡，可見多發性糜爛、出血灶和黏膜水腫為特徵的急性胃黏膜病變，一般應在大出血後24～48小時內進行。

【西醫治療】

＊**針對病因治療**：首先去除外因，即停止一切對胃有刺激的飲食和藥物，酌情短期禁食或進流質飲食。

急性腐蝕性胃炎除禁食外，適當禁洗胃、禁催吐，立即飲用蛋清、牛奶、食用植物油等。再去除內因，即積極治療誘發病，如急性感染性胃炎應注意全身疾病的治療、控制感染、臥床休息等。

＊**對症治療**：腹痛者給予解痙劑。如顛茄8毫克，或丙胺太林15毫克，每日3次。噁心嘔吐者，用胃復安5～10毫克，或多潘立酮10毫克，每日3次。

＊**抗菌治療**：急性單純性胃炎有嚴重細菌感染者，特別是伴有腹瀉者用抗炎治療。常用藥：黃連素0.3克口服，每日3次；諾氟沙星0.1～0.2克口服，每日3次；慶大黴素8萬單位，肌內注射，每日2次。

＊**糾正水、電解質紊亂**：對於吐瀉嚴重、脫水患者，應當多飲水，或靜脈補液等。

＊**止血治療**：急性胃炎導致的消化道出血者屬危重病症，可予冷鹽水洗胃，或冷鹽水150毫升加去甲腎上腺素1～8毫克洗胃，適用於血壓平穩、休克糾正者。保護胃黏膜可使用 H_2 受體阻斷劑，如西咪替丁200毫克，每日4次。透過胃鏡直視下用電凝、雷射、冷凝、噴灑藥物等方法，迅速止血。對出血量較大者，適量輸血。

【中醫治療】

中醫根據症狀及脈象將本病分型，然後進行辨證論治。

◎瘀血阻絡型：

症見胃脘疼痛頻作，持續不減，或痛如針刺，痛有定處，嘔血黑便，且舌質紫暗或有瘀斑，脈弦澀。適宜用活血化瘀、理氣止痛的方法治療。

可用中成藥：雲南白藥。

【參考方藥】炒五靈脂 9 克、當歸 9 克、川芎 6 克、桃仁 9 克、紅花 9 克、枳殼 6 克、丹皮 6 克、赤芍 6 克、烏藥 6 克、玄胡 6 克、三七粉 6 克、炒蒲黃 10 克。

◎外邪犯胃型：

症見發熱惡寒，胸脘悶滿，甚則疼痛，噁心嘔吐，或大便瀉洩，且苔白膩，脈濡緩。適宜用疏邪解表、化濁和中的方法治療。

可用中成藥：藿香正氣膠囊。

【參考方藥】藿香 15 克，紫蘇 10 克，白芷 6 克，大腹皮 5 克，桔梗、茯苓、橘皮、白朮、厚朴、半夏麴各 10 克，大棗 2 枚。

◎飲食停滯型：

症見脘腹脹滿拒按，噯腐吞酸，得食愈甚，吐後症減，瀉下臭穢，且舌苔厚膩，脈滑實。適宜用消食導滯的方法治療。

可用中成藥：加味保和丸。

【參考方藥】山楂 15 克、神麴 10 克、半夏 10 克、茯苓 12 克、陳皮 12 克、連翹 10 克、炒萊菔子 10 克。

★按摩法

揉摩肚腹，用掌心順時針揉摩腹部，在肚臍周圍可多揉摩幾下。

點穴：點按中脘、天樞、氣海、內關、公孫、足三里。

摩期門：拇指沿肋向兩側摩期門。

振腹助運：將兩手搓熱，重疊置於肚臍上，連續快速顫動，可助消化。

揉按肝、膽、脾、胃、三焦、大腸俞及相應椎體的夾脊穴。

★刮痧法

足部反射區有6個基本反射區；重點刮胃、胰、十二指腸、肝、膽囊、橫膈膜、肋骨、淋巴（上身、腹部）反射區。

腹部：上脘、中脘、下脘、天樞。

背部：胃俞、大腸俞。

上肢：內關。

下肢：足三里、豐隆、內庭。

【預防與保健】

精神放鬆，適當進行一些戶外運動。多曬太陽，注意休息。

生活要有規律，飲食有節制，避免暴飲暴食，忌菸、酒、茶，嚴禁吃油膩、粗糙及刺激性食物。

患病後及時診斷，及時治療，調治結合，頤養康復。

♥ 急性腸炎

本 病 誘 因

　　引起急性腸炎多由於細菌及病毒等感染所致。主要表現為上消化道症狀及程度不等的腹瀉和腹部不適，隨後出現電解質和液體的丟失。夏秋季節多是急性腸炎發作時期，應多加注意。

【主要症狀】

　　急性腸炎的症狀為噁心、嘔吐、腹痛、腹瀉、發熱等，嚴重者可致脫水、電解質紊亂、休克等。

【就醫指南】

　　患者多在夏秋季突然發病。多有誤食不潔食物的病史。有呈暴發性流行的特點，患者多表現為噁心、嘔吐在先；繼以腹瀉，每日 3～5 次，大便多呈水樣，深黃色或帶綠色，惡臭，可伴有腹部絞痛、發熱、全身痠痛等症狀。

　　大便常規檢查及糞便培養、血白細胞計數可正常或異常。

【西醫治療】

＊ 一般治療：

　　儘量臥床休息，避免受累。口服葡萄糖——電解質液以補充體液的丟失。如果持續嘔吐或明顯脫水，則需靜脈補充 5%～10%葡萄糖鹽水及其他相關電解質。攝入清淡流質或半流質食品，以防止脫水或治療輕微的脫水。

＊**對症治療**：

針對吐瀉嚴重患者，必要時可注射止吐藥，例如每日肌內注射氯丙嗪 25～100 毫克。解痙藥顛茄每次 8 毫克，每日 3 次。止瀉藥如蒙脫石散劑，每次 1 袋，每日 2～3 次。

對於感染性腹瀉，可適當選用有針對性的抗生素，如黃連素 0.3 克口服，每日 3 次或慶大黴素 8 萬單位口服，每日 3 次。

但應在醫生的指導下選用，防止抗生素濫用。

【中醫治療】

中醫根據症狀及脈象將本病分型，然後進行辨證論治。

◎**食滯胃腸型**：症見噁心厭食，得食愈甚，腹痛，瀉下穢臭，氣迫不爽，瀉後痛減，且苔厚膩，脈滑實。適宜用消食化滯、和胃降逆的方法治療。

可用中成藥：保和丸、香連化滯丸。

【參考方藥】焦山楂 10 克、神麴 10 克、製半夏 10 克、茯苓 12 克、陳皮 10 克、萊菔子 10 克、大腹皮 10 克。

◎**寒濕阻滯型**：症見嘔吐清水，噁心，腹瀉如水，腹痛腸鳴並伴有畏寒發熱，頸項或全身關節痠痛，且苔薄白或白膩，脈濡。適宜用散寒除濕、和中止瀉的方法治療。

可用中成藥：藿香正氣水。

【參考方藥】藿香 10 克、大腹皮 10 克、白芷 10 克、紫蘇 10 克、茯苓 12 克、清半夏 10 克、白朮 10 克、陳皮 10 克、厚朴 10 克、生薑 5 克、甘草 6 克。

◎**腸胃濕熱型**：症見病起急驟，噁心頻發，嘔吐吞酸，腹痛陣作，瀉下急迫，便行不爽，糞色黃褐而臭，口渴欲飲，心煩，尿短赤少，且舌苔黃膩，脈濡數或滑數。適宜用清熱化濕、理氣止瀉的方法治療。

【參考方藥】葛根 10 克、黃芩 10 克、黃連 6 克、木香 10 克、茯苓 12 克、車前子 10 克、白扁豆 10 克、薏苡仁 15 克、荷葉 10 克、生甘草 6 克。

◎**脾胃虛弱型**：症見稟賦不足，飲食稍有不慎即吐瀉，大便溏薄，嘔吐清水，且時作時休，面色不華，乏力倦怠，且舌淡，脈濡弱。適宜用健脾理氣、和胃止瀉的方法治療。

可用中成藥：人參健脾丸。

【參考方藥】人參 3 克、白朮 12 克、山藥 10 克、茯苓 12 克、白扁豆 12 克、陳皮 10 克、砂仁 3 克、薏苡仁 12 克、甘草 6 克。

中醫傳統療法

★**按摩法**

常用穴位：中脘、脾俞、胃俞、期門、陽陵泉、章門、建里、膈俞、合谷等穴。

★**拔罐法**

肩背部：肩井、脾俞、胃俞。

胸腹部：膻中、中脘、章門、天樞。

上肢部：內關、手三里、合谷。

下肢部：足三里。

【預防與保健】

飲食清淡易消化，對失水較多患者應補充液體，如淡鹽水、鮮果汁、藕粉、米湯、蛋湯等流食。忌吃生冷，飲食要衛生。患者應臥床休息，注意保暖，保持居室環境的潔淨衛生，消滅蒼蠅，對嘔吐、排泄物及時清理消毒，勤洗手。

 肝硬化

本病誘因

肝硬化是由病毒性肝炎等疾病引起的肝實質損害，最終導致有門脈高壓的慢性肝臟病變。

肝硬化的主要病因是慢性肝炎及長期酗酒。另外，炎症、毒性損害、肝血流改變、肝臟感染（病毒、細菌、螺旋體、寄生蟲），先天性代謝異常的物質累積疾病，化學物質和藥物如酒精、異煙肼、甲基多巴、胺碘酮，長期膽汁阻塞和營養不良，也是本病發病原因。

【主要症狀】

一般肝硬化患者常有肝區不適、疼痛、全身虛弱、厭食、倦怠和體重減輕，有的也會多年沒有症狀。

若膽汁回流受阻可出現黃疸、皮膚瘙癢、黃斑瘤。營養不良常繼發於厭食、脂肪吸收不良和脂溶性維生素缺乏。

常見症狀是門靜脈高壓，食管胃底靜脈曲張導致消化

道出血，亦有表現為肝細胞衰竭、腹水或門體分流性腦病。

【就醫指南】

有營養障礙、慢性腸道感染、血吸蟲病、酗酒，尤其有較長時間病毒性肝炎史。

發病高峰年齡在 35～48 歲，男女比例為（3.6～8）：1。

肝損傷的病史及相關症狀。體徵可有肝臟腫大且質地較硬，肝掌、蜘蛛痣、腹壁靜脈曲張、腹水。

免疫學檢查。由慢性活動性肝炎演變而成的肝硬化者，血 IgA、IgG 和 IgM 均可增高，尤以 IgG 為最顯著。B 肝表面抗原（HBsAg）亦可呈陽性。

B 型超音波檢查。肝內回聲增高、增粗、不均勻。早期肝腫大，晚期肝縮小且表面不平。

CT 檢查。肝臟密度普遍降低或與脾臟密度相等。脾影增大。

肝活組織檢查。常可確認，但不宜輕易使用。

【西醫治療】

＊ **一般治療**：原發病病因治療。停用毒性藥物、禁酒、注意營養（包括維生素的補充）、處理併發症。適當補充白蛋白，可用量 20～40 毫升，以 5% 葡萄糖稀釋為 5% 溶液靜點，每週 2 次。

＊ **抗脂肪肝藥物**：如膽鹼、甲硫氨基酸、肌醇或維生素 B_6。其他葡萄糖醛酸內酯有解毒作用；維丙胺有促使肝細胞新生的作用。

＊ **抗肝硬化或肝纖維化藥物**：皮質類固醇激素，具

有降低前膠原 mRNA 水平和抗炎作用。可用潑尼松 200
毫克/日或潑尼松龍 10～15 毫克/日。青黴素胺能干預膠
原的交叉連續，1.5～1.8 克/日，分 4 次餐前服用。秋水
仙素能抑制膠原微管的聚合作用，1～2 毫克/日。但皮質
類固醇激素和青黴素胺長時期應用毒性較大。

此外，有關秋水仙素對減少膠原積累的作用也有爭
議。新的製劑（γ-干擾素、酮戊二酸類似物和前列腺素
類似物）能減少膠原形成，可酌情選用。

對於肝功能嚴重障礙，一般情況較差者，可用促進代
謝的藥物，如用 ATP 20 毫克，輔酶 A 50 單位，胰島素
12 單位及 10%氯化鉀 10 毫升共同加入 10%葡萄糖液 500
毫升中，靜脈滴注，每日 1 次，2～4 週為 1 療程。

【中醫治療】

中醫根據症狀及脈象將本病分型，然後進行辨證論
治。

◎濕熱困脾型：症見脅痛，肢體困呆，乏力食慾差，
黏膩口苦，且苔黃膩，脈滑數。適宜用清化濕熱、滲濕解
毒的方法治療。

【參考方藥】蒼白朮 10 克、厚朴 6 克、陳皮 10 克、
甘草 6 克、豬苓 15 克、澤瀉 15 克、茯苓 10 克、龍膽草
10 克、雞骨草 10 克。

◎肝鬱脾虛型：症見脅痛走竄，脅下痞塊，胸脘痞
悶，體倦乏力，食慾差，面色蒼白，便溏，且舌淡苔薄，
脈弦緩。適宜用舒肝健脾、益氣和中的方法治療。

【參考方藥】柴胡 10 克、當歸 10 克、白芍 10 克、
白朮 10 克、茯苓 10 克、甘草 6 克、牡蠣 15 克（先煎）、

丹參 10 克、人參 3 克。

◎**脾腎陽虛型**：症見腹部脹滿，脘悶食慾差，神疲怯寒，尿少肢腫，腰膝痠軟，且舌淡體有齒痕，脈沉細。適宜用溫補脾腎、化氣行水的方法治療。

【**參考方藥**】附子 6 克、桂枝 10 克、黨參 12 克、白朮 10 克、乾薑 10 克、甘草 6 克、茯苓 15 克、豬苓 10 克、澤瀉 10 克、補骨脂 10 克、冬蟲夏草 6 克。

◎**寒濕困脾型**：症見腹大脹滿，如囊裹水，胸腹滿悶，神倦乏力，尿短便溏，口乾不欲飲，且苔白，脈緩滑。適宜用溫中運脾、化濕和中的方法治療。

【**參考方藥**】厚朴 10 克、白朮 10 克、車前子 10 克、木瓜 10 克、木香 10 克、大腹皮 10 克、製附子 10 克、茯苓 15 克、澤瀉 10 克、乾薑 10 克、甘草 6 克。

【**預防與保健**】

飲食有節。忌菸酒辛辣之物。忌吃含脂肪多的食物。

精神放鬆，避免不良刺激。

積極預防病毒性肝炎，使用對肝臟有損傷的藥物時需定期觀察肝功能，消滅血吸蟲等寄生蟲病。

血吸蟲病性肝纖維化、酒精性肝硬化、瘀血性肝硬化、膽汁性肝硬化，如未進展至失代償期，在消除病因及積極處理原發疾病後，病變可趨靜止，較肝炎後肝硬化預後為好。

大結節性或混合性肝硬化，常因進行性肝功能衰竭而死亡。

失代償期患者、黃疸持續不退或重度黃疸、難治性腹水、凝血酶原時間持續或顯著延長、出現併發症等。

♥ 急性胰腺炎

急性胰腺炎是指胰腺及其周圍組織被胰腺分泌的消化酶自身消化的化學性炎症。

引起急性胰腺炎的病因很多，在我國，膽管疾病為常見病因，在西方國家除膽石症外，大量飲酒也為主要原因。

約 50%的急性胰腺炎由膽管結石、炎症或膽管蛔蟲病引起，尤以膽石症為最多見。胰管結石或蛔蟲、胰管狹窄、腫瘤等可引起本病。

還有十二指腸憩室炎、腸繫膜上動脈綜合徵，大量飲酒、暴飲暴食，膽、胰或胃手術後，腹部鈍挫傷，甲狀旁腺腫瘤、維生素 D 過量、家族性高血脂症，流行性腮腺炎、病毒性肝炎、柯薩奇病毒感染等。

另外，一些藥物也可誘發急性胰腺炎，有硫唑嘌呤、腎上腺皮質激素、噻嗪類利尿劑、四環素、磺胺類藥物等。

【主要症狀】

急性胰腺炎的症狀比較明顯。突然發作的上腹疼痛，伴噁心、嘔吐。腹痛為持續性、陣發性加重，重者向腰背部放射，平臥位加重，前傾坐位時減輕。

多伴腹脹及中度以上發熱，一般持續 3～5 日。

出血壞死型可出現全腹劇痛及腹膜刺激徵陽性。伴有

腹水出現，多為血性、滲出性；患者腹部或臍周皮膚青紫，低血壓和休克；血鈣降低；腸麻痺；多器官功能衰竭。

【就醫指南】

本病分為急性水腫型和出血壞死型胰腺炎。前者約占90%，預後良好；後者少見，但病情凶險，可併發多器官功能衰竭。

病前常有暴飲暴食、飲酒、膽石症或膽囊炎發作史。

血、尿澱粉酶，血清胰蛋白酶、脂肪酶、磷脂酶A均升高。

局部併發症有胰腺膿腫與假性囊腫，全身併發症有急性腎功能衰竭、成人呼吸窘迫綜合徵、心律失常或心力衰竭、消化道出血、敗血症、肺炎、腦病、糖尿病、血栓性靜脈炎、瀰散性血管內凝血等疾病或併發症。

【西醫治療】

＊監護：注意體溫、呼吸、脈搏、血壓及尿量。每日至少2次仔細檢查腹部。

不定期查血常規、澱粉酶、電解質和血氣情況，必要時進行胸部、腹部X光或CT、超音波檢查。

禁食，必要時胃腸減壓，減少食物刺激引起的胰液分泌。

＊抑制胰液分泌和胰酶活性：阿托品每次0.5毫克，肌內注射；西咪替丁每次400毫克，靜脈滴注；或雷尼替丁每次150毫克，每日3次。5-氟尿嘧啶0.5克，靜脈滴注，每日1次。抑肽酶每次2萬單位/公斤，靜脈滴注。

＊抗休克及糾正水電解質平衡：可用右旋糖酐40～70克、多巴胺、清蛋白、電解質等。輸液速度及量應根

據中心靜脈壓與治療反應加以調整。山莨菪鹼肌內注射，每天 2～3 次，解痙止痛。疼痛劇烈者可同時加呱替啶 50～100 毫克，或用普魯卡因 0.5～1 克溶於生理鹽水 500～1 000 毫升中靜脈滴注，以減輕腹痛。

用青黴素、鏈黴素、氨苄青黴素，喹諾酮類或頭孢菌素類來防治膽管疾病。

對於出血壞死型胰腺炎伴休克或呼吸窘迫綜合徵者，每日給潑尼松龍 20～40 毫克，加入葡萄糖液靜脈滴注，使用 2～3 天。

＊ **併發症處理**：腹膜炎患者，多採用腹膜透析治療。有高血糖、糖尿病時用胰島素治療。

急性呼吸窘迫綜合徵，可用潑尼松龍、利尿劑，終末正壓人工呼吸等。

＊ **可以採用手術治療，適應證有以下幾種：**

具有需進行外科手術治療診斷未明的急腹症；伴嚴重的化膿性膽管疾患；外傷性胰腺炎；病情嚴重經保守治療無效；伴瀰漫性腹膜炎、胰腺周圍膿腫者。

手術方法可清除壞死的胰腺及胰腺周圍組織，徹底沖洗腹腔並充分引流。嚴重膽管疾患者應行膽囊或膽總管引流，或進行膽囊切除術。

【中醫治療】

中醫根據症狀及脈象將本病分型，然後進行辨證論治。

◎**氣滯食積熱鬱型**：症見脘腹脹痛不解，陣痛加重，噯逆乾嘔，吐不爽利，吞酸噯腐，甚則腹脹痛結，矢氣可緩，且舌紅，苔薄膩或厚黃，脈弦滑。適宜用理氣消食、清熱通便的方法治療。

可用柴胡疏肝散合保和丸加減。

◎**脾胃實熱型**：症見脘腹滿閉拒按，痞脹關格，腹堅氣便不通，口乾渴，尿短赤，身熱，且舌紅，苔黃膩或燥，脈滑數。適宜用通裡攻下的方法治療。

可用清胰湯合大承氣湯加減。

◎**肝膽濕熱型**：症見胸脅脹痛，脘腹阻滿，發熱呃逆，身黃倦怠，且舌紅、苔黃膩，脈弦滑數。適宜用清肝利膽、除濕熱的方法治療。

可用清胰湯合龍膽瀉肝湯加減。

◎**氣血暴脫型**：症見面色蒼白，口唇無華，汗出肢冷，呼吸微弱，且舌淡紅，苔薄白，脈沉微細。適宜用回陽救逆、益氣固脫的方法治療。

可用參附湯合四味回陽飲加減。

【預防與保健】

嚴重者應禁食幾天，以減小對胃腸的壓力。多飲水，必要時飲淡鹽水，以保持電解質平衡。

忌吃辛辣刺激之物，忌菸酒，飲食宜清淡，好消化。忌食生冷。

預防感染，吸氧。使用激素等藥物時，注意其對胰腺分泌物的影響，應慎用。

急性水腫型胰腺炎預後良好，但若病因不去除常會復發。出血壞死型胰腺炎預後險惡，部分胰腺壞死的病死率為 20%～30%，全部壞死者可達 60%～70%以上。經積極救治而倖存者多遺留不同程度的胰功能不全，極少數演變為慢性胰腺炎。導致急性胰腺炎不良預後的因素有年齡大、低血壓時間較長、低鈣血症及各種併發症。

❤ 慢性胰腺炎

【主要症狀】

　　大部分患者有反覆發作或持續性的上腹部疼痛，飽餐和高脂餐可誘發，平臥位加重，前傾坐位時減輕，可放射到腰背部。

　　腹部壓痛與腹痛程度不相稱，或僅有輕度壓痛。併發假性囊腫時可觸及包塊。

　　部分患者有黃疸、消化不良、厭食油膩、體重減輕、脂肪瀉，維生素 A、維生素 D、維生素 E、維生素 K 缺乏

等。10%～20%患者有顯著糖尿病。

【就醫指南】

本病分為慢性復發性胰腺炎和慢性持續性胰腺炎兩種類型。前者較多見，反覆急性發作；後者較少見。

有急性胰腺炎發作史，或膽管疾病史。組織病理學有慢性胰腺炎改變。

X光腹部攝片有胰區鈣化、結石影。

胰腺外分泌功能檢查，分泌功能顯著降低。

對反覆發作的急性胰腺炎，膽管疾病或糖尿病者，如有發作性或持續性上腹痛、慢性腹瀉、消瘦者，應懷疑本病。

併發幽門或橫結腸梗阻、脾腫大或脾靜脈血栓形成、門靜脈高壓徵、消化性潰瘍、胰源性腹水、胸水、胰腺癌、血栓性靜脈炎或靜脈血栓形成、骨髓脂肪壞死及皮下脂肪壞死。

【西醫治療】

＊可選用鈣離子拮抗劑、抗膽鹼能藥物。

阿片受體阻滯劑如納洛酮2毫克/公斤，靜脈滴注。胰酶缺乏消化障礙者給予相應胰酶製劑進行替代治療，如胰酶片，1～2克餐前服，3～5克餐後服。

＊適當補充維生素，過度消瘦者可予靜脈營養。疼痛時可用解痙止痛劑。

＊可以採用手術治療，適應證包括：膽總管受壓阻塞；合併胰腺膿腫、假囊腫；疑為胰腺癌者應手術治療。

手術方法：有膽囊切除術、膽總管十二指腸吻合術、奧狄括約肌切開及成形術、胰腺或胰管空腸吻合術、胰腺

遠端部分切除術及胰十二指腸切除術。

【中醫治療】

中醫根據症狀及脈象將本病分型，然後進行辨證論治。

◎**脾胃虛弱、積滯不化型**：症見胃脘脹痛，腹滿便溏，糞多油膩，一日數行，拒按，食後加重，食慾差，消瘦，且舌紅，苔滯膩，脈沉弦。適宜用健脾胃、消積滯的方法治療。

可用香砂六君子湯合保和丸加減。

◎**寒濕凝滯型**：症見脘腹復發劇痛，脹滿難消，拒按汗出，嘔逆不食，面色滯垢少華，且舌苔薄或厚滯膩，脈多弦緊。適宜用溫中導滯的方法治療。

可用大黃附子湯加味。

◎**濕熱鬱結型**：症見脘腹劇痛，脹滿難消，拒按，或痛串肋背，噁心嘔逆，口乾口苦，寒熱並作，面色乍紅，且苔多厚膩，脈多弦滑數。適宜用通裡攻下的方法治療。

可用清胰湯合小承氣湯加減。

◎**氣血瘀滯型**：症見脘腹脹滿疼痛，痛定不移，腹塊拒按，經常嘆氣，肌膚不澤，腹塊或漸大，或敗血化膿，且舌紫暗瘀紫，苔薄白，脈弦細緊澀。適宜用行氣通瘀、調脾散結的方法治療。

可用膈下逐瘀湯加減。

中醫傳統療法

★拔罐法

背腰部：肝俞、脾俞、筋縮、脊中、魂門、意舍。

腹部：中脘、天樞。

下肢部：足三里、豐隆、丘墟。

【預防與保健】

精神放鬆，樹立戰勝疾病的信心與勇氣。可做適當的運動，如散步、打太極拳等。飲食結構合理，宜選擇低脂、易於消化的食物，避免吃得過飽，戒煙酒。

控制糖尿病。

積極預防消化系統及代謝障礙性疾病，防其誘發胰腺炎。

積極治療者可緩解症狀，但不易根治。晚期多出現併發症，如糖尿病、膽管化膿性感染。極少數可演變為胰腺癌。

✚ 循環系統

❤ 充血性心力衰竭

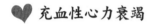

本病誘因

充血性心力衰竭是指心臟慢性心肌病損，長期負荷過重等原因，引起心功能減退，心排血量不能滿足機體組織代謝需要的一種病理狀態。

引起慢性心力衰竭的原因，可分為基本因素和誘發因素。

基本因素包括：心肌病變，如心肌的炎症、心肌負荷過重，如心臟瓣膜病變、高血壓病、甲狀腺功能亢進等。

誘發因素包括：發熱、勞累、情緒激動、心律失常、妊娠、分娩、過多輸液。

【主要症狀】

根據心力衰竭開始發生的部位與瘀血的部位分為左心衰、右心衰和全心衰。以左心衰開始較多見，以後導致右心衰，單獨右心衰少見。

呼吸困難：是左心衰時最早出現和最重要的症狀。

端坐呼吸，平臥時呼吸極度困難，必須高枕、半臥或坐起：夜間因胸悶、氣急而突然驚醒，需立即坐起。咳嗽頻繁，並可伴哮鳴性呼吸聲（心臟性哮喘），咯泡沫樣痰。輕者經 10 分鐘至 1 小時逐漸好轉，重者則咳嗽加劇，咯粉紅色泡沫樣痰，最後可發展成急性肺水腫。

勞累後呼吸困難：開始多在劇烈活動或勞動後出現，逐漸發展到輕體力勞動，甚至休息時也發生。這說明病情在逐漸加重。

腹脹：食慾不振、噁心、嘔吐，尿量減少，夜尿多。這是由於右心衰竭，心排血量不足致器官、組織灌注不足。

【就醫指南】

脈搏增快。

肝臟腫大和壓痛。

頸靜脈怒張：即在半臥位或坐位仍可在鎖骨上方見到頸靜脈充盈怒張，為右心衰竭的早期表現。

下垂性水腫：為右心衰竭的典形體徵。多出現在身體下垂部分，起床活動時，以腳、踝內側，脛骨前較明顯，仰臥時則表現為骶部水腫。嚴重者全身水腫並出現胸水或（和）腹水。

發紺：由於靜脈血缺氧，口唇、手指端及腳趾端出現

發紺。

X 光檢查：左心衰竭時兩側肺門陰影增加，肺上葉靜脈擴張，肺葉間水腫；右心衰竭時右心房和右心室增大，或全心增大。

靜脈壓測定：右心衰竭時靜脈壓明顯增高（正常不超過 10 毫米汞柱，壓迫肝臟後增高更顯著）。

心力衰竭的心功能分級：

心功能Ⅰ級（心力衰竭代償期）：體力活動不受限制，一般活動不引起心功能不全徵象。

心功能Ⅱ級（Ⅰ度心力衰竭）：體力活動輕度受限制，一般活動可引起乏力、心悸、呼吸困難等症狀。

心功能Ⅲ級（二度心力衰竭）：體力活動明顯受限制，輕度活動即引起上述徵象。

心功能Ⅳ級（三度心力衰竭）：體力活動重度受限，任何活動皆引起心功能不全，甚而休息時也有心悸、呼吸困難等症狀。

【西醫治療】

＊ 根據心功能情況應適當限制體力活動，以不出現症狀為原則，重者應臥床休息。

＊ 吸氧，限制鈉鹽攝入，防治便秘。應用氫氯噻嗪每次 25～50 毫克，每日 3 次。

＊ **補鉀**：如氯化鉀每次 1 克，每日 3 次；或氯噻酮每次 50 毫克，每日 3 次。它們與氨苯喋啶或安體舒通聯用效果良好。

＊ **血管擴張藥**：硝酸甘油 0.3～0.6 毫克，舌下含化；或硝酸異山梨醇（消心痛）每次 5～10 毫克，每日 3

次，口服或含服。酚妥拉明（瑞吉亭）每次 5～10 毫克，靜脈滴注；或硝普鈉每次 5～10 毫克，靜脈滴注。

＊**洋地黃類製劑**：適用於各種原因引起的充血性心力衰竭。若要快速使用洋地黃時，可用毛花苷丙 0.4～0.8 毫克，靜脈注射；或毒毛花苷 K0.125～0.25 毫克，緩慢靜脈注射。若要緩慢或維持使用洋地黃時，可用地高辛 0.25 毫克，或洋地黃毒苷 0.1 毫克口服，均每日 1～3 次，共用 2～3 日。

＊**非洋地黃類正性肌力藥物**：如多巴胺每次 25～50 毫克，靜脈滴注；或多巴酚丁胺每次 40～80 毫克，靜脈滴注。

＊**減輕心臟前後負荷**：應用轉換酶抑製劑如卡托普利，每次 6.25～12.5 毫克，每日 2 次；或依那普利每次 2.5～5 毫克，每日 3 次。

＊**降低心臟做功**：心力衰竭患者心率＞100 次/分鐘以上，除給予強心、利尿、擴血管藥物外，可選用普萘洛爾，每次 10～20 毫克，每日 3 次；或吲哚洛爾，每次 5～10 毫克，每日 3 次；或氧烯洛爾，每次 5～10 毫克，每日 3 次；或阿普洛爾，每次 25～50 毫克，每日 3 次；或納多洛爾，每次 20 毫克，每日 3 次。其他還有美托洛爾、阿替洛爾或納多洛爾。

【中醫治療】

中醫根據症狀及脈象將本病分型，然後辨證論治。

◎**氣虛血瘀型**：症見呼吸困難，活動時加重，口唇發紺，咯血痰，且舌暗無光澤，有瘀點或瘀斑，脈細數。適宜用益氣活血的方法治療。

可選用冠心蘇合丸、複方丹參片等。

◎**心腎陰虛型**：症見呼吸困難，口渴咽乾，面頰潮紅，心悸，煩躁，入夜盜汗，手足心熱，且舌質紅，少苔，脈弦或細數。適宜用滋陰養血、補心安神的方法治療。

可選用天王補心丹。

◎**陽虛水泛型**：症見心悸，氣短而喘，胸滿不得平臥，下肢或全身水腫，腹脹，小便少，怕冷，白苔，脈沉無力。適宜用溫補腎陽、化氣行水的方法治療。

可選用金匱腎氣丸。

【預防與保健】

精神要放鬆，注意休息，症輕者可到戶外活動，但不可勞累，避免到公共場所，以防傳染各種流行病。

加強營養，多攝取高蛋白、高維生素食物，不吃含脂肪多的食物。多喝水，忌菸酒。

❤ 心 房 顫 動

本病誘因

心房顫動又稱心房纖顫，簡稱房顫。是最常見的心律失常之一，僅次於期前收縮。心房顫動時，心房內生350～600次/分鐘的不規則衝動，心房內各部分肌纖維極不協調地亂顫，心房失去了有效的收縮功能。

陣發性房顫可見於無器質性心臟病的正常人，原因未明，預後良好，稱為特發性或良性房顫。房

顫通常絕大多數發生於有器質性心臟病的患者，以風濕性二尖瓣狹窄為最常見，其次為冠心病、心肌病、甲狀腺功能亢進等。

【主要症狀】

症狀取決於病程的長短、心率的快慢和原有心臟病病情的輕重。

輕者：輕者發作時僅有心前區不適，心悸、氣促。

重者：重者則常有心悸、胸悶、乏力、頭暈等症狀，老年患者有時發生暈厥。原有器質性心臟病的患者，可因此誘發心絞痛、心力衰竭、肺水腫，甚至出現心源性休克。心律絕對不整，心音強弱不等，常有脈搏短絀。

【就醫指南】

心電圖特徵：竇性 P 波消失，代之以大小形態及規律不一的顫動波（f 波），頻率為 350～600 次/分鐘；QRS波群間距絕對不規則，其形態和振幅可略有不等。

分類：房顫常表現為陣發性和慢性持續性兩種形式。後者多見，約占 90%。

併發症：可導致心功能不全和心肌梗塞。

【西醫治療】

＊**陣發性房顫**：主要是針對病因如甲狀腺功能亢進、冠心病、心肌心包炎等的治療。多數原因不明者在短暫發作後可自行消失，若發作時間較長、症狀明顯者，用毛花苷丙緩慢靜脈注射可望轉復。平時可口服地高辛、普萘洛爾、普羅帕酮、維拉帕米或胺碘酮等藥物預防發作。

＊**持續性房顫**：控制心室率。慢性持續性房顫大多併發於嚴重的器質性心臟病，不宜除顫。心室率增快時（每分鐘＞100次），不論有無心力衰竭，均應用毛花苷丙，0.2～0.4毫克，緩慢靜脈注射，以後可改為地高辛，每日0.25毫克，口服維持，老年人腎功能減退宜適當減量。無明顯心力衰竭者可同時口服普萘洛爾，每次10毫克，每日3次。

　　＊**除顫**：除顫療法一般只適用於風濕性心臟病二尖瓣狹窄併發的持續性房顫。同步直流電除顫應列為首選。藥物除顫首選奎尼丁，每次0.2克，每日1～5次；近年來用口服普羅帕酮，每次150～200毫克，每日3次，或胺碘酮每次0.2克，每日3～4次。

　　＊**抗凝治療**：一般房顫口服阿司匹林每日0.1～0.3克。風濕性心臟病二尖瓣狹窄嚴重、左心房重度擴大，超聲診斷左心房內有血栓或有血栓栓塞史及人工心瓣膜置換術後的患者，應在監測凝血時間的同時，使用華法令，每次2.5～5毫克，每日1～4次，或新抗凝片每次2～4毫克，每日1～4次。

【中醫治療】

　　中醫根據症狀及脈象將本病分型，然後進行辨證論治。

◎血瘀痰阻型：

　　症見心悸不安，胸悶且痛，頭暈乏力，怔忡氣短，唇青色紫，且舌暗苔膩，脈弦細或結代。適宜用活血化痰、益氣養心的方法治療。

　　【**參考方藥**】丹參、瓜蔞各25克，鬱金、香附、遠

志、玄胡、厚朴、酸棗仁、薤白各 10 克，白蔻仁、砂仁各 4 克。

◎心氣虛型：

症見怔忡氣短，心悸乏力，體倦易累，失眠多夢，頭暈胸悶，且舌淡苔白，脈細數或結代。適宜用益氣養心的方法治療。

【參考方藥】太子參、丹參各 15 克，麥冬、阿膠、酸棗仁、遠志、茯苓、白朮各 10 克，炙甘草 6 克。

【預防與保健】

避免情志刺激，保持心態平和。症狀輕者可到戶外適量活動，症狀重者需靜養，注意安靜，保持室內空氣清新。注意飲食營養，忌吃高脂肪食物，忌菸酒，保持大便暢通。

積極治療原發病，按時服藥。

💜 病態竇房結綜合徵

本病誘因

病態竇房結綜合徵簡稱病竇綜合徵，是一種常見的緩慢型心律失常。主要見於冠心病，其他器質性心臟病也可引起，部分患者原因不明或迷走神經張力過高。

【主要症狀】

病竇綜合徵起病大多緩慢而隱襲。早期輕症患者可無明顯症狀，或只有心悸、胸悶、頭昏、乏力、失眠、記憶

力減退和反應遲鈍等一般症狀。主要為供血不足。

重症患者上述症狀更明顯，常有黑矇、暈厥等症狀。有的可引起心絞痛和心力衰竭。主要表現為心動過緩，低於每分鐘 60 次，有時聽到長間歇，有時心動過緩和心動過速交替出現。

【就醫指南】

各種原因所致的竇房結衝動形成，傳導異常，以心、腦、腎等臟器供血不足為主要表現。

持續竇緩與當時的生理狀態不相稱，生理刺激心率不增加。

竇房阻滯、竇性停搏及快慢綜合徵表現。房顫、房撲或室上速時心室率緩慢。

次極量運動、注射阿托品或異丙腎上腺素後心率仍＜90 次/分鐘。

竇房結恢復時間（ANRT）、竇房傳導時間（SACT）延長。

心電圖檢查是診斷本病最主要的依據，必要時可進行動態心電圖檢查、阿托品試驗、食管調搏試驗。

【西醫治療】

＊ 一般治療：

針對原發病如冠狀動脈粥樣硬化性心臟病、心肌炎等進行病因治療。

＊ 藥物治療：

丙胺太林：每次 15～30 毫克，每日 3 次。

阿托品：每次 0.3～0.6 毫克，每日 3 次。

麻黃素：每次 250 毫克，每日 3 次。

羥異丙基腎上腺素：每次 10 毫克，每日 3 次。

氨茶鹼：250 毫克加入 5%葡萄糖 300 毫升內靜脈滴注，每日 1 次。

重症患者安置人工起搏器。同時使用胺碘酮、普羅帕酮等藥。

【中醫治療】

中醫根據症狀及脈象將本病分型，然後進行辨證論治。

◎陽虛型：

症見心悸氣短，神疲乏力，手足怕冷，或突然昏倒，面色蒼白，氣息微弱，且舌淡蒼白，脈微沉遲。適宜用益氣回陽、養心復脈的方法治療。

可用參茸衛生丸、金匱腎氣丸、屏風安心膠囊等。

◎陰虛型：

症見心悸怔忡，口燥咽乾，頭暈耳鳴，失眠多夢，五心煩熱，且舌紅少苔，脈細無力。適宜用養心益腎、滋陰安神的方法治療。

可用生脈飲、安神補心丹、天王補心丹等。

◎氣血兩虛型：

症見頭暈氣短，面色萎黃，唇淡無華，心悸自汗，且舌質淡，脈細弱。適宜用氣血雙補、寧心安神的方法治療。

可用八珍丸、十全大補丸、人參歸脾丸等。

◎氣鬱型：

症見頭暈心悸，胸肋脹滿，抑鬱寡歡，神情默默，且苔白，脈弦。適宜用疏肝理氣、解鬱安神的方法治療。

可用逍遙丸、加味逍遙散、解鬱和肝丸等。

◎痰阻型：

症見心悸胸悶，眩暈痰多，或突然昏倒，不省人事，且苔膩，脈弦滑。適宜用健脾益氣、祛痰寬胸的方法治療。

可用冠心蘇合丸、六君子丸、半夏天麻丸等。

◎血瘀型：

症見胸悶心悸，或胸中刺痛，唇紫甲青，且舌質紫暗或有瘀點，脈澀或結代。適宜用行氣通絡、活血化瘀的方法治療。

可用血府逐瘀丸等。

中醫傳統療法

★針灸療法

毫針：百會、心俞、間使、大陵、氣海、關元、神門、大椎，每次取 3～5 穴，輕中度刺激，留針 15 分鐘，每日 1 次，10 次為 1 療程。

【預防與保健】

避免情志刺激，增強戰勝疾病的信心。

注意季節變化，防止感冒，適當戶外活動，避免過於勞累。

飲食以清淡為宜，如瘦肉、蔬菜、動物（豬、牛、羊、雞等）的心臟、豆製品等。忌食油膩、辛辣、菸、酒等物。

積極治療原發病，避免使用一切使心率減慢的藥物，定期檢查。

✚ 泌尿系統

♥ 急性腎小球腎炎

急性腎小球腎炎是一種急性起病，以血尿、蛋白尿、水腫、高血壓病為主要症狀的一組疾病。多見於鏈球菌感染，其他細菌、病毒及寄生蟲感染也可引起。

本病以學齡兒童最為多見。青年次之，中老年較少見。

腎小球腎炎多數是由於溶血性鏈球菌或其他細菌、病毒、原蟲感染而引起的腎小球急性免疫性疾病。

常發生於 β-溶血性鏈球菌「致腎炎菌株」感染，常為上呼吸道感染（多見於扁桃體炎）或皮膚感染（多為膿疱瘡）。感染導致機體免疫反應引起腎炎。

【主要症狀】

前驅感染後有 1～3 週潛伏期。起病較急，主症有水腫、尿少、血尿、高血壓，可見一過性腎功能不全。蛋白尿不重，尿中有管型，血清補體 C_3 下降。少數出現嚴重高血壓病、急性腎功能衰竭。

【就醫指南】

多見於兒童及青少年。起病前多有咽炎、扁桃體炎、

膿疱瘡、猩紅熱等感染史，在感染後 1～3 週發病。

若非典型病例，病情於 1～2 個月尚未見全面好轉者應及時作腎活檢，排除新月體性腎炎、繫膜毛細血管性腎炎、繫膜增生性腎炎等某些病理表現為增生性腎小球腎炎的原繼發性腎小球疾病。

尿常規、腎功能檢查、B 型超音波檢查、腎臟活組織檢查有助於診斷。

【西醫治療】

＊ 一般治療：

急性期應臥床休息，在肉眼血尿消失、水腫消退、血壓恢復正常後逐漸增加活動。

低鹽、低蛋白質、高維生素飲食。

＊ 治療感染灶：

病初注射青黴素或大環內酯類抗生素 10～14 克。反覆發作的慢性扁桃體炎，待腎炎病情穩定後可作扁桃體摘除。

【中醫治療】

中醫根據症狀及脈象將本病分型，然後進行辨證論治。

◎**風水相搏型**：症見水腫，頭面部為劇，皮膚鮮澤光亮而薄，尿少，惡寒發熱，且舌苔薄，脈浮。適宜用疏風宣肺、利水的方法治療。

【參考方藥】浮萍、麻黃、防己、桂枝、白朮各 10 克，石膏 20 克，茯苓、澤瀉各 30 克。

◎**濕毒蘊結型**：症見全身水腫，腹脹胸熱，口乾尿短赤，或瘡毒未癒，且舌苔黃膩，脈沉數。適宜用清熱解

毒、利濕消腫的方法治療。

【參考方藥】麻黃、木通、大腹皮各 10 克，金銀花、連翹、桑白皮 15 克，茯苓皮、紅小豆各 30 克。

◎**風熱傷絡型**：症見血尿明顯，咽痛咽乾，且舌紅苔薄黃，脈浮數。適宜用疏風散熱、涼血的方法治療。

【參考方藥】金銀花、蒲公英、麥冬、玄參各 20 克，益母草、白茅根各 30 克，桔梗 10 克，甘草 6 克。

◎**陰虛血熱型**：症見尿血心煩，口乾喜飲，且舌紅苔少，脈細數。適宜用養陰清熱、涼血的方法治療。

【參考方藥】生地、玄參、白茅根、側柏葉各 30 克，丹皮、竹葉、藕節各 15 克，燈芯、通草各 6 克。

常用中成藥：

本病按中醫辨證可分為「風盛」「濕盛」「濕熱」「血熱」等 4 型施治。

◎**風盛型**：症見眼瞼及面目水腫，伴畏風，發熱，肢節酸楚，腰痛，小便不利，且舌苔薄白，脈浮緊或浮數。適宜用祛風宣肺、清熱利水的方法治療。可選用荊防敗毒散與五苓散同服。

◎**濕盛型**：症見面目或一身水腫，按之沒指，小便不利，且舌淡胖，苔白膩，脈沉緩。適宜用祛濕利水的方法治療。可選用平胃散與五苓散同服。

◎**溫熱型**：症見面目或周身水腫，小便短赤，口苦口黏，大便乾結或溏而不爽，且舌苔黃膩且厚，脈濡而數。適宜用清熱利濕、行水消腫的方法治療。可選用防風通聖散與四苓散同服，或用甘露消毒丹。

◎**血熱型**：症見面目水腫，小便如洗肉水樣，或呈鮮

紅色，心煩口渴，夜寐夢多，舌紅且乾，脈沉細數。適宜用涼血清熱、利尿消腫的方法治療。可選用腎炎四味片與犀角地黃丸同服，或用牛黃清心丸與雲南白藥同服。

【預防與保健】

急性腎炎發病後一般應臥床休息，防止受涼，受潮及過勞，直到水腫消退、血尿消失、血壓恢復正常、尿檢顯著好轉後，方可逐漸恢復活動。

適時增減衣服，預防感冒，預防呼吸道、皮膚感染及猩紅熱，以免加重病情。發生上述感染後，應馬上治療，起病 2～3 週內觀察尿常規、血 C3，以便及時發現病情，儘快醫治。痊癒後應逐漸加強鍛鍊，改善體質，防止復發。

水腫時應低鹽飲食。尿蛋白呈陽性時應保持低蛋白飲食。菸、酒、刺激性食物，如辣椒、大料、咖喱等均應避免。可適當多吃些新鮮蔬菜和水果。

瞭解急性腎炎的發生機制和預後，樹立戰勝疾病的信心，解除思想負擔，保持心情愉快。

【預後】

絕大多數患者於 1～4 週內出現利尿、消腫、降壓，尿常規化驗也隨之好轉，病理檢查也大部分恢復正常。少量鏡下血尿及微量尿蛋白有時可遷延半年至一年才消失。

如今，僅不足 1% 的患者會因急性腎功能衰竭救治不當而死亡，且多為老年患者。本病遠期預後不一，多數病例預後良好，可完全治癒，僅 6%～18% 的病例遺留尿異常和或高血壓病而轉成慢性。一般認為，老年患者、有持續性高血壓病者、大量蛋白尿或腎功能損害者預後較差，但血尿嚴重程度與預後無關。

❤ 慢性腎小球腎炎

慢性腎小球腎炎（簡稱慢性腎炎）是一組不同病因所致、病情遷延發展、終將進展成慢性腎功能衰竭的腎小球疾病，以水腫、蛋白尿、血尿、高血壓病及腎功能損害為基本表現。

本病為多種病因如細菌、病毒、原蟲等感染從而引起的免疫性疾病。

僅少數慢性腎炎是由急性腎炎發展而來，即急性腎炎不癒直接遷移，或緩解後經若干時間後重新出現，而絕大多數慢性腎炎，由病理類型決定其病情必須遷移發展，起病即屬慢性腎炎，與急性腎炎無關。

【主要症狀】

起病方式不同，中青年男性居多。

有些患者開始無明顯症狀，僅於體檢時發現蛋白尿或血壓升高。

多數患者起病後即有倦怠乏力、頭痛、水腫、血壓升高或貧血等症候。少數患者起病急、水腫明顯，出現大量蛋白尿等。

也有始終無症狀，直至出現嘔吐、出血等尿毒症表現方就診。

普通型：表現為中等程度蛋白尿（每日排出量為

1.5～2.5 克），尿中常有紅細胞和管型，多伴有輕、中度水腫和血壓升高。此型進展較緩慢，後期有不同程度的腎功能損害。

腎病型：具有普通型的表現，但以大量蛋白尿為突出，每日排出量超過 3.5 克。血漿白蛋白降低，膽固醇濃度可明顯升高。明顯水腫常為主要症狀，多伴有進行性腎功能損害。

高血壓病型：除有普通型的表現外，以持續性中度以上血壓增高為特點，高壓常在 150～180 毫米汞柱，低壓常在 90～120 毫米汞柱。此型心血管併發症多，腎功能惡化快。

此外，還有臨床表現不明顯，每日尿蛋白排出量低於 1 克者稱隱匿型；因勞累、受累、感染而引起急性發作者，稱急性發作型；在病情發展過程中，出現不同程度的腎功能減退者，亦可稱之腎功能減退型。

上述各型常可相互轉化，臨床以普通型最為多見。

【就醫指南】

尿液檢查：

蛋白尿：為本病必見指標，早期即可出現，尤以腎病型顯著；晚期腎功能衰退而相應減少，但很少完全消失。

血尿：早期急性發作期顯著；晚期腎臟萎縮可使尿中紅細胞減少。

管型：早期可出現透明性、顆粒性、上皮細胞性等多種管型；晚期可有蠟樣管型出現。

尿量與尿比重：早期尿量較少，尿比重升高；晚期可出現大量低比重尿，若出現尿毒症時尿量則更少。

血液檢查：

早期血常規變化一般不明顯；晚期因血液中氮、尿素、肌酐等代謝增加，抑制骨髓造血功能，以及腎臟紅細胞生成素減少，而出現貧血現象。其他如血漿總蛋白降低，白蛋白與球蛋白比例倒置，膽固醇與類脂質增高等，以腎病型最為明顯。

腎功能檢查：

早期一般無腎功能損害；晚期血中含氮物質（如尿素氮等）增多，酚紅試驗、肌酐清除率、尿素清除率等均呈不同程度的降低，說明腎功能減退。

其他檢查：

放射性核腎圖及腎掃瞄、腎穿刺檢查、眼底檢查等均有助於診斷。

總之，無論有無急性腎炎發作病史，凡有 1 年以上蛋白尿，伴有血尿、高血壓病、水腫、貧血、腎功能不全等表現者，均可以考慮為慢性腎炎。

注意與腎盂腎炎、原發性高血壓病、腎結核狼瘡性腎炎等相鑑別。

【西醫治療】

＊ 飲食限制：氮質血症時，每日每公斤體重 0.5～0.8 克優質蛋白質，磷＜600 毫克每日。

＊ 控制高血壓：限鹽（小於 3 克每日）。氫氯噻嗪 25 毫克，每日 3 次；卡托普利 25 毫克，每日 3 次，普萘洛爾 10 毫克，每日 3 次；硝苯吡啶 10 毫克，每日 3 次。

＊ 血小板解聚藥：雙嘧達莫 75～150 毫克每日，阿司匹林 40～80 毫克每日。

【中醫治療】

中醫根據症狀及脈象將本病分型，然後進行辨證論治。

◎**肝腎陰虛型**：症見手足心熱，腰痠腰痛，頭暈頭痛，咽乾口渴，且舌紅苔少，脈沉細或弦細。適宜用養陰滋腎的方法治療。

可用中成藥：六味地黃丸、杞菊地黃丸。

【**參考方藥**】生地、麥冬、白芍各 15 克，山萸肉、丹皮、枸杞、菊花、五味子、茯苓各 10 克。

◎**氣陰兩虛型**：症見腰膝痠軟，倦怠乏力，手足心熱，且舌略紅，苔薄有齒痕，脈沉細數。適宜用氣陰兩補的方法治療。

可用中成藥：貞蓍扶正膠囊、生脈飲。

【**參考方藥**】黃蓍、地黃各 20 克，黨參、山藥、五味子、山萸肉、茯苓、丹皮各 10 克。

◎**肺脾氣虛型**：症見面黃乏力，腹滿納差，氣短，易外感，大便稀溏，且舌淡邊有齒痕，脈弱。適宜用益氣健脾的方法治療。

可用中成藥：補中益氣丸、參苓白朮散、玉屏風散。

【**參考方藥**】黃蓍 30 克，黨參、白朮、山藥、茯苓、五味子各 10 克，當歸、丹參各 15 克，甘草 3 克。

◎**脾腎陽虛型**：症見腰痛腰痠，面色白，畏寒肢冷，倦怠便溏，且舌胖潤，脈沉弱。適宜用溫補脾腎的方法進行治療。

可用中成藥：金匱腎氣丸。

【**參考方藥**】製附片、桂枝、白朮、山藥、仙靈脾各

10克，茯苓、澤瀉、丹皮各15克，乾薑6克。

兼證：

◎**外感風寒感冒型**：症見惡寒發熱，頭痛身痛，面目水腫，且苔薄，脈浮。適宜用疏風宣散的方法治療。

可用中成藥：感冒清熱沖劑、銀翹解毒丸。

【**參考方藥**】風寒者，麻黃、桂枝、荊芥各10克，生薑、甘草各6克。風熱者，金銀花、連翹、竹葉各15克，桔梗、蘆根各10克，薄荷、甘草各6克。

◎**水濕型**：症見水腫凹陷，腹脹泛惡，尿短少，且苔白膩，脈濡緩。適宜用滲利水濕的方法治療。

【**參考方藥**】桂枝、大腹皮、蒼朮、陳皮、防己各10克，茯苓皮、澤瀉各20克，生薑皮6克。

◎**濕熱型**：症見胸脘痞悶，口苦口黏，口乾不欲飲，尿黃赤，且舌紅苔黃膩，脈滑數。適宜用清熱利濕的方法治療。

【**參考方藥**】萆薢、石韋、滑石各10克，車前子、白茅根、茯苓各15克，燈心草6克。

◎**血瘀型**：症見面色晦暗，唇色紫暗，且舌暗紫或有瘀斑、瘀點。適宜用活血化瘀的方法治療。

可用中成藥：血府逐瘀丸。

【**參考方藥**】丹參、益母草、赤芍、當歸各15克，川芎、桃仁、紅花各10克。

⋯⋯⋯⋯中醫傳統療法⋯⋯⋯⋯

★拔罐法

背部：脾俞、腎俞、命門。

腹部：上脘、中脘、氣海、水道、關元。

下肢部：足三里、三陰交、太谿。

【預防與保健】

有效清除體內的慢性病灶，預防感冒及泌尿系感染。在病情緩解期，可適當活動，打太極拳、散步等，以增強身體免疫力。

避免過勞，調節情志，保持良好的精神狀態。飲食清淡、低鹽、低脂肪，水腫時可選烏魚或鯽魚 1 條、蒜頭 1 個、椒目 6 克同煮，喝湯吃魚。

♥ 慢性腎盂腎炎

本病誘因

腎盂腎炎指腎實質和腎盂的化膿性炎症，又稱上尿路感染。多由細菌，極少數由真菌、原蟲或病毒感染所致。

此病又分急性和慢性兩種。病因較多。

＊ 致病菌

以腸道細菌為最多，大腸桿菌占60%～80%，其次為副大腸桿菌、變形桿菌、葡萄球菌、糞鏈球菌、產鹼桿菌、綠膿桿菌等，偶見厭氧菌、真菌、病毒和原蟲感染。綠膿桿菌、葡萄球菌感染多見於以往有尿路器械檢查史或長期留置導尿管的患者。

＊ 感染途徑

上行感染最為常見，在人體抵抗力下降或尿路

黏膜損傷如尿液高度濃縮、月經期間、性生活後等時，或入侵細菌的毒力大，尿道口及其周圍的細菌即容易侵襲尿路而導致腎盂腎炎。

血行感染較少見，在人體免疫功能低下或某些促發因素下，體內慢性感染病灶，如扁桃體炎、鼻竇炎、齲齒或皮膚感染等的細菌乘機侵入血液循環到達腎，從而引起腎盂腎炎。

淋巴管感染和直接感染更為少見。

* 易感因素

尿流不暢和尿路梗阻，如尿道狹窄、包莖、尿道異物、尿路結石、腫瘤、前列腺肥大、女性膀胱頸梗阻、神經性膀胱、膀胱憩室、腎下垂及妊娠子宮壓迫輸尿管、迷走血管造成腎盂出口狹窄等。

尿路畸形或功能缺陷，如腎發育不良，腎、腎盂、輸尿管畸形，多囊腎、腎髓質囊性病變、馬蹄腎、海綿腎和膀胱輸尿管反流等。

慢性全身性疾病，如糖尿病、貧血、慢性肝病、慢性腎臟病、營養不良、腫瘤及長期應用免疫抑製劑治療等導致人體抵抗力下降而易發細菌感染。

* 其他因素

如尿道內或尿道口附近有感染性病變如尿道旁腺炎、尿道憩室炎、陰道炎、包皮炎、前列腺炎及腹股溝、會陰部皮膚感染等。

導尿和尿路器械檢查也易促發尿路感染。

【主要症狀】

起病隱匿或不典型，多數患者有反覆發作的尿頻、尿急、尿痛、腰痛，可有血尿，持續或間歇性菌尿、膿尿，低熱、倦怠、乏力，體重減輕，高血壓，水腫等。

隨病程延長、腎功能惡化，逐漸出現夜尿增多、足跟痛、噁心、嘔吐、貧血，少數進展至慢性腎功能不全。

【就醫指南】

具有典型症狀。

分型診斷：

伴反流型：因尿路畸形、膀胱內壓持續升高等使含菌的尿液從膀胱經輸尿管逆流至腎臟，引起反覆性腎盂腎炎。排尿期膀胱造影可見膀胱輸尿管反流，腎盂腎盞擴張變形。

伴梗阻型：尿路梗阻導致腎積水和腎內反流，造成腎盂腎炎、腎功能損害、高血壓病。

特發型：無泌尿道畸形、反流或梗阻。本型所占比例很小。

輔助檢查：

尿常規、尿培養、腎功能檢查、腎 B 型超音波、靜脈腎盂造影、核素腎圖檢查有助於診斷。

腎盂腎炎多次發作或病情遷延半年以上，有腎盂腎炎腎盞變形、縮窄，兩腎大小不等、外形凹凸不平或腎小管功能持續減退者可診斷。不典型者多次尿細菌和尿細胞檢查，腎 X 光檢查可確診。

【西醫治療】

＊ 必須尋找不利因素如尿路梗阻、反流、盆腔或陰

部感染病灶，並設法治療。對伴發的慢性病如糖尿病、肝臟病等要認真治療。

＊凡有尿路感染、白細胞升高的患者均需抗生素治療。抗生素的選擇原則及劑量與急性期相同，可聯合用藥。如尿培養仍示有細菌，但無泌尿系統症狀可換用抑菌療法，即有計劃地選用數種抗生素輪換服用 3～6 月，如複方磺胺甲唑 2 片，頭孢克洛 0.2 克，氧氟沙星 0.2 克，呋喃妥因 0.1 克，阿莫西林 0.5 克，上述任一種抗生素睡前排空膀胱後口服，每 1～2 週輪換應用。

首選殺菌性抗生素正規治療 2～6 週，停藥 7 日後複查尿常規和尿培養。如泌尿系症狀消失，尿菌陰轉，可繼續觀察，定期複查。若尿菌仍陽性則根據藥敏試驗結果選擇強有力的抗生素或聯合用藥治療 1～2 個療程。

【中醫治療】

中醫根據症狀及脈象將本病分型，然後進行辨證論治。

◎濕熱下注型：症見小便頻急，灼熱刺痛，尿少色黃赤混濁，或者惡寒發熱，且舌紅苔黃膩，脈數。適宜用清熱利濕通淋的方法治療。

可用中成藥：三金片、分清五淋丸。

【參考方藥】大黃、黃柏、萹蓄、瞿麥、滑石、通草各 10 克，茯苓、萆薢、車前草各 15 克。

◎脾腎兩虛型：症見小便淋瀝不已，時作時止，遇勞即發，腰痠神疲，且舌淡脈細弱。或面色潮紅，五心煩熱，且舌紅脈細數。適宜用補氣益腎的方法治療。

【參考方藥】黨參、黃蓍、白朮、山藥、茯苓、杜仲各 12 克，熟地、菟絲子、金櫻子、枸杞各 15 克。

★拔罐法

背部：腎俞、膀胱俞。

腹部：中級。

下肢部：委陽、陰陵泉、太谿、照海。

【預防與保健】

要增強體質，提高機體的防禦能力。

消除各種誘因如糖尿病、腎結石及尿路梗阻等，去除炎性病灶如前列腺炎、尿道旁腺炎、陰道炎及宮頸炎。

腎功能差者應用優質低蛋白飲食，避免脫水或使用對腎有毒性的藥物，控制血壓在正常或接近正常範圍。

❤ 陽 痿

本病誘因

陽痿，是最常見的男子性功能障礙。

因其主要表現為陰莖萎軟，故中醫又稱作陰痿。

偶然的性交失敗或陰莖不舉，不是陽痿，只有連續性交失敗率超過 25% 才能診斷為陽痿。

陽痿的病因很多，也很複雜，但絕大多數為功能性病變，占全部病例的 85%～90%，其原因有性心理發育受阻、夫妻關係不洽、情緒緊張等；屬於器質性病變者極少，占 10%～15%，其原因有嚴重生殖器先天或後天畸形、內分泌紊亂、神經系統疾病、精神病、血液病、血管疾病等。

【主要症狀】

陰莖不能勃起進行性交，或雖有勃起但勃起不堅，或勃起不能維持性交完成。

【就醫指南】

陽痿有器質性、功能性之分，又有原發性、繼發性之別，必須仔細鑑別。一般來講，原發性陽痿表現為從無性興奮時的陰莖勃起，而繼發性陽痿則有成功的勃起史，但後來發生了障礙。器質性病變表現為陰莖在任何時候均不能勃起，即不能在性興奮時勃起，亦無自發性（如睡夢中或膀胱充盈時）勃起，而功能性陽痿則有自發性勃起，而在性興奮時不能勃起，或在性興奮時能勃起，但在試圖性交時勃起又消失。器質性陽痿十分少見，也很難康復，但功能性陽痿卻可治癒。

瞭解陽痿的發病和進展情況。是完全勃起還是部分勃起，勃起的堅度如何，能維持多長時間。陰莖在勃起時，有無異常感覺。手淫時能否勃起，有無夜間勃起或清晨清醒前勃起。

注意陽痿發生的可能原因，如有無精神創傷史、外傷史、糖尿病或其他慢性疾病史，如動脈粥樣硬化、高血壓病、高血脂症等。有無手淫習慣及吸菸、酗酒等嗜好。是否進行過前列腺摘除術、絕育手術或其他手術。有無慢性前列腺炎或精囊炎史。有無可影響性功能的藥物史。

瞭解其婚姻史，如結婚的時間，與配偶的感情，生育情況。若曾離婚或喪偶，應瞭解過去婚姻的性生活情況。

瞭解其他性功能的情況，如性慾，射精功能等改變，及與陽痿的關係。

【西醫治療】

＊ 對因器質性疾病引起者，應治療其原發疾病。

＊ 對於由藥物影響者，應考慮停藥或改用其他藥物。

＊ 對於血管性陽痿，可應用血管外科手術治療。

＊ 對精神性陽痿，則應採用心理治療或行為治療。

＊ 而對某些器質性陽痿不能解決其病因者，則可使用陰莖假體植入手術。除此之外，一些非針對性的治療方法，可以選擇性地應用，也能收到一定的效果。

＊ 非激素類藥物治療：

育亨賓每次 6 毫克，每日 3 次，若發生胃或神經症狀而不能耐受時，可減少至每次 2 毫克，每日 3 次，並逐漸增加，至達到每日 18 毫克，用藥至少需維持 10 週。可有心悸、眩暈、失眠等不良反應。

罌粟鹼：40～80 毫克稀釋於 20～40 毫升蒸餾水中，注入海綿體內，10 分鐘內開始出現勃起，並可持續 2 小時。

＊ 激素治療：

甲睾酮，每次 5 毫克，每日 3 次，口服；或丙酸睾酮 25～50 毫克，每週 2 次，肌內注射。

絨毛膜促性腺激素，每次 2 000 單位，肌內注射，1 週 1 次，連用 8 週。如配用丙酸睾酮，療效更好。

維生素 E，每次口服 5 毫克，每日 3 次。

以上藥物除維生素 E 外，必須在醫生嚴格指導下服用。

【中醫治療】

中醫根據症狀及脈象將本病分型，然後進行辨證論

治。

◎**濕熱下注型**：症見陰莖萎軟，下肢困重，陰囊潮濕，小便澀滯或尿後餘瀝，或兼陰囊腥臊，且舌苔黃膩，脈濡數。適宜用清熱化濕的方法治療。

可用中成藥：萆分清丸、分清五淋丸、金沙五淋丸、五淋通片等。

【參考方藥】黃芩、梔子、柴胡、木通、車前子（包煎）、澤瀉、當歸、生地各 10 克，龍膽草 15 克。

◎**命門火衰型**：症見陽事不舉，面色蒼白，精神委靡，頭暈耳鳴，腰膝痠軟，畏寒怕冷，且舌淡苔白，脈沉細無力。適宜用溫補腎陽的方法治療。

可用中成藥：男寶、金匱腎氣丸、三鞭酒、參茸三七酒、參茸大補片、參茸腎片、蛤蚧補腎丸等。

【參考方藥】熟地、枸杞、山萸肉、當歸、肉蓯蓉、巴戟天、炒韭菜子、仙茅、仙靈脾各 12 克，蛇床子、炒杜仲各 15 克，鹿角膠 10 克，肉桂 8 克。

◎**肝氣鬱結型**：症見陽事不舉，情志抑鬱，胸脅脹滿，急躁易怒，喜太息，且舌紅苔薄，脈弦數。適宜用舒肝解鬱的方法治療。

可用中成藥：逍遙丸、舒肝丸、加味逍遙丸等。

【參考方藥】柴胡、白芍、枳殼、甘草各 10 克，丹皮、梔子各 12 克，蜈蚣 5 克，水蛭 3 克。

◎**陰虛火旺型**：症見於青壯年，有手淫史，陰莖能舉，臨事即軟。伴有早洩，心悸出汗，精神緊張，口渴喜飲，腰膝痠軟，足跟疼痛，小便黃大便乾，脈細帶數，且舌紅苔少，或有剝苔龜裂等症。適宜用滋陰降火的方法治

療。

可用中成藥：六味地黃丸、知柏地黃丸、參麥六味丸等。

·········中醫傳統療法·········

★刮痧法

足部反射區有6個基本反射區；重點刮肝、腎、腦垂體、生殖器、腹股溝、陰莖、骶椎反射區。

背部：肝俞、腎俞、命門。

腹部：關元。

下肢：三陰交、太谿。

【預防與保健】

放鬆情緒，房事有節，樹立戰勝疾病的信心和勇氣。調節飲食，起居有常，不可以飲酒過量，過食肥甘厚味。

積極治療原發病。多參加有益的社會團體活動，愉悅身心，有利於病情的康復。增進與配偶的感情，創造融洽的親情氛圍。體育鍛鍊能使氣血和暢，對本病康復有幫助，患者可根據體力條件，選作各種體育運動，如長跑、游泳、球類、散步、體操、拳術等。

❤ 早 洩

本病誘因

早洩與陽痿、遺精一樣，是常見的男子性功能障礙之一。

早洩的病因絕大多數為心理性的，如青少年患手淫癖，婚前性交，婚外性生活，夫妻性關係不諧，多會導致心情焦慮，情緒緊張，使大腦或脊髓中樞興奮性增強而致早洩；另有少數為器質性病變引起，如慢性前列腺炎、精囊炎、包皮繫帶短、尿道下裂等。

【主要症狀】

早洩係指性交過程中射精過早而言。

早洩的含義模糊，一種說法認為未達到女方性高潮便射精者即為早洩，這顯然是錯誤的。因為女性的性反應較為遲緩，而個體的差異又較大，故而不能以未能令女方達到高潮即射精為早洩。

關於早洩的標準有兩種提法：

凡性交時陰莖未及插入陰道，或插入後僅抽動數下即射精者為早洩。

性交 1 分鐘以內，抽動十數下即射精者為早洩。

【就醫指南】

有下列情況之一者，即可診斷為早洩。

只要一有性交的意願就馬上射精。

準備同房或剛剛開始同房，射精跟著出現。

同房不到半分鐘，且未經較強烈摩擦，精液即射出。

【西醫治療】

＊應用 α-腎上腺素能阻滯藥酚苄明可消除輸精管、精囊及射精管的蠕動，使精液不能洩入後尿道，可使性交時間延長，雖無精液射出，但有射精感覺，劑量為每日

20～30毫克，適用於不要求生育的早洩患者。

【中醫治療】

中醫根據症狀及脈象將本病分型，然後進行辨證論治。

◎**陰虛火旺型**：症見陽物易舉，但舉而不堅，精液易洩，頭暈目眩，心悸耳鳴，五心煩熱，或伴夢遺滑精、腰膝痠軟、口燥咽乾、神疲乏力，且舌紅少苔、脈細數。適宜用滋陰降火、益精固腎的方法治療。

可用中成藥：知柏地黃丸、水陸二仙丹、五子地黃丸、大補陰丸、首烏丸、金鎖固精丸、參麥六味丸等。

◎**腎虛不固型**：症見性慾減退，臨房早洩，精液清稀，陽痿滑洩，頭暈目眩，耳鳴腰痠，面色蒼白或晦暗，精神委靡，畏寒肢冷，且舌淡苔白，脈沉細而弱。適宜用溫陽補腎、益精固元的方法治療。

可用中成藥：右歸丸、龜齡集、蛤蚧補腎丸、鎖陽固精丸、壯腰健腎丸、男寶、參茸丸、參茸固本丸、魚鰾丸、海馬保腎丸、至寶三鞭丸等。

·············· *中醫傳統療法* ··············

★拔罐法

背部：命門、腎俞。

腹部：關元、中級。

下肢部：足三里、三陰交、太谿。

【預防與保健】

進行心理分析，發現並解決期望過急、性緊張等潛意

識過程，解除其思想顧慮。

減少性敏感性。

應用陰莖套、龜頭表面塗抹麻醉劑等降低對性刺激的敏感性，推遲高度興奮的發生。

放下心理包袱，避免情志刺激，與配偶多進行溝通，取得精神上的支持與諒解，正確對待性生活，樹立信心。

堅持參加適度的體育活動。體育項目的選擇與運動強度，應根據個人愛好與耐受程度而定，如散步、慢跑、體操、球類、太極拳等均可，但以不感勞累為度。

合理飲食，本病虛證為多，膳食偏於補益，忌生冷寒涼。

陰虛火旺者，應以補陰為主，忌用溫燥之品，除一般米麵、蔬菜外，可佐以淡菜、海參、枸杞、銀耳、蜂蜜等；腎氣中固者，應該配合核桃、栗子、魚、蝦、黑豆、蓮子。

忌菸酒、辛辣刺激食物。

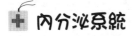 內分泌系統

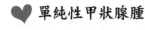 單純性甲狀腺腫

本病誘因

單純性甲狀腺腫是代償性甲狀腺腫大，一般不伴有甲狀腺功能的改變。

此病多因缺碘、致甲狀腺腫物質或先天性甲狀腺激素合成障礙等所致。

【主要症狀】

散發性甲狀腺腫：

常在青春期、妊娠期、哺乳期及絕經期發生，甲狀腺呈輕中度瀰漫性腫大，質地軟，晚期可有多發性結節。

地方性甲狀腺腫：

有甲狀腺腫大的地區流行史。發病年齡較早，巨大和多結節性甲狀腺腫發病年齡提前，可有壓迫症狀或向縱隔內發展。結節可有囊性變或腺瘤變，內出血時突然增大並疼痛。多結節性甲狀腺腫常可伴甲亢。嚴重流行區小兒甲狀腺腫可伴呆小病。

【就醫指南】

甲狀腺瀰漫性腫大，甲狀腺功能基本正常。

尿碘排出量減少。

甲狀腺對 131 碘的攝取率增高，正常為 10%～25%，本病可高達 70%～95%。

是否生活在流行地區，可作診斷參考。

鑑別診斷：單純性甲狀腺腫伴神經症患者，應與甲狀腺功能亢進相鑑別，甲狀腺功能亢進患者有心慌、興奮、多汗、怕熱及甲狀腺功能亢進。甲狀腺如發生出血、疼痛，應與甲狀腺炎鑑別。如有壓迫症狀，應與頸部或上縱隔腫瘤鑑別。

輔助檢查：甲狀腺功能，TSH、T_4、T_3 測定，甲狀腺攝碘率測定，T_3 抑制試驗，甲狀腺掃瞄可助診斷。

【西醫治療】

* 一般治療：

青春期甲狀腺腫可自行消退，成人每日需碘量為

150～300 微克，故應多吃海產品或含碘豐富的食物。

＊替代治療：

甲狀腺片每日 60～180 毫克，療程為 3～6 個月，以維持基礎代謝率在正常範圍、甲狀腺攝碘率 24 小時約 10%而甲狀腺縮小為準，調整劑量。

＊補充碘劑：

地方性者碘化鉀每日 10～15 毫克；或複方碘液（盧戈氏碘）每日 2～3 滴，服 1 個月後間隔 10 日再服；或碘糖丸每日 2～6 丸；或碘油 10 毫升，每 2 年 1 次。結節性者補碘量宜小，以防誘發甲狀腺功能亢進，多發結節者及中老年患者不主張補碘。

＊手術治療：

壓迫氣管、食管或喉返神經而引起症狀；胸骨後甲狀腺腫；巨大甲狀腺腫影響生活、工作；結節性甲狀腺腫繼發功能亢進；結節性甲狀腺腫疑有惡變者，應及時手術治療。施行甲狀腺大部切除術。術後宜長期服用甲狀腺片，以防止甲狀腺腫大和術後甲狀腺功能減退症。

【中醫治療】

中醫根據症狀及脈象將本病分型，然後進行辨證論治。

◎氣鬱痰阻型：症見頸前瀰漫對稱腫大，光滑柔軟，邊緣不清；病久者可有結節；囊腫較大者可有壓迫症狀，如胸悶、咳嗽、吞咽困難，且苔薄白，脈弦。適宜用理氣化痰、消癭散結的方法治療。

【參考方藥】海帶、海螵蛸、海蛤殼、丹參各 15 克，瓜蔞、海藻、昆布、青木香、鬱金各 10 克，陳皮、

香附各 9 克。

◎**痰結血瘀型**：症見頸前腫塊偏於一側，質較硬，有結節，胸悶氣促，咳嗽少痰，且苔薄黃，脈弦滑。適宜用理氣化痰、活血化瘀、軟堅散結的方法治療。

【參考方藥】海藻、昆布各 15 克，青皮、陳皮、浙貝母、半夏各 10 克、連翹 15 克，當歸 10 克，川芎 10 克，甘草 6 克。

【預防與保健】

精神要放鬆，與人溝通，愉悅情志。對於缺碘所致者，要補充碘劑，在地方性甲狀腺流行地區可採用碘鹽防治。40 歲以上特別是結節性甲狀腺腫患者，應避免進食太多含碘物質，以免發生甲狀腺功能亢進症。

♥ 甲狀腺功能亢進症

本病誘因

甲狀腺功能亢進症簡稱甲亢，指由多種病因導致甲狀腺功能增強，分泌甲狀腺激素過多所致的臨床綜合徵。女性多見，男女之比為 1：4～1：6，各年齡組均可發病，以 20～40 歲為多。

其特徵有甲狀腺腫大、基礎代謝率增高和自主神經系統的失常。

【主要症狀】

本病起病緩慢，少數患者在精神刺激後可急遽起病。

神經系統症狀：神經過敏，易激動，舌和雙手平伸試

驗有細震顫，失眠，焦慮，多疑，思想不集中，腱反射亢進。

高代謝率症候群：怕熱，多汗，皮膚溫暖濕潤，常出現低熱，心悸，食慾亢進，體重下降，乏力，工作效率低。

心血管系統症狀：心排出量增加，心音強，心率加快，靜息狀態下心率仍快，可出現期前收縮、房顫和心尖區收縮期雜音。

血液系統症狀：白細胞總數降低，血小板壽命縮短而出現皮膚紫癜、貧血。

生殖系統症狀：女子月經減少、閉經，男子陽痿、偶見乳房發育。

甲狀腺危象：危象是本病惡化時的嚴重症狀群，常因感染、創傷、手術或強烈的情緒激動等誘發。危象的臨床表現為原有甲狀腺功能亢進症狀的急遽加重，體溫升高可達 39℃以上，或伴心房顫動，血壓升高，脈壓差增大，可至 100 毫米汞柱左右。患者煩躁不安，大汗淋漓，嘔吐腹瀉，可導致水與電解質紊亂，進而出現嗜睡或譫妄，乃至昏迷。總之，甲狀腺危象起病急，發展快，病情危重，屬內科急症，病死率較高。

故重症甲亢患者遇有上述誘因時，應高度警惕，注意預防。一旦發現症狀，要儘快送往醫院，以便採取相應的措施。

【就醫指南】

實驗室檢查：基礎代謝率高於正常；甲狀腺吸 131 碘率增高，高峰提前出現；甲狀腺掃瞄，熱結節提示自主性甲狀腺瘤伴功能亢進；血清總 T_4 增高；血清總 T_3 增高；

血清促甲狀腺素測定（TSH）正常或降低；促甲狀腺激素釋放素（TRH）興奮試驗陰性。

鑑別：應與神經症、單純性甲狀腺腫及亞急性和無痛性甲狀腺炎鑑別。

【西醫治療】

＊ 抗甲狀腺素藥物：

甲巰咪唑：輕度每日 20 毫克，中度 30 毫克，重度 40 毫克，嚴重者 60 毫克，分 3 次口服。

丙基硫氧嘧啶：輕度每日 200 毫克，中度 300 毫克，重度 400 毫克，嚴重者 600 毫克，分 3 次口服。

甲基硫氧嘧啶：因不良反應較多，現已少用。

以上藥物任選一種，多數患者用藥 1～3 個月症狀基本消失，改為維持量。甲巰咪唑維持量每日 2.5～15 毫克，丙基硫氧嘧啶 25～100 毫克；維持量用藥時間 1～2 年。過早停藥或間斷服藥易引起復發。用藥期間應定期核查血常規、肝功能。女性孕期、哺乳期不宜使用。

＊ 放射性 131 碘治療。

＊ 手術治療。

【中醫治療】

中醫根據症狀及脈象將本病分型，然後進行辨證論治。

◎**陰虛火旺型**：症見面紅，心悸，汗出，急躁易怒，食慾旺盛，消瘦，甲狀腺腫大，舌紅苔黃，脈弦數。適宜用滋陰瀉火、軟堅散結的方法治療。

【參考方藥】生石膏、生地、山藥、生牡蠣、太子參各 30 克，玄參、香附、山萸肉各 10 克，麥冬、知母各

15 克，五味子、甘草、丹皮 6 克。

◎**氣陰兩虛型**：症見甲狀腺腫大，心悸怔忡，怕熱多汗，形體消瘦，神疲乏力，腰膝痠軟，且舌紅苔薄黃，脈細數。適宜用益氣養陰、平肝潛陽的方法治療。

【參考方藥】黃蓍、生地、生牡蠣各 30 克，黨參、麥冬、枸杞、山藥、白芍、製首烏各 15 克，香附、山萸肉、五味子各 10 克，甘草 6 克。

◎**肝鬱脾虛型**：症見精神抑鬱，胸悶脅痛，吞嚥不利，神疲乏力，大便溏稀，雙目突出，甲狀腺腫大，月經不調，且舌淡苔薄白，脈弦細。適宜用疏肝健脾、豁痰消癭的方法治療。

【參考方藥】當歸、白朮、茯苓、黨參、山藥各 15 克，香附、柴胡、製半夏、黃芩各 10 克，陳皮、白芥子、甘草各 6 克，丹參 30 克。

⋯⋯⋯⋯⋯⋯ *中醫傳統療法* ⋯⋯⋯⋯⋯⋯

★拔罐法

背部：夾脊。

胸腹部：氣舍、天突、期門。

上肢部：間使、內關、神門、太淵、合谷。

下肢部：足三里。

【預防與保健】

勞逸結合，定時作息，有充足的休息和睡眠時間，避免劇烈運動和一切會引起緊張激動的活動，避免日光暴曬。

保持個人衛生，勤沐浴。戒菸忌酒，忌發物。要保持心情愉快，避免生氣和激動。飲食要有規律，一般採用高熱量、富含糖類、蛋白質和維生素的飲食，如肉、蛋、奶、糖、新鮮水果、蔬菜等。

❤ 糖尿病

本病誘因

糖尿病是指胰島素分泌絕對或相對不足，引起糖、蛋白、脂肪代謝異常，並繼發水、電解質紊亂的一組內分泌代謝疾病。患病率隨年齡而增高。Ⅰ型糖尿病的發病與遺傳易感性、病毒感染、自身免疫等有關；Ⅱ型則有更強的遺傳易感性和環境因素影響。

【主要症狀】

糖尿病是一種代謝綜合徵，其典型症狀是多飲、多食、多尿、消瘦，不少患者首先表現為併發症的症狀，如屢患瘡癤癰腫、尿路感染、膽囊炎、結核病、糖尿病性視網膜病變、白內障、動脈硬化、冠心病、腦血管病變、腎臟損害、周圍神經病變、酮症酸中毒或高滲昏迷等。

臨床分為兩型，胰島素依賴型（Ⅰ型）、非胰島素依賴型（Ⅱ型）。

【就醫指南】

此病可根據家族史、病史及尿糖、血糖診斷。

有糖尿病症狀（三多一少或酮症酸中毒史），空腹血

糖≧7.0 毫摩爾/升，或一日中任何時間血糖≧11.1 毫摩爾/升，有一項即可診斷。

口服葡萄糖 75 克後 2 小時靜脈血漿血糖≧11.1 毫摩爾/升，可診斷為糖尿病。

糖耐量異常：空腹血糖＞6.1 毫摩爾/升而＜7.0 毫摩爾/升。

併發症：急性併發症有酮症酸中毒、高滲性非酮症糖尿病昏迷。

慢性併發症有感染、肺結核、動脈粥樣硬化性心腦血管疾病、腎病變、眼部病變、神經病變、皮膚病變等。

【西醫治療】

＊降糖藥療法：

主要適用於 II 型糖尿病輕者。

優降糖每日 2.5～20 毫克，每日 1～2 次。

降糖靈每日 50～150 毫克，每日 2～3 次。

達美康每日 80～240 毫克，每日 1～2 次。

上述藥物的用量應據病情及時調整。

＊胰島素療法（適用於以下情況）：

胰島素依賴型糖尿病。

口服降糖藥效果不佳者。

急性代謝紊亂者。

合併症嚴重者。

外科大手術前後。

糖尿病患者妊娠或分娩時。

用時要注意血糖變化，避免發生低血糖及過敏反應；胰島素用量要依尿糖及血糖而定。

【中醫治療】

中醫根據症狀及脈象分型，然後進行辨證論治。

◎上消：症見煩渴多飲，口乾舌燥，尿多尿頻，且舌紅，苔薄黃，脈洪數。適宜用清熱潤肺、生津止渴的方法治療。

【參考方藥】黨參、沙參、麥冬各 15 克，天花粉、生石膏各 30 克，知母、粳米各 10 克，甘草 6 克。

◎中消：症見多食易飢，形體消瘦，大便乾燥，且苔黃，脈滑實有力。適宜用清胃瀉火、養陰增液的方法治療。

【參考方藥】生地、麥冬各 12 克，生石膏 30 克，知母、牛膝、生大黃、芒硝各 10 克，甘草 6 克。

◎下消：症見尿頻量多，混濁如膏脂，口乾舌燥，且舌紅，脈沉細數，兼陽虛者則畏寒肢冷，腰膝痠軟，且舌淡苔白，脈沉細無力。適宜用滋陰固腎的方法，陽虛者兼溫腎固陽的方法治療。

【參考方藥】生地、山藥各 12 克，山萸肉、雲苓、澤瀉、丹皮、黃柏、知母、益智仁各 10 克，五味子 15 克。

陽虛者加肉桂 10 克、附子 5 克、牡蠣 10 克、熟地 20 克。

◎變證：瘀血阻絡，症見面暗唇青，心悸身腫，四肢麻木，且舌暗有瘀斑。適宜用行氣化瘀通絡的方法治療。

【參考方藥】桃仁 10 克、紅花 10 克、歸尾 15 克、熟地 30 克、赤芍 12 克、川芎 10 克、雞血藤 15 克、丹參 20 克、仙靈脾 15 克、黃蓍 20 克。

★拔罐法

背部：大椎、肺俞、肝俞、脾俞、腎俞、命門。

腹部：中脘、關元。

上肢部：太淵、魚際、曲池、合谷。

下肢部：足三里、三陰交、內庭、太谿、太衝。

背部：風門至腎俞。

腹部：上脘至關元。

【預防與保健】

注意衛生宣教，使患者瞭解糖尿病常識。學會掌握飲食治療的方法。學會做尿糖測定及使用降糖藥的注意事項，Ⅰ型糖尿病患者尤應學會注射胰島素技術。

生活有規律，注意個人衛生，防止各種感染。堅持體育活動。每天走路時間應不少於1小時。

長期堅持飲食治療。多吃富含粗纖維及維生素的食物，吃飯要按時按量。

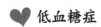 低血糖症

本病誘因

低血糖症是較為多見的病症。所謂低血糖症是血葡萄糖（簡稱血糖）濃度低於正常值的一種臨床表現。本病病因主要因血糖來源不足，組織消耗能量增多，血糖去路增加，調整糖代謝的因素紊亂等。

【主要症狀】

多呈發作性，持續時間不定。呈應激狀態，交感神經和腎上腺髓質興奮，心悸、軟弱、飢餓、皮膚蒼白、出冷汗、肌肉抽搐和強直，手足抖動，精神不集中，思維和語言遲鈍，不安，頭暈，視物不清，步態不穩，有時出現躁動，易怒、幻覺、行為怪異。

血糖進一步減低時，患者神志不清，肌肉顫抖，最後出現昏迷。瞳孔對光反應消失，出現癲癇樣抽搐、癱瘓，並有病理反射陽性。

【就醫指南】

臨床表現：

血糖：常低於 2.8 毫摩爾/升，嚴重時可達 0.55 毫摩爾/升以下。血糖下降越快，個體耐受性越差，低血糖症狀越明顯。

空腹時低血糖：

內分泌性：胰島素分泌過多，見於胰島功能性 β 細胞瘤、癌或增生；分泌胰島素樣物質腫瘤，如巨大纖維瘤或纖維肉瘤。

肝源性：有明顯肝病證據。

物質供應不足、飢餓，如妊娠期空腹低血糖、嬰幼兒酮症低血糖、嚴重營養不良。

餐後低血糖：

常於進食後 2～5 小時發生，多係反應性胰島素分泌增加所致。

特發性功能性低血糖。

早期糖尿病低血糖。

胃腸手術（胃大部切除、胃空腸吻合等）所致低血糖。

對亮氨酸和果糖不耐受引起低血糖。

誘導性低血糖：

降血糖藥物如胰島素、磺脲類降血糖藥物使用不當，或使用磺脲類降血糖藥物時加用磺胺增效劑、保泰松等製劑。

酗酒。

【西醫治療】

＊ 一般治療：

＊ 輕者進食糖水或糖果。不能進食者，應持續輸 5% 或 10%葡萄糖液。必要時可給予糖皮質激素。治療過程中，必須注意電解質平衡。

＊ 藥物治療：

＊ 靜脈注射高滲葡萄糖溶液，患者多在注射時即清醒，症狀消失。對已進入休克、不易靜脈注射者，可先皮下注射腎上腺素和經胃管注入高滲葡萄糖溶液。如確診為胰島素瘤，應手術切除。

【中醫治療】

中醫根據症狀及脈象將本病分型，然後進行辨證論治。

◎**肝鬱脾虛型：**症見心情抑鬱，顧慮多端，急躁易怒，乏力自汗，頭暈頭痛，面色蒼白，四肢震顫，心悸失眠，善飢多食，諸症緩解，且舌淡、苔薄白，脈弦。適宜用疏肝益氣健脾的方法治療。

可用中成藥：逍遙丸加減。

◎**心脾兩虛型**：症見乏力自汗，或食後脘腹灼熱，飽脹噯氣，噁心嘔吐，頭暈，面色蒼白，心慌心悸，四肢震顫，腹脹腸鳴，且舌淡，舌邊有齒痕，苔薄白，脈弱或細弱而數。適宜用益氣健脾的方法治療。

可用中成藥：歸脾湯加減。

◎**濕熱閉竅型**：症見暴飲後，多汗，嗜睡，神昏，木僵，且苔黃膩，脈滑。適宜用清熱化痰開竅的方法治療。

可用中成藥：菖蒲鬱金湯配合玉樞丹加減。

◎**暴脫亡陽型**：症見大汗淋漓，面色蒼白，手足冰冷，精神疲憊或神志不清，呼吸淺弱，脈微欲絕。適宜用回陽益氣救脫的方法治療。

可用中成藥：參附湯加減。

【預防與保健】

給患者以精神上的鼓勵。樹立戰勝疾病的信心。

進行適當的體育活動，愉悅身心，增強體質。

調節飲食：飲食結構宜適當提高蛋白質、脂肪含量，減少糖量，少量多餐，食用較乾的食物，避免飢餓。此外，在食物中加入纖維（非吸收性碳水化合物，如果膠等）有一定幫助。

❤ 單純性肥胖症

本病誘因

單純性肥胖症簡稱肥胖症或肥胖病，是一種較為多見的疾病，是由於體內脂肪堆積過多而造成的。當除去繼發性肥胖和水、鈉瀦留或肌肉發達等

因素，而體重超過標準體重 20%以上者，可視為單純性肥胖。

單純性肥胖的致病因素很多，一般認為與遺傳、飲食習慣、活動量、職業、精神狀態、代謝和內分泌等因素有關。中年以後發病率較高，女性多於男性，近年來，兒童中單純性肥胖症有上升的趨勢。

單純性肥胖症患者中，糖尿病、高血壓病、冠心病、高血脂症的發病率均較正常人明顯增高，且肥胖病患者容易繼發病毒與細菌感染。

【主要症狀】

常伴有多食、便秘、腹脹、嗜睡等症狀。

中度以上肥胖者活動後氣促、易疲勞、腰腿疼痛、行動困難、怕熱多汗、性慾減退、月經減少或閉經、不育。

肥胖後往往出現高血壓病、高血脂症、動脈粥樣硬化及冠心病、糖尿病、痛風、膽石症等多種併發症。

患者對抗感染、耐受麻醉及手術的能力多有降低。

【就醫指南】

分型：可分為體質性肥胖和獲得性肥胖。

病史：有肥胖病家族史、出生時超重、嬰幼兒及青春期肥胖史。

臨床表現：體重超過標準體重 20%，或體重指數超過 24 者。

有肥胖家族史，自幼肥胖，產生肥胖，進食較多，活動過少。

善飢多食、便秘、腹脹，可有低通氣綜合徵（少動，嗜睡、乏力、氣促等），閉經、不育、陽痿。

男性脂肪分佈以頸及軀幹為主，四肢較少；女性以腹及腹下、臀部及四肢為主。皮膚多汗，可有細條紫紋，皮膚感染。

空腹及餐後血漿胰島素水平升高，葡萄糖耐量減低、膽固醇、三醯甘油、游離脂肪酸、游離氨基酸常增高，高血脂（屬混合型，或Ⅲ、Ⅴ型）。

可併發高血壓病、冠心病、Ⅱ型糖尿病、膽石症、痛風、關節痛、皮癬等。

【西醫治療】

＊飲食控制：

多採用低熱量飲食使之呈能量負平衡，在限制熱量的基礎上使蛋白質、脂肪、碳水化合物配比適宜，無機鹽、維生素供給充足。

根據肥胖與體力活動程度估計每日總熱量。

重度肥胖者每日熱量攝入不宜低於 3 252～4 020 千焦，蛋白質約占 20% 或每日 1 克/公斤體重；脂肪 20%～25%，碳水化合物約占 50%，不宜低於 100 克，以免發生酮症。無機鹽、維生素、膳食纖維供給應充足。

待體重降低後，熱量攝入量以能維持標準體重為準，養成不吃零食特別是甜食及睡前不進食的習慣，宜戒酒並禁咖啡。

＊飢餓療法：

可採用間斷飢餓療法，可在原熱量食譜基礎上每星期日完全禁食 24 小時，飲水不限。全飢餓療法必須於代謝

病房中在醫護監護下進行，因蛋白質消耗較多，可出現低血糖、酮症、高尿酸血症、低血壓及心律不整等，一般不宜採用。

＊ 體育活動：

可增加機體熱量消耗，促使體重下降，對輕度肥胖者可單獨發揮治療作用。

體育鍛鍊促進脂肪分解及肌肉蛋白合成。在每日的正常活動之外，增加適當的體育活動 0.5～1 小時，可增加熱量消耗，並有效地消除脂肪。

【中醫治療】

中醫根據症狀及脈象分型，然後進行辨證論治。

◎脾虛濕阻型：

症見肥胖而有水腫，疲乏無力，肢體困重，腹脹食慾減退，尿少便溏，且苔白膩，舌質淡，脈細或細滑。適宜用健脾利濕的方法治療。

可用中成藥：防己黃耆湯配合苓桂朮甘湯加減。

◎胃熱濕阻型：

症見肥胖而頭暈頭脹，消穀善飢，口渴善飲，腹脹中滿，大便秘結，且苔薄黃或薄白，舌質紅，脈弦滑或數。適宜用清熱利濕的方法治療。

可用中成藥：防風通聖散加減。

◎氣虛血瘀型：

症見肥胖患者心悸氣短，胸脅作痛，痛有定處，月經不調，色黑有塊，且舌苔薄，舌質暗或有瘀點，脈細弦或澀。適宜用理氣活血的方法治療。

可用中成藥：桃紅四物湯加減。

★按摩法

仰臥，用單掌或疊掌置臍上，按順、逆時針方向由小
到大，由大到小，稍用力各按摩 3 分鐘。

★拔罐法

背部：夾脊。

腹部：天樞、大橫、氣海、關元。

下肢部：梁丘、足三里、豐隆、血海、公孫。

★刮痧法

足部反射區有 6 個基本反射區；重點刮橫結腸、降結
腸、直腸、甲狀腺、腦垂體反射區。

腹部：膻中、下脘、天樞、腎關、中級。

下肢：足三里、豐隆、三陰交、內庭。

耳穴：神門、腎、膽、脾、耳中零點、食管、口、飢
點、三焦、內分泌（耳穴採用貼豆法，用膠布將豆貼於耳
朵上的穴位處，並給予適當的按摩）。

【預防與保健】

樹立堅定的信心，克服麻痺惰性和無所謂的思想，堅
持持久治療，以堅強的意志進行嚴格的飲食控制和體育鍛
鍊。養成早起到戶外運動的習慣。每日早晚散步各 1～2
小時。根據本人情況制定出適合自己的運動計劃，選擇運
動項目，逐步增加運動量。

節食：每日主食總量不超過 250 克。素食：副食以蔬
菜為主，不吃或少吃動物脂肪和蛋白質。忌甜食：不吃或
少吃含糖量高的食物。適當多飲開水。

✚ 神經、精神系統疾病

❤ 偏頭痛

本病誘因

偏頭痛是由於神經—血管功能障礙引起反覆發作的偏側或雙側頭痛。常在 10～30 歲發病，女多於男，半數病例有家族史。

偏頭痛發作過程先是由於頸內動脈收縮，出現先兆；繼之顱外動脈擴張出現頭痛。

偏頭痛還與飲食、心理因素、氣候變化有關。

【主要症狀】

典型偏頭痛：較常見，有明顯的先兆期，如偏盲、弱視、感覺異常、失語等。持續數分鐘至半小時，接著開始一側劇烈頭痛，以額、顳、眶為主，發作時可見短暫性視野缺損，其他檢查無異常。

普通偏頭痛：最常見，為陣發性一側額顳部搏動性頭痛，伴有畏光怕響，持續 2～3 小時至 2 天，常有噁心嘔吐等消化道症狀。發作時除患側顳動脈擴張、搏動增強外，無其他體徵。

特殊性偏頭痛：除頭痛外，在發作前後或發作時伴有一些特殊的表現，如眼肌癱瘓、耳鳴、偏癱、失語、感覺異常、精神障礙等。

【就醫指南】

長期反覆發作的頭痛與家族史。

除少數特殊類型外，一般無異常神經體徵。

鑑別診斷：應與普通神經血管性頭痛、顱內血管瘤、三叉神經痛、顱內占位性病變的鑑別。

輕度發作：阿司匹林每次 300～600 毫克，每日 3 次；或布洛芬 200 毫克，每日 3 次；伴噁心、嘔吐者可應用甲氧氯普胺每次 5～10 毫克，每日 3 次。

較重者：麥角胺咖啡因片，在發作早期服 1～2 片，單次發作用量不要超過 4 片，每週總量不超過 8 片。注意藥物不良反應。以上藥物無效，可選用舒馬曲坦 100 毫克口服或 6 毫克皮下注射。以上藥物均為成人用量。

【西醫治療】

＊ 普萘洛爾 10～40 毫克，每日 3 次，哮喘及心血管疾病患者忌用。

【中醫治療】

中醫根據症狀及脈象將本病分型，然後進行辨證論治。

◎**痰濁內蘊型**：症見頭痛昏蒙，胸脘滿悶，嘔惡痰涎，且苔白膩，脈滑或弦滑。適宜用化痰降逆的方法治療。可用半夏白朮天麻湯加減。

◎**肝陽上亢型**：症見頭痛頭暈，耳鳴目眩，少寐多夢，且苔薄，脈弦。適宜用平肝潛陽的方法治療。可用天麻鉤藤飲加減。

◎**瘀血阻絡型**：症見痛如針刺，固定不移，局部絡脈怒張，且舌暗有瘀斑，脈沉弦澀。適宜用活血化瘀的方法治療。可用丹七片、血腑逐瘀丸（片）、活血化瘀丸、化癥回生丹等。

【預防與保健】

避免情緒緊張，保持愉快心情，防止過度勞累，保證充足睡眠。不要過飢過飽，不要飲酒以及攝入高脂肪食物。發作時應保持安靜，臥床休息。

 失　眠

本病誘因

失眠是指睡眠不足或睡眠發生紊亂，使人產生睡眠不足感，中醫稱「不寐」。

造成失眠可由心理生理、軀體疾病、藥物、過量飲酒、環境等因素引起。

【主要症狀】

心理生理因素所引起的失眠最常見，可引起焦慮、恐懼、抑鬱等情緒。

由軀體疾病如抑鬱症、感染、中毒、疼痛、下丘腦的病變或損害引起，阻塞性睡眠呼吸暫停等也可引起入睡困難。

長期服用中樞興奮劑或對入睡環境不適應，均會導致難以入睡，次日感到精神不振，有時感到焦慮不安。

【就醫指南】

根據患者的臨床症狀可做出準確診斷。

【西醫治療】

＊ **地西泮類藥物**：艾司唑侖每次 1～2 毫克，對解除短期失眠療效甚好，但長期服用會產生耐藥性，應短期內

服 2～3 週後逐漸減量，最後停用。

【中醫治療】

中醫根據症狀及脈象將本病分型，然後進行辨證論治。

◎**心腎不交型**：症見心煩不寐，難以入睡，甚至徹夜不眠，心悸不安，頭暈耳鳴，健忘，煩熱，盜汗，口乾，腰膝痠軟，男子遺精，女子月經不調，且舌尖紅苔少，脈細數。適宜用滋陰降火、交通心腎的方法治療。

【參考方藥】黃連 6～9 克、肉桂 3～6 克（後下）、黃芩 6 克、白芍 12 克、阿膠 9 克（烊化）、牡蠣 30 克（先煎）、龜板 30 克（先煎）、磁石 30 克（先煎）。

◎**心脾兩虛型**：症見思慮重重，經年不寐或多夢易醒，面色無華，神疲乏力，懶言，心悸健忘，食慾差，或有便溏，且舌淡苔薄，脈細而弱。適宜用健脾益氣、養心安神的方法治療。

【參考方藥】黨參 15 克、黃蓍 15 克、當歸 12 克、桂圓肉 12 克、白朮 12 克、陳皮 6 克、木香 6 克、茯神 12 克、棗仁 12 克、遠志 6 克、炙甘草 6 克、夜交藤 30 克、合歡花 9 克、牡蠣 30 克（先煎）。

········· 中醫傳統療法 ·········

★刮痧法

足部反射區有 6 個基本反射區；重點刮腦垂體、甲狀腺、生殖腺反射區以及脊椎、平衡器官反射區。

頭部：百會、安眠、風池。

上肢：內關、神門。

【預防與保健】

保持愉快心情，定時休息，避免緊張的腦力活動，自我調節消除疑慮、恐懼、抑鬱等因素。入睡前不要喝濃茶、咖啡等。由軀體疾病等伴發者，積極治療原發病。

神經症

本病誘因

神經症是一類最常見的疾病。

其發病多與精神因素及遺傳有關，其最常見症有焦慮症、恐懼症、強迫症、疑病症等。

其發病與中醫「肝」「脾胃」「心」「腎」等關係較為密切。

【主要症狀】

＊焦慮型神經症：

焦慮型神經症是一種以長期而不現實的焦慮為特點的精神障礙，往往有急性焦慮或驚恐的加重發作。

急性焦慮發作：是焦慮型神經症的基本症狀。

可反覆發作，每次持續幾分鐘到 2 小時，可自行緩解或好轉。

患者在發作時體驗到一種沒有明顯理由而自行產生的主觀恐懼感，以及一種使人無法忘懷的、對於似乎即將來臨而又無以言狀的災難所感到的恐懼。並伴見心血管系統的症狀，如心悸、心動過速、偶發期前收縮及心前區尖銳刺痛等。

雙手伸展時常可見到細小震顫，還有出汗、胃部不適、

想噁心嘔吐的感覺，全身軟弱乏力與頭暈。

也可出現四肢肌肉肌張力亢奮的僵硬感或口唇與手指、腳趾端部有針刺或麻木感。

慢性焦慮：症狀與急性焦慮發作相似，程度較輕，而時間較長，持續幾天、幾週，甚至幾月。

患者感到緊張和憂慮，易受驚，感到不安，顯得神經質，對未來覺得模模糊糊，似乎一直很疲乏，頭痛、失眠以及出現各種亞急性植物神經性症狀。

＊ 恐懼型神經症：

恐懼型神經症是指對於某些沒有什麼危險的東西、情景或軀體功能，表現出不合理或過分的害怕。

患者想到令其恐懼的物體即感焦慮，當確實接近這個恐怖刺激時，焦慮便增加到驚恐的程度。可分以下幾型。

廣場恐懼症：是最常見的恐懼症，約占 60% 之多。主要表現為害怕有擁擠人群的廣場或其他公共場所。第一次發病常在某個公共場所中突然出現驚恐。

單純恐懼症：是對某些物體或情景不合理地感到恐懼。此症常是幼年時期的暫時現象，如害怕黑暗、動物等。成年人也會有特殊的某種神經質性的害怕，如對關閉的空間產生幽閉恐懼症，對高空產生高空恐懼症等。

社會恐懼症：患者在面對別人時會感到焦慮，在公共場所時害怕窘或被羞辱。

強迫型神經症：強迫症的主要症狀也是焦慮，與其他神經症焦慮不同的是，強迫症的焦慮是對內源性想法和慾望所產生的反應。具體表現如下。

強迫思維：是與患者正在做的事情毫無關係的想法、

詞彙或幻想，它迫使患者予以注意，且無法抵抗。它們帶有攻擊或性的色彩，使患者感到焦慮，並加以抵制，想努力把它們從意識中排出。但這種想法會週而復始地出現。

強迫行為：具有自發性質，它是一種壓倒一切的、不可抗拒地會做出某種攻擊性的衝動慾望。

它使患者感到焦慮，並且拒絕把它付諸行動，但事實上他們卻作出這些強迫行為，而且反覆出現，形成某種特定形式。

強迫行為常繼發於某種強迫思維。

＊疑病症：

疑病症是由中樞神經系統功能失調，影響到皮層下部位的一種神經症性精神障礙，其特徵是整日考慮自己的身體狀況。

患者會訴述身體很多部位的症狀，最常見的部位是腹部內臟、胸部、頭部及頸部。如消化不良、腹部脹滿、便秘腹瀉、胸悶心悸、呼吸不暢、尿意頻急、月經不調、陽痿、早洩等。

有些患者表現為過分注意於身體的某些變化，加上對疾病的認識不足，便產生了各種疑病思維，如懷疑得了心臟病、腦癌、胃癌等，因而疑慮緊張，到處尋醫問藥，要求做一些不必要的檢查或治療。甚則有些患者，在訴說病症的部位、性質及發作時間等方面，均有詳細精確的描述。

但在相關的檢查中，並無異常發現。

【就醫指南】

焦慮型神經症：

病況：焦慮型神經症患者約占人口的 5%，主要是年

輕人，女性為男性的 2 倍。心理和生理因素都是焦慮型神經症的原因，有跡象表明遺傳具有一定影響。

病史：由於心臟方面的症狀，有時焦慮發作會被誤診為心肌梗塞。嗜鉻細胞瘤引起的自主神經症狀或甲狀腺功能亢進的表現也很像焦慮型神經症，進行體檢及實驗室檢查可鑒別。

恐懼型神經症：

與焦慮症不同的是，其必與特殊的環境刺激聯繫在一起。

病況：約有 1%的人患有恐懼症，並占 18 歲以上神經症病例的 5%左右，女性較多。恐懼症多見於具有焦慮症家族史的家庭中。

病史：突然發生嚴重恐懼症，預示精神分裂症的發病，有時也可能是慢性精神分裂症的表現。應與精神分裂症鑒別。

強迫型神經症：

病況：強迫症患者約占神經症病例總數的 5%，是總人口的 0.05%，男女比例大致相同，一般認為智能較高的患者也較多。其發病與家族遺傳有一定關係。

病史：根據臨床表現及家族史可以診斷。有時強迫症的思維和行為很像精神分裂症的怪異現象，其區別是強迫症患者的現實檢驗能力相當完整。

疑病症：

病況：發病年齡男性在 30 歲，女性 40 歲。本病與中醫「肝」關係密切。

病史：依據症狀及體檢可以診斷。雖然患者訴述的症

狀看起來比精神病性疾患的疑病症狀更為奇怪，但都不是妄想性質，而且沒有精神病的其他跡象。

【西醫治療】

＊ 焦慮型神經症：

心理治療：

內省心理治療，是透過患者自我揭露潛意識內心衝突，引致心理改變以增加自我認識和對內心慾念的忍受能力。

支持性心理治療可以透過醫生對患者安慰而使症狀減輕。

鬆弛技術可以對自主神經功能進行一定程度的控制。

冥想也是一種特殊的、很有效的鬆弛方法。

對於容易進入催眠狀態的患者，可以用催眠療法加強鬆弛的效果。

藥物治療：

可用弱安定劑以控制慢性焦慮或預防焦慮發作。可用單胺氧化酶抑製劑（MAOI）治療劑量來預防驚恐發作。甲唑安定也有類似療效。

＊ 恐懼型神經症：

心理治療：

內省心理治療可能奏效。

也可用行為療法減輕恐懼。

可以讓患者面對刺激而同時應用鬆弛技術（包括催眠）來對抗焦慮，從而使患者消除條件反射。

衝擊療法，又稱「情緒充斥法」，它是讓患者實際面臨或想像會引起焦慮的情景，並且一直持續到所產生的強

烈焦慮自行消退為止。這是一種非常痛苦的方法，一般不常採用。

藥物治療：

弱安定劑有助於減輕可能產生的焦慮，使患者能較好地在面對恐怖刺激的情況下繼續工作，然後逐漸脫敏。

三環抗抑鬱藥，與甲唑安定能有效地控制驚恐發作。

＊ 強迫型神經症：

心理治療：

應用自省心理治療，可以使症狀消失，但多數患者症狀頑固難治。支持心理治療是給予患者安慰保證並鼓勵參加活動，它可以使患者有所好轉。行為治療，尤其是衝擊療法，即讓患者從事強迫行為時感到強烈焦慮的方法，也有一定效果。

藥物治療：

用三環抗抑鬱藥和 MAOI 可以使強迫思維和強迫行為得到緩解。伴有抑鬱症狀，可以使用抗抑鬱藥。

一般認為各種治療對此病均無良效，所有方法都只是一時性減輕狀況。

主要還是以精神療法為主。

【中醫治療】

中醫根據症狀及脈象將本病分型，然後進行辨證論治。

◎肝鬱氣滯型：症見焦慮，情緒不寧，善怒易哭，時時太息，胸脅脹悶，且舌質淡苔薄白，脈弦。適宜用疏肝解鬱、行氣導滯的方法治療。

【參考方藥】柴胡 9 克、枳殼 9 克、香附 12 克、白

芎 15 克、厚朴 6 克、菖蒲 12 克、遠志 9 克、鬱金 9 克。

◎**心脾兩虛型**：症見焦慮，心悸易驚，善悲欲哭，面色蒼白無華，少動懶言，神思恍惚，疲倦乏力，不思飲食，便溏，且舌質淡、舌體胖大且邊有齒痕，苔薄白，脈沉細而弱。適宜用健脾益氣、養心安神的方法治療。

可用中成藥：歸脾丸、天王補心丹、柏子養心丸、刺五加片。

【**參考方藥**】人參 10 克、炙黃蓍 12 克、當歸 15 克、川芎 9 克、茯苓 15 克、炙遠志 6 克、柏子仁 10 克、酸棗仁 9 克、五味子 6 克、炙甘草 6 克。

◎**腎陰虧虛型**：症見焦慮日久，驚悸不安，善恐易驚，腰膝痠軟，耳鳴頭暈，健忘失眠，且舌紅少苔，脈細數。適宜用滋補腎陰的方法治療。

可用中成藥：六味地黃丸。

【**參考方藥**】熟地 15 克、茯苓 15 克、山萸肉 10 克、山藥 12 克、丹皮 10 克、龜板 10 克、澤瀉 10 克、柏子仁 10 克、炙遠志 6 克、阿膠 10 克、炙甘草 6 克。

中醫傳統療法

★**推拿法**

取俯臥位，自尾骨至大椎脊椎兩旁，採用指旋推法，自下而上旋推 3～5 分鐘。

再點按肺俞、心俞、肝膽俞、膈俞、脾俞、八髎，約 5 分鐘。

揉捏拿兩側肩井、頸根部，再從大椎用指推揉至百會穴，點揉百會穴 1 分鐘。

然後用指按壓風池穴 1 分鐘，自風池沿兩顳至太陽穴
3～6 次，點按太陽穴 1 分鐘。

拍打後背，放鬆。

··

【預防與保健】

平時注意修身養性，自我控制，調節情緒，避免刺
激。

多進行戶外活動，加強鍛鍊。

家屬應多關心體貼患者，理解包容，使其心胸逐漸開
闊。

飲食合理，注意營養。

按時休息，特別要注意個人及環境衛生。

❤ 神經衰弱

本病誘因

神經衰弱是由於長期過度緊張的精神活動，導
致腦的興奮和抑制功能失調。

以精神易興奮和腦力易疲乏表現為特徵，常伴
有各種身體不適和睡眠障礙。

本病的發生與患者的學習、工作、生活環境和
性格、體質等均有一定關係。

一般認為，在多種內外因素作用下，大腦皮質
的興奮和抑制過程失去平衡而導致本病。

病前常有過度疲勞、睡眠障礙、情緒緊張、精
神壓力等因素。

【主要症狀】

神經衰弱的主要症狀為失眠、健忘、焦慮。

患者往往整夜無法入睡，即使睡著，也處於淺睡眠狀態。

白天精神委靡，剛幹完的事，片刻就忘，甚至打開冰箱，一時不知想要取什麼食物。

時常處於焦慮之中。

【就醫指南】

病史：本病發病率高。青、中年腦力勞動者較多。

以腦功能衰弱症狀為主要臨床表現，至少有下述症狀中的三項。

衰弱症狀：腦力易疲勞，感到沒精神，自覺「腦子遲鈍」，注意力不集中或不能持久，記憶力差，學習效果顯著下降，身體易疲勞。

情緒症狀：煩惱，心情緊張而不能鬆弛，易激惹等。可有輕度焦慮或抑鬱，但在病程中只占很少一部分時間。

興奮症狀：易興奮，回憶和聯想增多且控制不住，伴有不快感，但語言沒有增多。

肌肉緊張性疼痛：緊張性頭痛，肢體肌肉痠痛。

睡眠障礙：如入睡困難、多夢、睡醒後感到不解乏、睡眠感喪失、睡眠醒覺節律紊亂等。

排除其他神經症、腦和軀體疾病及慢性中毒所致的神經衰弱狀態、精神分裂症早期和抑鬱症等。

理化檢查：無任何陽性體徵或陽性結果。

診斷標準及依據：根據主訴和理化檢查結果進行診斷，必須排除任何器質性和其他心身性疾病後，方可診為

本病。

【西醫治療】

＊ 一般治療：

避免精神過度緊張，注意勞逸結合，配合心理治療。

＊ 藥物治療：

抗焦慮藥物：地西泮 2.5～5 毫克，每日 3 次；多慮平每次 12.5～25 毫克，每日 2 次，羥嗪每次 25 毫克，每日 3 次。

催眠藥：可選用硝西泮 5～10 毫克；甲喹酮 0.1～0.2 克；速可眠 0.1 克，或 10%水合氯醛 10～15 毫升，睡前服。

鎮靜和調整自主神經的藥物：三溴合劑、養血安神片等可選擇使用；谷維素每次 10～20 毫克，每日 3 次。

常用西藥：

谷維素。口服每次 2 片，每日 3 次。

奮乃靜。口服每次 1 片，每日 3 次。

【中醫治療】

中醫根據症狀及脈象將本病分型，然後進行辨證論治。

◎**心脾兩虛型**：症見不易入睡，或睡中多夢、易醒，兼有心悸，神疲乏力，口淡無味；或食後腹脹，不思飲食，面色萎黃，且舌質淡苔薄白，脈細弱。適宜用補益心脾、養血安神的方法治療。

可用歸脾湯。

◎**陰虛火旺型**：症見心煩失眠，入睡困難，兼有手足心熱，盜汗，或口舌糜爛，且舌質紅，少苔，脈細數。適

宜用滋陰降火、清心安神的方法治療。

可用黃連阿膠湯合六味地黃丸加減。

◎**心腎不交型**：症見心煩不眠，頭暈耳鳴，煩熱盜汗，口乾咽燥，精神委靡，健忘，腰膝痠軟，男子滑精、陽痿，女子月經不調，且舌尖紅，苔少，脈細數。適宜用交通心腎的方法治療。

心火偏旺者可用交泰丸；心虛為主者用天王補心丹。

中醫傳統療法

★刮痧法

足部反射區有 6 個基本反射區；重點刮腦垂體、頸項、胃、十二指腸、降結腸、橫結腸、直腸、心包區點反射區。

頭部：印堂、安眠、百會、風池。

背部：大椎至命門穴，心俞至膀胱俞。

下肢：足三里、豐隆、三陰交。

【預防與保健】

放鬆心情，隨遇而安，堅持體育鍛鍊，多參加有益的社會活動，廣交朋友，培養有益身心的活動。

不吃或少吃刺激性食物。飲食以清淡並富有營養為宜。多吃新鮮蔬菜和水果。晚餐不可多吃。睡前不吃任何食物。午後至睡前避免飲濃茶、咖啡。

外科疾病

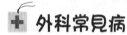外科常見病

腦震盪

本病誘因

腦震盪是一種較為輕微的腦損傷，常與意外傷害有關，一般是顱腦外傷後立即發生，腦組織無器質性損害或局部組織學改變。

【主要症狀】

有逆行性健忘，清醒後對受傷前的情況及受傷當時的經過不能回憶。常見症狀有頭痛、頭暈、噁心、嘔吐，有的還有失眠、心悸、情緒不穩、記憶和思維能力下降等。

以上症狀一般在一週左右會逐漸消失，個別人時間延長。

【就醫指南】

神經系統檢查正常，生命體徵穩定。腦脊液檢查正常，頭顱 CT 掃瞄和 MRI 檢查也無異常改變。密切觀察意識狀況、生命體徵、瞳孔變化及肢體活動情況，若有變化，應作進一步檢查。

【西醫治療】

＊可根據情況酌情給予止痛、鎮靜、止嘔和調節神經功能的藥物，如羅通定每次 30 毫克，每日 3 次；地西

泮每次 2.5 毫克，每日 3 次，維生素 B6 每次 20 毫克，每日 3 次；吡拉西坦片每次 800 毫克，每日 3 次。

【預防與保健】

應避免意外傷害，特別是在劇烈活動或對抗性比賽時，更應注意保護頭顱。

急性期發生頭痛、頭暈等症狀時，可臥床休息，減少腦力勞動，但臥床不宜時間過長。

♥ 急性乳腺炎

本病誘因

急性乳腺炎是因乳頭裂傷或乳汁瀦留後，由細菌侵入繼發感染而引起的急性化膿性炎症。中醫稱為「乳癰」。

致病菌以金黃色葡萄球菌為主。細菌自乳頭皸裂、破損處侵入，沿淋巴管蔓延至腺葉間或腺小葉間的脂肪和纖維組織中；亦可直接侵入乳腺管，逆行擴散至腺葉或腺小葉內，引起化膿感染。

乳汁瘀積是發病的另一重要原因，由於乳頭發育不良妨礙哺乳，乳管不通影響排乳，乳汁過多或嬰兒吸乳少，乳汁不能完全排空，導致乳汁瘀積。瘀積的乳汁有利於入侵細菌的生長繁殖。

本病多見於生產哺乳期的婦女，尤以初產婦為多。

【主要症狀】

最初感覺乳房脹痛，患處變硬。表面皮膚紅熱，可伴有發熱等全身表現。炎症繼續發展，則上述徵象加重，此

時疼痛呈搏動性，患者可有寒戰、高熱，脈搏加快症狀。

腫塊常在數天內軟化而形成膿腫，觸之有波動感。患側腋窩淋巴結腫大，並有壓痛。

具體來說，在不同階段其症狀也不一樣。

炎症浸潤期：乳房增大，紅腫脹痛，局部觸摸有熱、硬感，壓痛。患側腋窩淋巴結腫大、疼痛，伴有高熱、寒戰等中毒症狀。

膿腫期：乳房腫處呈持續狀啄痛，如膿腫表淺，可摸到波動感。但深部的膿腫或較肥大的乳房，常不易摸到波動感，需進行局麻穿刺方可診斷有無膿腫形成。並伴有高熱不退等症。

【就醫指南】

依據臨床典型症狀及體徵，即可診斷。

血常規檢查：白細胞總數及中性粒細胞均明顯增高。

深部腫物，應進行局麻穿刺，有助於膿腫的確診。

超音波檢查：有助於確診膿腫。

【西醫治療】

＊ 抗生素治療：

早期促使乳汁排泄通暢，熱敷患部，用青黴素 160 萬單位、0.9%氯化鈉 10 毫升、2%普魯卡因 10 毫升混合液做炎區周圍封閉，可使炎性浸潤消退。

回乳藥：

口服己烯雌酚 1～2 毫克，每日 3 次，或溴隱亭 2.5 毫克，每日 2～3 次。也可肌內注射苯甲酸雌二醇，每日 1 次，每次 2 毫克。

局部熱敷，或外敷魚石脂油膏。

＊**對症治療**：給予退熱鎮痛劑。

膿腫形成者及早切開引流，但應作放射狀切口以免損傷乳管，將膿腫內間隔分開，膿腫大者作對口引流。

如多個膿腔，應分開膿腔間隔，必要時採取多個切口的方法引流。

【中醫治療】

中醫根據症狀及脈象將本病分型，然後進行辨證論治。

本病屬中醫「乳癰」範疇，可分以下 3 型辨證治療。

◎**初期**：症見乳房腫脹疼痛，皮膚微紅，乳汁不暢，伴有惡寒發熱、頭痛、胸悶，且舌苔薄黃，脈弦數。適宜用疏肝清熱、通乳消腫的方法治療。

可用中成藥：牛黃解毒丸、銀翹解毒丸合四逆散或柴胡疏肝丸等。外敷金黃膏、玉露膏。

◎**成膿期**：症見寒熱持續，乳部紅腫瀰漫，疼痛劇烈，繼則腫塊中央變軟，按之有波動感，且舌苔厚黃，脈象弦數。適宜用清熱解毒、托裡透膿的方法治療。

可用中成藥：乳瘡丸、連翹敗毒丸、清胃黃連丸等。外敷金黃膏、三黃膏。

◎**潰後期**：症見膿腫破潰，排出膿液，熱退身涼，腫消痛減，殘餘創面，面色少華，且舌紅苔薄白，脈沉細。適宜用調補氣血、清解餘毒的方法治療。

可用中成藥：八珍丸或人參養榮丸，與四妙丸合服。外敷祛腐生肌散、生肌玉紅膏。

中藥方劑治療。

初期：

【*治法*】疏肝清胃，通乳消腫。

【方藥】柴胡 10 克、黃芩 10 克、半夏 10 克、牛蒡子 10 克、連翹 15 克、山梔子 10 克、夏枯草 15 克、瓜蔞 15 克、金銀花 30 克、天花粉 15 克、當歸 15 克、漏蘆 10 克、王不留行 10 克。

氣鬱胸悶者，加川楝子 10 克、枳殼 10 克。

惡露未盡者，除山梔子、夏枯草外，加益母草 30 克、川芎 10 克。

回乳加焦山楂 10 克、炒麥芽 30 克。

乳房腫痛甚者，加乳香、沒藥各 5 克、赤芍 15 克。

成膿期：

【治法】清熱解毒，托裡透膿。

【方藥】金銀花 20 克、連翹 15 克、蒲公英 30 克、地丁 20 克、當歸尾 10 克、生黃蓍 20 克、川芎 10 克、炮甲片 10 克、丹參 20 克、生石膏（先煎）20 克、皂角刺 10 克、柴胡 10 克。

潰後期：

【治法】益氣和血，驅除餘邪。

【方藥】黃蓍 20 克、當歸 10 克、黨參 15 克、生白朮 10 克、赤白芍 10 克、生香附 10 克、甘草 10 克、金銀花 20 克、紅藤 15 克、川芎 10 克、丹參 20 克、鹿角霜（先煎）30 克、柴胡 10 克、枳殼 6 克。

⋯⋯⋯⋯⋯⋯中醫傳統療法⋯⋯⋯⋯⋯⋯

★按摩法

點按內關、合谷、肩井穴。點按的力量要大，每穴 1～3 分鐘。

揉摩腫塊：自乳房外周開始向乳頭方向揉摩（在腫塊周圍重點揉摩），以局部變軟為度。每次 15 分鐘，每日 2 次。

【預防與保健】

日常預防：避免乳汁瘀積，防止乳頭損傷，並保持其清潔。乳頭內陷者可經常擠捏、提拉矯正（個別需手術矯正）。

哺乳期應保持乳頭清潔，每次餵完奶應將乳汁吸空。如吸不空或有奶脹感，應用手擠或用吸乳器排空。

要養成定時哺乳、不讓嬰兒含乳頭而睡的良好哺乳習慣。每次哺乳應將乳汁吸空，如有瘀積，可藉助吸乳器或按摩幫助排出乳汁。

哺乳後應清洗乳頭。

乳頭如有破損皸裂，要及時治療，注意嬰兒口腔衛生，及時治療其口腔炎症。

飲食調理：飲食宜清淡而富含營養，多吃清涼之品，如番茄、青菜、絲瓜、黃瓜、菊花腦、茼蒿、鮮藕、荸薺、海帶、紅小豆湯、綠豆湯等，水果中宜食橘子、金桔餅等。忌食生冷、辛辣刺激、葷腥油膩的食物。

精神調理：保持心情舒暢，調整心態，積極配合治療。

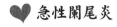 **急性闌尾炎**

本病誘因

急性闌尾炎是由於各種原因引起的闌尾急性化膿性感染。其病因可由闌尾腔梗阻、細菌感染等引

起，常見的致病菌為大腸桿菌、腸球菌和厭氧菌。闌尾腔梗阻以後，黏液在腔內瘀積。

原存在於腔內有毒力的細菌繁殖，從而引起炎性病變。也有人認為並非原存在於腔內的細菌繁殖，而是鄰近器官或血液、淋巴液中的細菌從外而來侵襲闌尾，引起炎症。

【主要症狀】

典型症狀

典型的急性闌尾炎表現為突然發作的上腹部或臍周圍疼痛，接著出現短暫的噁心和嘔吐。

幾小時後，疼痛轉移至右下腹。右下腹可有壓痛和反跳痛，咳嗽時有侷限性疼痛，低熱。

分類症狀

臨床分為單純性、化膿性、壞疽穿孔性闌尾炎。單純性闌尾炎為輕度隱痛和鈍痛。

化膿性伴梗阻的闌尾炎多呈陣發性劇痛或脹痛。壞疽性闌尾炎開始呈持續性的重度跳痛，後出現程度較輕的持續性脹痛，隨後出現全腹疼痛，仍以右下腹為主。

盆腔位闌尾炎或盆內積膿可有裡急後重感。

全身症狀

初期頭痛、乏力、咽痛，體溫多正常，或有微熱。以後可有出汗、口渴、尿黃、脈速、發熱及虛弱等症狀。若出現寒戰、高熱、黃疸，則提示伴化膿性門靜脈炎。

急性闌尾炎可併發腹腔膿腫，內、外瘻形成、門靜脈

炎等。

【就醫指南】

患者多為青壯年，尤以 20～30 歲發病率最高，男性較女性為多，其比例為 2：1～3：1。70%～80%的患者腹痛開始於上腹部或臍周圍，經數小時或十幾個小時後轉移至右下腹，並轉為持續性，多伴噁心、嘔吐。

右下腹部的壓痛固定，尤當腹痛症狀尚在上、中腹時，壓痛已固定於右下腹部，並出現腹肌緊張和反跳痛等胸膜刺激徵。

如身體肥胖或闌尾位於盲腸後側、盆腔等處時，腹部壓痛可不甚明顯。重者可有反跳痛，腹肌緊張，腰大肌試驗陽性，閉孔肌試驗陽性，直腸指診右前上方有觸痛。如已形成炎性包塊、膿腫時，則可觸及有壓痛的包塊。

結腸充氣試驗陽性。白細胞和中性粒細胞增高，尿中可有白細胞、紅細胞。

在闌尾炎的早期，X 光、超音波和 CT 檢查基本上不能提供診斷幫助，銀劑灌腸是危險的。

在疾病的晚期，超音波和 CT 的檢查對膿腫的診斷很有幫助，盆腔和膈下的區域可進行腹腔鏡檢查。注意與盆腔、結腸及消化道其他急腹症的鑑別。

【西醫治療】

＊抗生素治療：慶大黴素 8 萬單位肌內注射，每日 2 次，或卡那黴素 0.5 克肌內注射，每日 2 次；或頭孢類抗生素，如頭孢噻肟鈉每次 1.0 克，每 12 小時 1 次，可肌內注射、靜脈注射，先鋒必素 1～2 克/次，12 小時 1 次，可肌內注射、靜脈注射、靜脈滴注。嚴重感染可增至每日

8～12 克。可加用甲硝唑。

　　＊ 急性闌尾炎的治療以手術切除闌尾為主。

　　＊ 化膿性或壞疽性闌尾炎、闌尾炎穿孔伴瀰漫性腹膜炎、復發性闌尾炎、急性單純性闌尾炎、炎症不能控制的闌尾周圍膿腫、闌尾膿腫在非手術療法或引流後，經2～3 個月可擇期進行闌尾切除術。

【中醫治療】

　　中醫根據症狀及脈象將本病分型，然後進行辨證論治。

　　◎熱毒期：症見腹痛劇烈，腹肌緊硬，腫塊拒按，大便秘結，壯熱煩躁，且舌質絳紅、苔焦黃，脈滑數。適宜用通腑排膿、養陰清熱的方法治療。

　　【參考方藥】生大黃 9 克（後下）、芒硝 9 克（沖服）、枳實 9 克、虎杖 10 克、厚朴 9 克、玄參 12 克、生地 12 克、牡丹皮 10 克、生薏苡仁 30 克、木香 10 克、敗醬草 15 克、人工牛黃 1 克、桃仁 9 克。

　　◎蘊熱期：症見右下腹痛劇烈，少腹硬滿拒按，可摸到腫塊，壯熱便秘，嘔惡腹脹，且舌質紅、苔黃厚膩，脈洪數。適宜用通腑洩熱、解毒透膿的方法治療。

　　【參考方藥】紫花地丁 15 克、金銀花 15 克、紅藤 15 克、乳香 9 克、冬瓜仁 20 克、沒藥 9 克、生大黃 9 克、赤芍 12 克、玄胡 9 克、連翹 12 克、敗醬草 15 克。

　　◎瘀滯期：症見右下腹疼痛，陣發性加劇，痛有定處，發熱，噁心嘔吐，腹脹便秘，且舌苔薄黃，脈弦數。適宜用通裡攻下、解毒行瘀的方法治療。

　　【參考方藥】生大黃 9 克（後下）、牡丹皮 12 克、芒

硝 9 克（沖）、生薏苡仁 15 克、桃仁 9 克、冬瓜仁 30
克、敗醬草 15 克、紅藤 15 克、蒲公英 15 克、丹參 12
克、木香 9 克。

【預防與保健】

日常預防：飲食有節，避免暴飲暴食或食後劇烈運
動，加強體育鍛鍊，增強體質，預防腸道寄生蟲感染。

飲食調理：患者飲食保持清淡，多吃富含纖維的食
物，以使大便保持通暢。一般來講，對於溫熱性質的動物
肉如羊、牛、狗肉應該節制，而蔥、薑、蒜、辣椒也不宜
多吃。對於那些具有清熱解毒利濕作用的食物，如綠豆、
豆芽、苦瓜等可以擇而食之。

 膽石症

本病誘因

膽石症是結石停留在膽管系統內所形成的疾
病，包括膽囊結石和膽管結石，是膽管系統最常見
的疾病。

膽石症的形成與膽管蛔蟲、膽管感染、代謝障
礙、膽汁淤滯及自主神經功能紊亂等因素有關。

膽結石按其主要成分可分為膽色素、膽固醇及
混合性 3 類。

膽囊結石多為膽固醇或者以膽固醇為主的混合
性結石。

膽管結石多為膽紅素結石或以膽紅素為主的混
合性結石。

【主要症狀】

典型症狀：

膽石症急性發作時，以急性腹絞痛起病，疼痛侷限於右上腹，且進行性加重並常向右肩胛下放射，常伴有噁心、嘔吐、發熱、黃疸等症狀。慢性膽囊炎、膽石症可有右上腹不適或疼痛，伴有噯氣、腹脹、噁心、厭油膩等消化道症狀。

分類症狀：

因結石部位不同，不同類型的膽石症症狀也有差異。

膽總管結石：症狀發作時劍突下陣發性絞痛、寒戰高熱和黃疸。由於結石的移位或排出，症狀可緩解。這種間歇性症狀是肝外膽結石的特點。

膽囊結石：可無症狀或有上腹不適、飯後飽脹、厭食油膩等。結石嵌頓在膽囊頸管時引起絞痛發作，不伴炎症者在結石移動後症狀緩解。也可長期阻塞膽囊管而形成膽囊積水，可觸及無明顯觸痛的腫大膽囊。若有感染可引起急性膽囊炎。

肝內膽管結石：可無症狀或有肝區經常脹痛不適，可表現為劍突下陣發性絞痛、寒戰、高熱和黃疸三聯症反覆發作，肝腫大，有壓痛。

【就醫指南】

相關臨床症狀及體檢時有膽囊區壓痛，右側腹肌緊張，莫非氏徵陽性可初步診斷。肝膽同位素掃瞄、肝膽管造影和超音波檢查，可以確診。

本病應與膽管蛔蟲、胃十二指腸穿孔、急性胰腺炎、肺炎、胸膜炎相鑑別。

【西醫治療】

＊ 控制感染：

青黴素 80 萬單位肌內注射，每日 4 次。嚴重感染用慶大黴素 16 萬～24 萬單位，氫化可的松 100～300 毫克加於 5%葡萄糖液中靜脈滴注。

＊ 解痙止痛：

顛茄合劑 10 毫升，每日 3 次，或阿托品 0.5 毫克肌內注射，33%硫酸鎂 10 毫升，每日 3 次。

＊ 藥物溶石：

鵝去氧膽酸，每日 15 毫克/公斤，療程 9～12 個月。

【中醫治療】

本病屬於中醫「脅痛」「黃疸」等病範疇。

中醫根據症狀及脈象分型，然後進行辨證論治。

◎**肝膽濕熱型**：症見右上腹劇烈痛急發，甚則脅下觸及包塊，胸腹滿痛，噁心，嘔吐黃苦水，惡寒發熱，口渴不欲飲，小便赤黃，大便不爽或現黃疸，且舌紅苔黃膩，脈弦滑或弦數。適宜用清熱利濕、疏肝利膽的方法治療。

【參考方藥】茵陳 12 克、梔子 10 克、生大黃 10 克、龍膽草 10 克、柴胡 10 克、黃芩 10 克、木通 8 克、澤瀉 10 克、生甘草 6 克、枳殼 10 克、鬱金 10 克、車前子 10 克。

◎**熱毒熾盛型**：症見除具有肝膽火熱、濕熱症外，且有右脅劇痛難忍拒按，喜右側蜷臥，高熱寒戰，煩躁不安等。熱入營血，則可神昏譫語，痙厥，甚至鼻衄、嘔血、黑便、尿血、肌膚出血，且舌質紅絳、苔黃燥，脈滑數或弦數。適宜用清熱解毒、涼血開竅的方法治療。

可用中成藥：清開靈 20 毫升，加於 5%葡萄糖液 1000 毫升中靜脈滴注。

【參考方藥】金銀花 15 克、蒲公英 12 克、野菊花 10 克、紫花地丁 10 克、紫草 10 克、連翹 12 克、魚腥草 10 克、黃芩 10 克、柴胡 10 克、梔子 10 克、羚羊角 3 克、人工牛黃 1 克、茵陳 12 克、鬱金 10 克、生大黃 10 克。

◎肝膽氣滯型：症見右脅脹痛或竄痛，脘腹痞滿，胸悶不舒，噯氣欲嘔，不思飲食，大便稀薄，口苦咽乾，且舌邊尖紅、苔薄白或薄黃，脈弦緩或弦細。適宜用疏肝解鬱、理氣止痛的方法治療。

可用中成藥：消炎利膽片。

【參考方藥】柴胡 10 克、白芍 12 克、枳實 10 克、川芎 10 克、陳皮 10 克、香附 10 克、生甘草 6 克、蒲公英 10 克、鬱金 10 克。

◎肝膽火熱型：症見右脅灼痛拒按，脘腹脹滿，寒熱往來，口苦咽乾，心煩欲嘔，不欲飲食，便秘尿赤，或目黃、身黃，且舌紅苔黃燥或有芒刺，脈弦滑數或洪數。適宜用通腑洩熱、疏肝利膽的方法治療。

【參考方藥】黃連 10 克、黃芩 10 克、蚤休 10 克、梔子 10 克、柴胡 10 克、生大黃 10 克、蒲公英 10 克、半夏 10 克、枳實 10 克、木香 10 克、白芍 10 克、甘草 6 克。

【預防與保健】

日常預防：生活規律，避免過度疲勞，室內工作者及身體肥胖者應加強戶外活動，如做體操、跑步、散步、跳繩等。

情志失調導致神經功能紊亂及膽汁淤積，是本病形成的因素之一。因此，保持情緒樂觀、心胸開朗對於預防本病及減少復發具有積極意義。

飲食調理：膽為消化器官，因此本病飲食調理十分重要，一般應注意如下幾點：

注意飲食規律，定時定量，提倡少吃多餐。

注意飲食結構，控制脂肪及膽固醇食物，如肥肉、動物油、動物腦、動物內臟、魚子、蛋黃等。宜多吃蘿蔔、青菜、豆類。發作期應採用高碳水化合物、低脂流食，如米湯、稀飯、藕粉、豆漿、杏仁茶等。不可飲酒，少吃辛辣、油炸之物。

注意飲食衛生，積極防止腸道感染，降低膽石症的發病率。

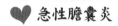 急性膽囊炎

本病誘因

膽囊炎根據病程長短分為急性膽囊炎和慢性膽囊炎。急性膽囊炎即膽囊壁的急性炎症反應；慢性膽囊炎除相關炎症反應外，在病理學上表現為膽囊壁增厚、纖維化和膽囊收縮。兩者均與膽囊結石密切相關。急性膽囊炎是細菌感染所引起的膽囊急性炎症。膽石症、膽管阻塞、膽管蛔蟲症、創傷和化學刺激等是常見原因。致病菌主要為大腸桿菌、產氣桿菌和綠膿桿菌等。

【主要症狀】

突然發作性上腹絞痛，後右上腹絞痛持續加重，可向右肩部放射，常伴噁心、嘔吐。

惡寒、發熱，少有寒戰。10%～20%患者出現輕度黃疸。

食慾不振、腹脹等，可反覆發作，多在冬秋之交。脂肪攝入過多、吃得過飽、過勞、受涼等易誘發。膽囊結石引起者，夜間發病為其特點。

【就醫指南】

體徵：發熱，體溫在 38℃左右。右上腹壓痛、肌緊張或反跳痛，部分患者可觸及壓痛、腫大的膽囊。

實驗室檢查：白細胞總數＞10×10^9/升，中性粒細胞＞70%。

輔助檢查：

①超音波示膽囊增大、壁厚＞3.5 毫米，膽囊內可出現光團聲影，動態觀察膽囊呈進行性擴大、壁變厚。

②腹部 X 光片顯示腫大的膽囊影，約 20%患者見陽性結石，反射性腸鬱積徵。

③靜脈膽管造影顯示膽管、膽囊不顯影。

【西醫治療】

＊補液以糾正水、電解質失衡。使用廣譜抗生素。

＊如伴心功能不全或糖尿病，則應用保護心功能藥物及胰島素治療。

＊急性單純性膽囊炎可先用中西醫結合非手術治療以控制感染，待症狀緩解後再進一步查明病情，有計劃地擇期手術。

急性膽囊炎可分為單純性、化膿性及壞疽性膽囊炎。

對於化膿性及壞疽性膽囊炎如病情允許而無禁忌證時，應儘量施行膽囊切除術。

如病情危重，或合併有其他器官功能疾患又不能耐受較複雜的手術時，可先行膽囊造瘻術，至於根治清除病灶則留待日後處理。

【中醫治療】

急性膽囊炎的中醫藥治療可按不同類型辨證論治。

◎**氣鬱型**：症見右脅絞痛或竄痛，或脅脘隱痛，脹悶感，牽扯肩背。常伴有口苦、咽乾、頭暈、食少等少陽證。一般無寒熱或黃疸，且舌尖微紅，舌苔薄白或微黃，脈弦緊或弦細。適宜用疏肝理氣、緩急止痛的方法治療。可用清膽行氣湯。

◎**濕熱型**：症見右上腹持續性脹痛，向右肩背放射，右上腹部肌緊張、壓痛，有時可摸到腫大的膽囊。伴有往來寒熱，口苦，咽乾，噁心嘔吐，不欲飲食，身目發黃，大便秘結，小便少而黃濁，且舌質紅，苔黃膩，脈弦滑或弦數。適宜用疏肝利膽、清熱利濕的方法治療。可用清膽利濕湯。

◎**實火型**：症見腹痛劇烈，持續不解，範圍廣，腹肌強硬，壓痛、反跳痛，或有包塊。高熱不退，面紅目赤，口乾唇燥，全身深黃，大便乾結，小便少，色深如茶，甚者可神昏譫語，四肢厥冷，皮膚瘀斑，鼻衄齒衄，且舌質紅絳，舌苔黃燥，或起芒刺，脈弦滑而數，或沉細而弱。適宜用疏肝利膽、清熱瀉火的方法治療，可用清膽瀉火湯。

★拔罐法

背部：曲垣、膈俞、肝俞、膽俞。

胸腹部：日月、梁門、太乙、章門。

下肢部：足三里、膽囊穴。

【預防與保健】

日常預防：合理飲食，避免情志刺激。積極防治腸道蛔蟲病。

對症調理：對肝膽氣鬱證患者，由於症狀不明顯而容易疏忽大意。故應鼓勵其堅持治療，並做到飲食有節、起居有常、寒溫適度。

肝膽濕熱證患者正值急性發作期，故需嚴密觀察血壓、脈搏、體溫，尤其是脅脘腹部的疼痛等病情變化。

對肝膽膿毒患者，則需積極糾正其全身情況，休克患者還應進行休克護理，並做好手術前後護理，注意各種引流管通暢及其流量和內容等。

慢性膽囊炎

本病誘因

慢性膽囊炎常因膽囊結石的存在而發生，在反覆發作的患者中約 70% 有膽囊結石。

也可為急性膽囊炎的後遺症，或因膽固醇代謝紊亂而引起。

輕者膽囊壁增厚和纖維組織增生；重者膽囊壁顯著增厚，囊腔變小，功能失常。

　　其他如膽汁代謝失常、膽管梗阻、膽汁理化狀態改變、膽石形成等，使膽囊黏膜長期受到刺激引起慢性炎症，也是導致本病發生的常見因素。

【主要症狀】

　　本病往往缺乏典型症狀，有些患者有類似胃病的表現，有上腹疼痛、噯氣、呃逆、厭食油膩食物、胃口差等消化不良症狀；有些似慢性肝炎症狀，有肝區、右上腹鈍性隱痛，常牽涉到肩背或腰部。

　　上述症狀時隱時現，每因進食油膩加重。

　　若因膽管梗阻而引起急性膽囊炎時，可出現膽絞痛、發熱或黃疸等表現。

【就醫指南】

　　病史：大多數患者既往有膽絞痛或急性膽囊炎發作史。多數為膽囊功能紊亂，常表現有消化不良、不耐脂肪飲食，類似「胃病」病史可長達數年或數十年。

　　體徵：右上腹有輕度壓痛。如炎症波及膽管引起梗阻時，可觸到腫大膽囊，但可無明顯壓痛。

　　X 光檢查：腹部平片約 10%的患者顯示膽囊結石和鈣化膽囊。

　　膽囊造影：可發現膽囊縮小或變形、膽囊結石、膽汁濃縮和排空不良等徵象。

　　超音波檢查：可揭示膽囊大小及囊壁厚度、膽囊內結

石（陽性率在 90%以上）和膽囊功能失調。

【西醫治療】

＊消炎藥：

四環素：0.25 毫克，片劑，每次 2 片，每日 3 次。不宜長期服用。

氯黴素：0.25 克，片劑，每次 2 片，每日 3 次。可引起胃腸反應、過敏反應，對骨髓有毒性作用，不宜久服。此外，也可選用其他抗生素類，如卡那黴素等肌內注射，以儘快控制感染。

＊利膽藥：

苯丙醇：0.1 克，膠囊，每次 1～2 丸，每日 3 次，飯後服。

膽酸鈉：0.2 克，膠囊，每次 1 丸，每日 2 次。總膽管阻塞時忌用。

去氫膽酸：0.25 克，片劑，每次 1 片，每日 3 次。膽管完全阻塞和嚴重肝、腎功能障礙者忌用。

硫酸鎂：50%溶液，每次 10 毫升，每日 3 次。嘔吐、便溏患者不宜服用，孕婦、婦女月經期、急腹症及有腸出血可能性者均屬禁忌。

＊解痙止痛藥（疼痛嚴重時選用）：

丙胺太林：15 毫克，片劑，每次 1～2 片，每日 4 次。青光眼患者忌用。

顛茄：複方片，每次 1～2 片，每日 3 次。青光眼、前列腺肥大和急腹症診斷未明時慎用或忌用。

硝酸甘油：0.5 毫克片劑，每次 1～2 片，舌下含服。可用於膽絞痛發作時。青光眼、低血壓、腦出血、顱內壓

增高者忌用。

＊凡經藥物等非手術治療無效，且病情不斷發展，影響生活和工作者，可考慮手術切除膽囊，如採用腹腔鏡進行膽囊切除。

手術原則為進行膽囊切除術，如合併膽管結石可進行膽總管切開取石、T管引流等相應處理。

【中醫治療】

中醫根據症狀及脈象將本病分型，然後進行辨證論治。本病屬中醫之「脅痛」「肝膽氣結」等範疇。可分以下兩型辨證施治。

◎**肝膽氣結型**：症見右上腹間歇性悶痛或隱痛，並放射右腰背部，常有口苦，噁心，食慾不佳，或食後脘痞，每因進食油膩而諸症加重，且舌淡，邊尖多紅，苔薄白或微黃，脈弦。適宜用疏肝利膽散結的方法治療。

可用消炎利膽片、肝膽炎片、利膽片等。

◎**膽胃不和型**：症見胸脅脹滿，噯氣頻作，噁心嘔逆，口苦納呆，大便不調，右上腹時有隱痛，每遇情志不遂則諸症加重，且舌淡紅，苔薄白，脈弦。適宜用疏肝利膽和胃的方法治療。

可用逍遙丸、四逆散、保和丸、木香順氣丸等。

併發結石的患者可配合服用膽石通、利膽排石片等。

⋯⋯⋯中醫傳統療法⋯⋯⋯

★拔罐法

背部：曲垣、膈俞、肝俞、膽俞。

胸腹部：日月、梁門、太乙、章門。

下肢部：足三里、膽囊穴。

．．．．．．．．．．．．．．．．．．．．．．．．．．．．．．．．．．．

【預防與保健】

日常預防：早起早睡，生活要有規律，避免過度勞累。病情穩定期，可適當開展戶外體育鍛鍊。

注意氣候變化，防止因受寒而引起疾病發作。

同時還要保持心情舒暢，避免情志刺激，戒怒戒躁，以免引起膽功能失調。

飲食調理：慢性膽囊炎常因進食油膩而誘發，因此平時要適當節制飲食，尤其要避免高脂肪飲食。可以適當使用素油烹調，如菜籽油、豆油，應忌油膩，吃容易消化的低脂肪流質食品。一些脂肪成分較高的食品，如牛奶、奶粉、麥乳精、雞蛋、鴨蛋等，在發病期間最好不吃或少吃。

慢性膽囊炎如能積極治療，大部分患者的病情能夠得到控制。部分患者因治療不徹底或機體抵抗力降低，可引起反覆發作。

少數長期慢性膽囊炎及合併膽管結石阻塞的患者，可引起急性胰腺炎或膽汁性肝硬化的發生。

♥ 前列腺增生

本病誘因

前列腺肥大又稱前列腺增生或前列腺良性肥大，是一種老年男性的常見病。

一般認為前列腺增生與性激素的代謝有密切關係，隨著年齡的增長，睪丸功能逐步衰退，一些原

來在前列腺內並不太多的雙氫睾丸酮的數量會驟然增加，這一過量的激素會刺激前列腺組織的增生。

另外，性生活過度、前列腺與泌尿道梗阻、酗酒、過多食用刺激性食物及睾丸病變等因素也與本病的發病有關。

【主要症狀】

前列腺肥大一般在 50 歲之後發生，當前列腺肥大不引起梗阻或梗阻較輕時，可全無症狀。當梗阻達到一定程度時，才出現明顯的臨床症狀。

尿頻、尿失禁、排尿困難、血尿、尿瀦留。

晚期患者，上述症狀發展到一定程度後，尿液無法從膀胱排出，便可出現急性尿瀦留。亦可因受寒、飲酒、疲勞、房事等，使本來已增生的前列腺進一步充血、水腫而加重，或者出現併發感染或尿毒症、脫肛、便血、肺氣腫等。

典型症狀分述如下：

尿頻：多為早期症狀，患者白天排尿 6～7 次，晚間 4～6 次，排尿時間延長，但多不伴有尿急及尿痛。

排尿困難：隨著前列腺腺體肥大程度的加重，尿液受阻現象也逐漸加重，患者排尿困難、費力、時間長，尿的射程短，尿線變細，終至不能成線而點滴排出。

尿瀦留：尿瀦留可能由於寒冷、飲酒或受其他刺激後突然發生，患者有下腹部膨脹、疼痛、尿急的感覺，但尿液不能排出。

尿失禁：屬充盈性尿失禁，即膀胱內尿液太多，超過

了膀胱的容量，尿液從尿道口自動溢出。

增生的前列腺使位於前列腺內的尿道延長、受壓、變形、阻力增加，引起排尿障礙，重者可導致膀胱、輸尿管擴張，甚至腎積水和腎功能衰退，亦有因尿毒症死亡者。

若併發泌尿系統感染，可出現發熱、腰痛、尿頻、尿急、尿痛等；長期慢性嚴重的尿路梗阻，可引起嚴重腎積水，會出現神疲乏力、食慾不振、面色無華、頭暈等慢性尿中毒症狀。

【就醫指南】

體徵：肛門指診，前列腺體有不同程度的增大，腺體表面較光滑，質中等硬度，邊界較清楚，中央溝變淺或消失，多數無觸痛，有時也可觸到結節。

超音波檢測：前列腺體增大。

殘餘尿測定：正常膀胱的殘餘尿量小於 10 毫升，前列腺增生時，殘餘尿量增加，有人將殘餘尿量多於 60 毫升作為手術的指徵之一。

【西醫治療】

＊ 抗雄激素藥物：己烯雌酚，口服，每次 1 毫克，每日 2～3 次，4 週為 1 個療程。不良反應有噁心、嘔吐，男子乳房發育、陽痿。

＊ a-受體阻滯劑：特拉唑嗪，首劑 1 毫克，睡前服，以後每日 2～4 毫克，早晚服。

＊ 5- a 還原酶抑製劑：非那雄胺，每日 5 毫克，6 個月為 1 療程。

＊ 特異性阻斷雄性激素 DHT 和前列腺激素受體製劑：舍尼通，每日 750 毫克，連服 6 個月。

＊手術方法目前普遍應用的有 4 種：經尿道前列腺切除術，恥骨上經膀胱前列腺切除術，恥骨後膀胱外前列腺切除術，經會陰前列腺切除術。

【中醫治療】

中醫根據症狀及脈象將本病分型，然後進行辨證論治。

◎腎陽虛衰型：症見排尿困難，滴瀝不暢，白晝小便頻數，尿色清白，神疲倦怠，腰冷膝軟，陰囊或陰莖冷縮，口不渴，且舌淡苔薄或白，舌體胖嫩，脈沉細。適宜用溫補腎陽、化氣行水的方法治療。

【參考方藥】車前子（包煎）、仙茅、仙靈脾、山藥各 10 克，製附子 5 克，肉桂 3 克，鹿角片 6 克。

◎肝鬱氣滯型：症見小便不通，胸脅脹滿，少腹脹滿，心煩善怒，且舌紅苔薄黃，脈弦數。適宜用疏肝解鬱、通利水道的方法治療。

【參考方藥】柴胡、白芍、冬葵子、當歸、王不留行各 10 克，沉香 6 克，金錢草 30 克。

◎瘀血內阻型：症見尿如細線或尿流分叉，排尿時間延長，或排尿分幾段排出，尿道澀痛，會陰脹滿，且舌質紫暗邊有瘀斑、苔白膩，脈澀。適宜用活血化瘀、通利小便的方法治療。

【參考方藥】桃仁、蘇木、白芍、熟地各 10 克，川芎、紅花各 5 克，水蛭 3 克。

◎中氣不足型：症見有尿意而難解或點滴排出，甚至不通，少腹墜脹，面色萎黃，氣短懶言，食入則脹，且舌淡胖苔白、邊有齒痕，脈沉弱。適宜用補中益氣、通調水

道的方法治療。

【參考方藥】黨參、炙甘草、白朮、當歸、茯苓各 10
克，升麻、柴胡各 5 克，陳皮 6 克，生黃蓍 20 克。

·········中醫傳統療法·········

★拔罐法

背部：命門、上 、次 、膀胱俞。

腹部：關元、中級。

下肢部：陰陵泉、三陰交、太谿。

【預防與保健】

加強體育鍛鍊，提高抵抗疾病的能力。

注意調節情志，要保持心情舒暢，避免憂思煩惱，另
外切忌縱慾房勞。注意調節飲食，不要過食肥甘刺激之
物，以免濕熱內生。

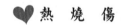 普通外科疾病

♥ 熱　燒　傷

本病誘因

熱燒傷是指單純高溫造成的燒傷。一般因火
焰、熱水及蒸氣所致。

【主要症狀】

一般輕微燒傷出現紅腫、起疱等症狀。

大面積的燒傷除造成人體皮膚損傷之外，還會造成循

環系統、多臟器功能、免疫系統、機體代謝、電解質平衡等一系列紊亂和功能障礙。可併發休克、膿毒血症、肺部感染和急性呼吸衰竭、急性腎功能衰竭、應激性潰瘍和胃擴張、腦水腫或肝壞死等。

【就醫指南】

有接觸火焰、熱水及蒸汽病史。

按燒傷深度分類診斷：

Ⅰ度（紅斑型）：損傷表皮層，主要表現為皮膚紅斑，輕度紅、腫、熱、痛，感覺過敏，無水疱，乾燥。

Ⅱ度（水疱型）：分兩個亞型。淺Ⅱ度損傷真皮淺層，劇痛，感覺過敏，有水疱，明顯水腫。深Ⅱ度損傷真皮深層，滲出，基底較濕，有紅色出血點，痛覺遲鈍。

Ⅲ度（壞死型）：損傷皮膚全層或皮下組織或更深，皮革樣，蠟白或焦黃，感覺消失，可出現樹枝狀靜脈栓塞。

按嚴重程度分類診斷：

輕度燒傷：Ⅱ度燒傷面積在 9%以下。

中度燒傷：Ⅱ度燒傷面積 10%～29%，或Ⅲ度燒傷面積不足 10%。

重度燒傷：Ⅱ度燒傷面積 30%～49%，或Ⅲ度燒傷面積 10%～19%。

特重燒傷：總面積在 50%以上，或Ⅲ度燒傷面積在 20%以上。

【西醫治療】

＊包紮療法：

創面清創後放一層油紗布，外用吸水性較強的敷料包

絮,壓力適中。如創面在肢體,應保持功能位。敷料濕透或疼痛、發熱時,應在無菌條件下更換敷料。創面與敷料貼緊或乾燥,多表示無感染,敷料不必揭開。

＊ 半暴露療法:

清創後創面覆蓋一層凡士林油紗條或抗生素紗布,暴露在清潔環境中,如紗布上有分泌物,定期更換敷料。

＊ 暴露療法:

對於Ⅱ度燒傷創面,清除後暴露在清潔的環境中,在適當的溫度下,受壓部位創面放在消毒布單或紗布上,定時更換體位,保持創面乾燥,可用紅外線烤燈照射,創面可不用藥物,待創面結痂和痂下癒合。

＊ 局部用藥:

較常用藥物有 0.5%硝酸銀溶液,10%磺胺滅膿冷霜、1%磺胺嘧啶銀。

創面生物敷料:生物敷料中以自體皮覆蓋清創後的新鮮創面效果最佳,異體皮次之,人造皮效果較差。

＊ 削痂處理:

自然脫痂:自然脫痂適用於早期未能切痂或不利於切痂部位。任焦痂自落,逐漸剪除,保護和清理暴露的肉芽創面,適時植皮。

手術削痂:適用於深Ⅱ～Ⅲ度燒傷創面,早期削除壞死焦痂應以顯露新鮮有活力組織為目的,適時植皮。

＊ 補液治療:

補液治療可分以下 3 個階段:

傷後第 1 個 24 小時內補液量=體重（公斤）×燒傷面積（平方米）×1.5 毫升（額外丟失量）＋2 000 毫升（基

礎需要量）。

總液量中 2 000 毫升的基礎需要量給予 5% 葡萄糖液，其餘 2/3 量給予晶體液，1/3 量給予膠體液。總液體的 1/2 量應在傷後第一個 8 小時輸入，剩餘的 1/2 量在以後 16 小時內輸入。

第 2 個 24 小時給液量 2 000 毫升基礎需要量同前，晶體液和膠體液量分別為第 1 個 24 小時晶體、膠體量的一半。

第 3 個 24 小時及以後的輸液，根據每個患者的具體情況調整，如觀察尿量、尿相對密度、脈搏、血壓、表淺靜脈充盈情況、測中心靜脈壓及各項化驗指標等，根據患者表現判斷補液效果。

＊ 抗生素治療：

大面積燒傷後的感染極其嚴重，在整個創面存在過程中暴發性敗血症一直威脅著患者，全身應用有效的抗生素極為重要。

最好定期行創面細菌培養或血細菌培養和藥敏試驗，有針對性地應用抗生素。

同時，給予止痛和預防注射破傷風抗毒素等。

【中醫治療】

以清熱解毒、涼血滋陰、益氣養血等方法進行辨證論治。

【預防與保健】

平時應避免接觸燒傷源，必須接觸時應做好安全防護，時刻注意安全。

病期要加強護理，減少併發症和後遺症，尤其是特殊

部位，如頭、面、頸部燒傷，手燒傷，吸入性呼吸道燒傷及眼、耳部燒傷，護理十分重要。

預防肺炎、急性腎衰、化膿性血栓靜脈炎、應激性潰瘍及多臟器功能衰竭等併發症。

這是大面積燒傷患者整個治療過程中均應注意的重要環節，應做到及早發現，及早處理。

♥ 化學燒傷

本病誘因

化學燒傷包括酸燒傷、鹼燒傷和磷燒傷等。

由於日常生活中較多接觸強酸和強鹼，所以只介紹酸燒傷和鹼燒傷。

【主要症狀】

酸燒傷：

高濃度強酸如硫酸、硝酸、鹽酸可使組織細胞脫水、蛋白變性、沉澱、凝固，迅速形成的結痂起到限制其向深部侵蝕的作用。

鹼燒傷：

強鹼如氫氧化鈉、氫氧化鉀等能使組織細胞脫水，還與蛋白形成可溶性鹼蛋白，脂肪皂化，故致使損傷繼續向深部組織發展。

【西醫治療】

＊酸燒傷時，急救可用大量清水沖洗傷處，保持局部清潔乾燥，待其痂下癒合或切痂植皮。

＊特殊酸類燒傷後除用大量清水沖洗外，還可應用有分解作用的物質處理創面，如石炭酸燒傷可用 70% 酒精或白酒清洗，氟氫酸燒傷可用含鈣劑外敷，經化學作用變為對人體無害的物質。

＊鹼燒傷時，急救處理十分重要，大量的清水沖洗，長時間浸浴，創面乾燥處理，待結痂或植皮。對生石灰、電石等燒傷沖洗時應先儘量去除組織上過多的鹼性物後再行沖洗，否則產生大量的熱而加重組織損傷。

♥ 甲 溝 炎

本病誘因

指甲兩側甲溝部位的感染稱為甲溝炎。手指、足趾均可發生，多由甲溝周圍微小刺傷、挫傷、倒刺、修甲過短或嵌甲所引起。常見致病菌為金黃色葡萄球菌。

【主要症狀】

初起炎症多限於指（趾）甲一側皮膚，出現紅、腫、熱、痛，可自行消退或進一步發展。可蔓延至甲根部及對側甲溝皮下組織，形成半環形腫脹。

化膿時可有黃白色膿點，可形成甲下膿腫而形成甲分離，疼痛加劇，可自行破潰，但常經久不癒。感染蔓延至甲床時，局部積膿可使整個指（趾）甲浮起、脫落，甚至造成慢性指骨骨髓炎。

【就醫指南】

有外傷病史。

血常規顯示，白細胞和中性粒細胞增高。

【西醫治療】

＊早期熱敷、理療，患肢抬高，力爭促使病灶消退或侷限。及時清除異物如倒刺等。局部可外塗環丙沙星軟膏、莫匹羅星軟膏、魚石脂軟膏、金黃膏，或以高錳酸鉀液（1：5 000）溫熱浸泡，每日 3 次，每次半小時左右。同時應用磺胺類或其他抗生素，如磺胺甲噁唑每次 2 片，每日 2 次。

＊已化膿者應及時切開引流，局部麻醉下，沿甲溝向手指（足趾）近側作縱向切口，將皮瓣向上翻起或放置橡皮片引流。嚴重者或甲下積膿，可縱行切除部分指（趾）甲，或拔除整個指（趾）甲。

【中醫治療】

◎初期：手部感染乃火毒之證，熱勢凶猛，宜重用消法，應清熱解毒，活血消腫為主。內服五味消毒飲加味。

◎潰膿期：膿出不暢者，上方加白芷、桔梗、天花粉、皂角刺。

◎後期：一般不宜用補法，如虛象明顯，只可平補，忌用溫補之藥。

【預防與保健】

日常預防：剪指甲不宜過短。手指有微小傷口可塗碘酊，用無菌紗布包紮保護，以免發生感染。

病期調理：發病後患指要適當制動休息，抬高患肢，忌持重物，忌食辛辣、酒肉發物。

♥ 破 傷 風

本病誘因

　　本病是由破傷風桿菌從傷口侵入並在體內繁殖，分泌大量外毒素引起的急性感染。

【主要症狀】

　　前驅症狀為疲乏無力，頭暈、頭痛、嚼肌緊張酸脹及煩躁不安等。1日左右出現肌肉強烈收縮，張口困難，牙關緊閉，呈苦笑面容。隨後有角弓反張，腹肌硬如木板。痙攣可自發，或因聲、電或觸動誘發，發作時常伴劇烈疼痛，可有肌肉斷裂，甚至骨折，但神志清楚。持續時間數秒至數分鐘，間歇期全身肌肉仍有緊張強直，嚴重者可頻繁發作或呈持續狀態。發作後大汗淋漓，十分驚恐。

　　可伴尿瀦留、酸中毒及循環衰竭，可造成呼吸停止死亡。可併發骨折、尿瀦留、呼吸停止、窒息、肺部感染、酸中毒、循環衰竭等。

【就醫指南】

　　患者有開放性損傷史或新生兒臍帶消毒不嚴，產後感染、外科手術史。

　　白細胞總數、中性粒細胞數增多，分泌物培養出破傷風桿菌。

【西醫治療】

　　＊單間隔離，加強護理，減少各種刺激。嚴防交叉感染。

＊**清創**：有傷口者，應在抗毒血清治療後及控制痙攣下行清創術，徹底清除壞死組織和異物，大量 3%過氧化氫溶液或 1：5 000 高錳酸鉀溶液沖洗，並使傷口開放。

＊**對症治療**：交替應用氯丙嗪、水合氯醛或巴比妥類藥，如不能控制可選用硫噴妥鈉或異戊巴比妥鈉靜脈滴注。酌情給予地西泮、氯氮卓或甲丙氨酯，以保持安靜或輕度睡眠狀態。

＊**病原治療**：破傷風抗毒素 2 萬～5 萬單位，肌內注射，應做皮膚過敏試驗，如陽性應行脫敏法注射。人體抗破傷風免疫球蛋白 3 萬單位，分 3 處肌內注射。並給青黴素和慶大黴素類預防感染。

＊**控制、解除肌肉強直性收縮**：

輕者可交替使用各種鎮靜劑及安眠藥。如 10%水合氯醛，每次 10 毫升口服或每次 30 毫升灌腸；地西泮 10 毫克，每 4～6 小時肌內注射；苯巴比妥 0.1 克肌內注射每 4～6 小時一次；氯氮卓 10 克，每日 3 次，口服。

發作頻繁抽搐，可用冬眠藥或普魯卡因溶液等。氯丙嗪 50 毫克，異丙嗪 50 毫克，呱替啶 100 毫克，加入 5%葡萄糖溶液 500 毫升，靜脈滴注；0.1%普魯卡因加入溶液 500 毫升靜脈滴注。抽搐嚴重不易控制時，可靜脈注射硫噴妥鈉 0.1～0.2 克（加入 25%葡萄糖溶液 20 毫升），注射時應觀察呼吸，防止過量，在氣管切開和控制呼吸條件下可用肌肉鬆弛劑。

＊**預防性氣管切開**：保持呼吸道通暢，減少肺部併發症。切開後要定時吸痰，注意無菌操作。

＊**維持營養及水電解質平衡**：給高蛋白質、高熱量

飲食，如牙關緊閉，可在充分鎮靜情況下，下鼻飼管，定時定量灌入混合液。液體總量不夠部分，由靜脈補充，病情特重者可適當輸血。

【中醫治療】

中醫根據症狀及脈象分型，然後進行辨證論治。

發作期：

◎**風痰入絡，痰阻發痙型**：症見張口困難或牙關緊閉，局部或全身性肌肉痙攣較輕，抽搐次數較少，持續時間較短，且舌苔黃，脈數者為輕型。適宜用祛風鎮痙、化痰通絡的方法治療。可用追風湯。

◎**風毒熱結，痰火發痙型**：症見牙關緊閉，角弓反張，頻繁而間歇期短的全身肌肉痙攣，高熱、便秘，且舌紅，苔黃，脈數者為重型。適宜用祛風鎮痙，解毒化痰的方法治療。

恢復期：

◎**邪退正傷型**：症見痙攣抽搐停止，唯牙關尚覺不舒，四肢屈伸不利，倦怠，食少，且舌質紅，苔薄白，脈細弱時為恢復期。適宜用扶正健脾，舒筋通絡的方法治療。

【參考方藥】黃蓍、黨參、當歸、雞血藤、伸筋草各15克，桑枝30克，木瓜、葛根、白芍、白朮、陳皮各10克，甘草6克。

【預防與保健】

自動免疫：最可靠的預防方法是注射破傷風類毒素。小兒普遍推行百日咳、白喉、破傷風混合疫苗注射，皮下注射3次，第1次0.5毫升，以後每次1毫升。兩次間隔

4～6 週。第 2 年再注射 1 毫升作為強化，可保持 5～10 年。每 5～10 年重複強化注射 1 毫升。

被動免疫：傷後儘早肌內注射破傷風抗破傷風毒素 1500 單位，傷口污染嚴重或受傷超過 12 小時劑量應加倍，必要時 2～3 日後再注射 1 次。用前應作過敏試驗，必要時採用脫敏注射法。破傷風免疫球蛋白 250～500 單位，肌內注射，效果更好。

患者應單間隔離，避免各種聲光刺激。並加強護理，預防交叉感染。

傷口的處理同治療措施中的傷口處理原則。這是最為重要的預防措施之一。

♥ 粘連性腸梗阻

本病誘因

腸梗阻是指腸內容物不能正常運行或通過發生障礙。其中機械性腸梗阻最常見，有粘連性腸梗阻、蛔蟲性腸梗阻、腸扭轉、腸套疊等。機械性腸梗阻又分為十二指腸、空迴腸（小腸）及大腸梗阻。它由兩種類型組成：單純性和壞疽型。前者血供未受影響，後者腸段的動脈和靜脈血流被阻斷。

本病可分為先天性與後天性兩種。先天性者較少見，可因發育異常或胎糞性脂膜炎所致；後天性者多見，常由於腹腔手術、炎症、創傷、出血、異物等引起，以手術後所致者最多。

【主要症狀】

有陣發性腹部疼痛，伴腹脹、嘔吐、排氣排便停止，可見腸型和蠕動波，有腸鳴音亢進。

當出現持續性腹痛、腹膜刺激徵、血便、發熱及休克者應考慮絞窄性腸梗阻。常伴水、電解質紊亂。

【就醫指南】

腹脹明顯，可有壓痛、腸鳴音亢進（絞窄性腸梗阻及麻痺性腸梗阻。聽診時腸鳴音消失或蠕動減弱），常可見腸型和蠕動波，有時可捫及腫塊。

可透過腹部 X 光檢查明確診斷。X 光檢查腸管積氣、擴張，或出現液平面。必要時可進行內鏡或鋇灌腸，以至剖腹探查確診。

【西醫治療】

根據不同病因可分別採取以下方法：

＊單純性梗阻和血運障礙較輕的絞窄性腸梗阻以液體石蠟 100～200 毫升經胃管注入，腹部按摩。於單純性腸梗阻、不完全性腸梗阻及手術後早期發生的粘連性腸梗阻可保守治療。

方法包括禁食，胃腸減壓，糾正水、電解質及酸鹼平衡失調，應用抗生素，中醫中藥等。

＊蛔蟲團性腸梗阻，胃腸減壓後，自胃管緩慢注入氧氣，成人用量 200 毫升，兒童每周歲 100 微升。注氧 1 小時後，注入液體石蠟，用法同上。

＊腸套疊急性發病 24 小時之內者，可用空氣灌腸，在 X 光透視下觀察復位。空氣壓力維持在 60～80 毫米汞柱。

＊非手術治療無效；懷疑有腸絞窄發生；反覆頻繁發作的粘連性腸梗阻者可選擇手術治療。

＊由於粘連帶或小片粘連而引起的腸梗阻可施行粘連帶切斷術或粘連鬆解術。

＊因廣泛粘連而屢次發作腸梗阻者可採用小腸摺疊排列術。

＊如一組腸袢緊密粘連成團引起梗阻又不能分離，可將此段腸袢切除作一期腸吻合。

＊若無法切除則做梗阻部分近、遠端腸管的側吻合捷徑手術。

【中醫治療】

中醫根據症狀及脈象分型，然後進行辨證論治。

本病屬於中醫「腹痛、嘔吐、便秘」等病範疇。

◎**血瘀氣滯型**：症見腹部持續疼痛，脹氣較甚，或痛處固定不移，痛而拒按，嘔吐，大便閉，且舌質紫暗、苔白或黃，脈弦細。適宜用活血化瘀、行氣止痛的方法治療。

【參考方藥】小茴香 10 克、血竭 5 克、延胡索 10 克、沒藥 6 克、當歸 10 克、川芎 10 克、官桂 6 克、赤芍 10 克、生蒲黃 10 克、五靈脂 6 克、木香 10 克、香附 10 克。

◎**熱結腑實型**：症見腹痛突發，疼痛劇烈而拒按，腸鳴有聲，嘔吐食物，口乾口苦，大便秘結，且苔黃膩，脈洪大或滑數。適宜用瀉熱通腑，蕩滌積滯的方法治療。

【參考方藥】生大黃 10 克、枳實 10 克、芒硝 10 克、厚朴 10 克。

◎寒邪直中型：症見突然腹中絞痛，可觸及包塊，疼痛拒按，惡寒，面色青冷，且舌質淡而暗、苔白潤，脈沉緊。適宜用溫中散寒，緩解止痛的方法治療。

【參考方藥】生大黃 10 克、熟附子 10 克、細辛 3 克、枳實 10 克、厚朴 10 克、芒硝 20 克。

· · · · · · · · · · · *中醫傳統療法* · · · · · · · · · · ·

★拔罐法

腹部：天樞。

上肢部：內關。

下肢部：足三里、闌尾穴、上巨虛。

· ·

【預防與保健】

注意飲食衛生，防止蛔蟲症。

老年體弱者，保持大便通暢。

及時正確治療腹腔炎症，防止腹腔手術形成血腫，腸管暴露過久，術後應早期活動和促進腸蠕動。腹部外傷及腹部手術史者，應注意腹部鍛鍊和及時治療，以防腸粘連的發生。

♥ 直腸息肉

本病誘因

直腸息肉是直腸內壁突起的腫物，一般較軟，可單發或多發。

此病與遺傳因素有關，稱家族性息肉病。但更多的是腺瘤、非腫瘤的組織增生、慢性炎症等導致。

【主要症狀】

便血是本病的主要症狀，多是便後出血，鮮紅，量不多，血常染在糞便外，有時可有大量出血，可引起貧血。

腫物可脫出肛門外，特別是位於直腸下段的帶蒂息肉，呈鮮紅色，櫻桃狀，便後可自行復位。

黏液血便，主要是排出黏液，有時不排便時也排黏液，可伴裡急後重，出血多為晚期表現，可有惡變。

【就醫指南】

肛門指診瘤體軟，分葉，易出血。直腸鏡或乙狀結腸鏡檢查，可觀察病變性狀，並且可以做活組織檢查。

結腸鏡檢查或 X 光氣鋇結腸造影，用以檢查未發現的息肉。

【西醫治療】

＊ 電灼手術：可破壞良性腫瘤，並防止出血，有癌變可能者不能用電灼。

＊ 切開、切除手術：直腸下部的和直腸上部活動性息肉可經肛門手術。

＊ 直腸後部切開切除術：適用於直腸上部和大型不能經肛門切除的息肉，腹膜反折下方不能由腹部切除的息肉。絨毛狀腺瘤如無癌變可行局部切除，如有癌變可選擇根治性切除。

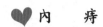 內　痔

本病誘因

痔是直腸下端黏膜下肛管皮膚下的靜脈叢擴

大、曲張而形成的靜脈團。

直腸肛管位於人體下部，長期的立、坐使下部靜脈回流困難；直腸靜脈無靜脈瓣以及直腸上、下靜脈叢壁薄位淺都是痔形成的基礎。

任何增高腹內壓力的因素，如習慣性便秘、排尿困難、肝硬化腹水、盆腔腫瘤、妊娠等，都能使靜脈回流受到影響，以致直腸靜脈叢充血而擴張。直腸下端和肛管的慢性炎症，使靜脈壁纖維化，失去彈性，也是痔發生的因素。

【主要症狀】

排便出血：

為內痔早期症狀，輕者大便表面帶血，繼而滴血，重者可噴射狀出血。便秘、便乾，飲酒或刺激性食物常引發出血。長期出血可繼發貧血。

痔塊脫出：

輕者可回納，重者不能回納。不能回納可形成嵌頓、壞死。多為晚期。

疼痛：

無併發症內痔無疼痛，有時僅有肛門墜脹感。當內痔嵌頓、栓塞、水腫、感染、壞死時，疼痛才會出現。

肛門瘙癢：

內痔常脫出，直腸黏膜分泌增加，刺激肛門外皮膚引起瘙癢，甚則濕疹。

本病可分為 4 期。

1 期：排便時常有出血、滴血、噴血。肛門部無異常。肛門指診可摸到能壓平的腫塊，長期脫出可摸到縱行皺褶。直腸鏡檢查在齒線上方可見突起的痔塊，紅紫色。

2 期：黏膜覆蓋部分在肛門成一隆起或鬆弛皺褶，增厚，紫紅色，排便時脫出肛門外，排便後自行復位，出血少。

3 期：可見痔塊脫出，黏膜增厚，較硬，淡紅色，脫出後不能自行復位，須用手托回。排便時用力、咳嗽、行走和蹲踞時都有脫出，出血較少或無出血，易發生炎症。

4 期：痔塊常脫在肛門外，表面增厚，長期不能復位，或復位後又脫出。

【就醫指南】

主要依據病史及臨床表現。

肛門直腸檢查：指診檢查有無血栓形成或纖維化，可排除息肉、直腸癌等。肛門鏡檢查痔塊數目、形態、部位。

應注意與直腸癌、直腸腺瘤、肛乳頭肥大、肛裂等病相鑑別。

【西醫治療】

＊ 注射療法對 1 期內痔、2 期內痔小型效果良好，3 期內痔只能減輕症狀。老年體弱、患其他疾病、全身情況不佳及術後遺留內痔均可採用，不用於外痔。

＊ 常用藥有 5%～10%酚植物油溶液或甘油水溶液，5%鹽酸奎寧尿素水溶液，5%魚肝油酸鈉溶液，2%酚和8%氯化鈉溶液，4%～6%明礬甘油溶液，消痔靈等。

＊ 便血可口服卡巴克絡，也可肌內注射維生素 K_3、維生素 K_4 或止血芳酸。合併感染時選用抗生素治療。

＊高錳酸鉀：用 1：5 000 高錳酸鉀溶液熱水坐浴。

＊緩瀉劑：用於便秘。如液體石蠟 10～20 毫升，每晚 1 次；或雙醋酚酊 5 毫克，每晚 1 次。

＊液氮冷凍治療：適於痔塊穩定無感染者。

＊膠圈套扎療法：將特別的乳膠圈套在痔根部，使痔缺血壞死脫落。

＊痔切除術；改良靜脈叢摘除術；黏膜下痔切除術；環痔切除術；單純內痔結紮切除術；切除縫合術；電燒器燒烙術；高頻電刀切除和二氧化碳雷射或 YA 克雷射痔切除術等。

【中醫治療】

中醫根據症狀及脈象分型，然後進行辨證論治。

◎瘀滯型：症見痔核初發，黏膜瘀血，肛門瘙癢不適，伴有異物感，或輕微便血，瘀阻作痛，且舌暗，脈弦澀。適宜用活血祛瘀的方法治療。

可用痔瘡內消丸、少腹逐瘀丸、消痔丸等；外用痔瘡膏、化痔栓。

◎濕熱型：症見肛門墜脹灼痛，便血，大便乾結，小便短赤，口乾苦，且舌邊尖紅，苔黃厚膩，脈弦數。適宜用清熱化濕，涼血止血的方法治療。

可服地榆槐角丸、腸風槐角丸、臟連丸等；便秘加服脾約麻仁丸；外用馬應龍麝香痔瘡膏、九華膏、野菊花栓。

◎血虛型：症見便血日久，眩暈耳鳴，心悸乏力，面色㿠白，且舌淡苔白，脈沉細。適宜用補血止血的方法治療。

可用歸脾丸、阿膠補血膏等；年老體虛，痔核脫出難以回覆者，可服補中益氣丸。

【預防與保健】

日常預防：保持大便通暢，養成定時排便的習慣，最好是早晨起床和早飯後排便。

防止習慣性便秘，避免長期服用瀉藥。大便時，不宜過久蹲廁、用力過大，不要看書報，每次排便以不超過 2 分鐘為宜。經常參加體育活動，避免久坐久站。

對從事久坐久立工作的人，在工作一段時間後，應走動走動，變換體位，以促進血液循環，減少盆腔充血和痔靜脈瘀血。

保持肛門清潔，常用溫水清洗，勤換內褲。節制性生活，注意性交的清潔衛生。

飲食調理：注意飲食衛生，避免暴飲暴食。多喝開水，多吃蔬菜、水果，特別是含纖維多的蔬菜，如芹菜、白菜、菠菜、絲瓜、香蕉等。也可常吃豬大腸、黑木耳。

出血時宜多食金針菜、香菜、馬蘭頭、銀耳等。

忌食辛辣、刺激、油膩和偏於溫性的食物，如辣椒、生蔥蒜、胡椒、羊肉、狗肉、豬頭肉、菸酒等。

病期調理：應調理排便，每日或隔日排便 1 次，可口服液狀石蠟 15～20 毫升，每日 1 次，槐角丸或麻仁滋脾丸每次 1 丸，每日 2 次，防止便秘。

進食易消化少渣飲食，避免濃茶、咖啡、酒類、芥末、辣椒等刺激性物。

如痔塊脫出應立即托回，如有困難可洗淨，先壓迫痔塊，使血液回流，待痔塊縮小再推入直腸。

♥ 肛　裂

【主要症狀】

　　發作過程有特殊性疼痛週期，即排便時疼痛，間歇期為括約肌攣縮痛，常伴少量鮮血滴出。疼痛常使患者恐懼排便，原來的便秘更為加重。

【就醫指南】

　　急性肛裂肛門部可見分泌物，牽開臀部可見肛裂下端、邊軟、底淺、有彈性，觸之敏感、疼痛。

　　慢性肛裂常伴結締組織外痔，肛門指診肛門收縮很緊，常引起劇烈疼痛，邊硬突起、底深、無彈性，窺器檢查可見卵圓形或棱形潰瘍，或見窄條裂縫。

【西醫治療】

　　＊局部外塗 1 滴複方安息香酸酊可迅速緩解疼痛。創面可塗 20%硝酸銀燒灼以利於肉芽組織生長。也可塗

麻醉油膏和類固醇油膏止痛。

＊慢性肛裂和保守治療無效的急性肛裂應手術治療。

肛裂切除術適用於慢性、長期反覆發作、裂底可見括約肌、肛管皮膚角化不完全的肛裂；伴外痔、肛竇炎、乳頭肥大、內痔和狹窄的肛裂。

後方內括約肌切開術：為減少或防止肛門功能不良可行側方向括約肌切開術。

肛管擴張術：適用於急性肛裂和無併發症的慢性肛裂，有擴張器擴張法和括約肌牽張術。

【中醫治療】

本病中醫亦稱肛裂，多由血熱腸燥，症見排便時疼痛、出血、便秘、苔黃脈數。

治宜清熱潤燥通便。可服潤腸片、槐角丸、麻仁丸等。外塗生肌玉紅膏、生肌白玉膏。

【預防與保健】

日常預防：保持大便通暢，養成定時大便的習慣，防止習慣性便秘，避免長期使用瀉藥。

經常參加體育鍛鍊。久坐工作的人應多走動，變換體位。

保持肛門清潔，常換內褲。

飲食調理：注意飲食衛生，避免暴飲暴食，多喝開水，多吃蔬菜、水果。戒辛辣食物和菸酒。

病期調理：調節飲食，食用多纖維食物及水果，防止便秘。熱水坐浴可減輕疼痛，每日 2～3 次。

保持局部清潔利於癒合。軟化糞便可給石蠟油，每次10～20 毫升，每日 1 次；或服麻仁滋脾丸或槐角丸每日1～2 丸。

♥ 肛　　瘻

本病誘因

　　肛瘻是在肛門、肛管和直腸下部周圍的瘻管，約占肛門直腸疾病的 1/4。

　　肛瘻多由肛管直腸周圍膿腫潰破或切開引流後形成。大多數是非特異性感染，少數是結核性感染。

【主要症狀】

間斷性腫脹、疼痛。

瘻口溢膿，膿液稀薄，或多或少，時有時無，或排氣，或有糞便流出。急性炎症期溢膿較多，膿稠濁帶有臭味，伴有發熱。

肛周由於膿液刺激，局部潮濕、瘙癢，可見濕疹樣改變。可有複雜性肛瘻，肛管纖維化狹窄。

【就醫指南】

體徵檢查：多有肛管直腸周圍感染病史。瘻口常有膿液排出，瘻管長短、排膿多少不同。膿液黏稠，有時稀淡，黃色，味臭，瘻口大時，可由外口流出氣體和糞便。有肛門瘙癢，瘻管周圍皮膚變色，表皮脫落。瘻管積膿可引起疼痛，常反覆發作，形成多個瘻口。

探針檢查：由皮膚瘻口伸入探針，可與肛診的手指接觸，確定內口的位置。

染色檢查：經瘻口注入美藍，預置於肛門內的紗布染藍，以確定內口的位置。

瘻口碘油造影：瞭解瘻管的走向與範圍。

纖維結腸鏡檢：對因克隆病、潰瘍性結腸炎所致的瘻管，有診斷意義。

病理診斷：排除結核性瘻或瘻管惡性病變。

【西醫治療】

＊急性感染期、術後，均需投以足量抗生素，如四環素、慶大黴素等。

＊肛瘻切開術適用於低位單純瘻，與切開術不同的是將瘻管全部切除。

＊較深瘻管為避免損傷括約肌可行掛線療法，以機械性壓力將瘻管慢慢割開。

＊姑息切除術適用於低位肛瘻和後方淺部蹄鐵形肛瘻。瘻管切除後傷口可 1 期植皮。

【中醫治療】

中醫根據症狀及脈象分型，然後進行辨證論治。

◎陰虛火旺型：

症見肛門局部潰瘍經久不癒，紅腫熱痛不明顯，潰膿稀薄，時有時無。伴見周身乏力倦怠，時低熱，口乾少飲，且舌偏紅苔黃偏乾，脈細微數。適宜用滋陰除熱除濕的方法治療。

【參考方藥】青蒿 15 克、生地 10 克、地骨皮 10 克、鱉甲（先煎）30 克、蒼白朮 10 克、黃柏 10 克、牛膝 10 克、甘草 5 克，胡黃連、山藥、澤蘭瀉、丹皮、夏枯草各 15 克。

如氣血虛者，可服中成藥人參養榮丸、十全大補丸、人參歸脾丸等。

◎下焦濕熱型：

症見肛門局部紅腫熱痛，大便秘結，裡急後重，小便短赤，潰膿稠厚，伴有發熱，周身困重，且舌紅苔黃膩，脈弦滑數。適宜用清利濕熱，通便消腫的方法治療。

【參考方藥】黃柏 15 克、蒼朮 10 克、牛膝 10 克、滑石 15 克、木通 10 克、大黃 10 克、山梔子 10 克、萆薢 10 克、蒲公英 30 克、蚤休 30 克、丹皮 15 克。

◎濕毒蘊結型：

症見肛門局部紅腫熱痛，排便疼痛加重，有發熱感，潰膿濁稠味臭，大便乾結，小便短赤，伴有發熱畏寒，口乾苦，乏力，且舌紅苔黃厚而乾，脈弦數。適宜用清熱解毒，利濕消腫的方法治療。

【參考方藥】柴胡 15 克、龍膽草 15 克、生大黃 10 克、蘆薈 15 克、黃連 10 克、黃芩 10 克、黃柏 15 克、山梔子 10 克、金銀花 30 克、蒲公英 30 克、木通 10 克、車前子（包煎）15 克、地丁 30 克。

【預防與保健】

日常預防：鍛鍊身體、增強體質、提高抗病能力。

合理飲食、預防消化系統疾病，及時治療慢性疾病，如慢性腹瀉、習慣性便秘等。

避免腹瀉和便秘，便後熱水坐浴或溫水洗滌肛門，保持肛門清潔。

避免肛門部濕潮、壓迫和摩擦刺激，不應長時間騎車、乘馬和坐硬椅工作。

病期調理：如出現肛門直腸周圍膿腫，早期應熱浴，外敷抗菌消炎藥，如無好轉，應及早就醫切開引流。

傳染科疾病

✚ 傳染科常見病

♥ 病毒性肝炎

本病誘因

　　病毒性肝炎是由肝炎病毒引起的，以肝細胞損害為主的全身性傳染病。

　　其主要病變為肝細胞變性、壞死及肝臟間質炎性浸潤。

　　具有傳染性強、傳播途徑複雜、流行面廣泛、發病率較高等特點。此病臨床可分為急性肝炎、慢性肝炎、重症肝炎、瘀膽型肝炎等。

　　目前已知肝炎病毒分 A 型（HAV）、B 型（HBV）、C 型（HCV）、D 型（HDV）及 E 型（HEV）。A、E 型肝炎主要透過消化道傳播，B、C、D 三型主要經過腸道外途徑傳播。

【主要症狀】

　　典型症狀為肝區疼痛、乏力、食慾不振、噁心、厭油膩、腹脹、便溏等，部分患者可出現發熱，黃疸。

【就醫指南】

　　病前多有和肝炎患者接觸史或輸血史。體徵檢查時，可有肝腫大，肝區痛，右脅下有壓痛、觸痛，可觸及質地

柔軟或充實的肝臟。還有的患者鞏膜或皮膚黃疸，比消化道症狀出現得晚。以 A 型肝炎較為多見。

實驗室檢查時下列情況可助診斷：

肝功能及血清酶學檢查：此項檢查對診斷幫助甚大，各項酶學檢查中以谷丙轉氨酶（ALT）最重要。如有轉氨酶升高，再加上有症狀或體徵，一般可以診斷。但如只有轉氨酶升高，則不能輕易診斷。

病毒性肝炎的血清免疫學標誌物檢查：A 肝患者可出現抗-HAV-IgM 陽性。B 肝患者可出現 HBsAg 陽性，或抗-HBc-IgM 陽性，或 HBV-DNA 陽性。如無肝病的臨床表現及肝功能和谷丙轉氨酶的異常而僅有上述陽性血清標誌物，可考慮為 B 肝病毒攜帶者，但仍應定期作臨床及實驗室檢查。C 肝患者出現抗-HCV 陽性。D 肝患者可出現 HDAg 及抗-HDV-IgM 陽性。E 肝患者可出現抗-HEV-IgM 陽性。

重症肝炎時，血白細胞總數升高，中性粒細胞數增加，凝血酶原時間延長，纖維蛋白原及血小板下降，血氨升高，在血清膽紅素明顯升高的同時，可能出現轉氨酶的明顯下降。

肝臟活體組織檢查、超音波檢查等對診斷有較大價值。但本病應與藥物性肝炎、中毒性肝炎、酒精性肝炎、肝外梗阻及腫瘤等相關病的鑑別。

【西醫治療】

＊**保肝降酶藥**：葡醛內酯，口服，每次 0.1～0.3 克，每日 3 次；維 C 肝，口服，每次 50～25 毫克，每日 3 次，或肌內注射 80 毫克，每日 1 次；肌苷，口服，每

次 0.2～0.6 克，每日 3 次，靜脈注射每次 0.2～0.6 克，每日 1～2 次；奧拉米特，口服，每次 0.2 克，每日 3 次；聯苯雙酯，口服，每次 25 毫克，每日 3 次；促肝細胞生長素 40～80 毫克，加入 10%葡萄糖靜脈滴注，每日 1 次，療程 2～3 個月。

　＊ **疫苗**：A 肝疫苗第 1 次 1 毫升，2～4 週後第 2 次注射 1 毫升，6～12 個月後再增加劑量 1 毫升，肌內注射。B 肝免疫球蛋白 0.06 毫升/公斤體重，肌內注射，1 個月後再注射 1 次。

　＊ **抗病毒治療**：目前主要用於 HBeAg 陽性的慢性 B 型肝炎病例。

　＊ **干擾素**：人類白細胞干擾素或重組 DNA 白細胞干擾素，可抑制 HBV 複製，隔日肌內注射 3 萬～5 萬單位，連續 6 個月有 30%～50%患者獲得較持久的效果。不良反應可有發熱、寒戰、全身不適、噁心、嘔吐、腹瀉、低血壓、肌痛、頭痛、脫髮、骨髓抑制等。

　＊ **阿糖腺苷**：常用劑量為每日每公斤體重 10～15 毫克，1 週後減量為每日每公斤體重 5～8 毫克，一般用 3 週。休息 7～10 天後再重複 1 療程。不良反應有全身關節和肌肉疼痛、噁心、嘔吐、腹痛、腹瀉、肌肉震顫和骨髓抑制。

　＊ **阿糖胞苷和干擾素聯合療法**：可增強對 HBV-DNA 複製的抑制作用，但毒性反應也相應增高。

　＊ **腎上腺糖皮質激素衝擊和干擾素聯合療法**：先用潑尼松每日 40 毫克，於 4 週內逐步減量至停藥，然後給予干擾素 3 萬單位，每週 2 次，共用 3 個月。

＊**免疫調節劑**：抗 B 肝免疫核糖核酸：2～4 毫克 /
次，每日或隔日 1 次，肌內注射。3 個月為 1 療程。核糖
核酸：30 毫克 / 次，每日 1 次或 50 毫克 / 次，隔日 1 次
或肌內注射 6 毫克 / 次，隔日 1 次，3 個月為 1 療程。

【中醫治療】

中醫根據症狀及脈象分型，然後進行辨證論治。

◎氣血兩虛型：

症見脅肋隱痛，脘腹痞脹，口淡無味，納食不香，神
疲乏力，頭暈目眩，面色萎黃或蒼白，大便溏薄，且舌質
淡、苔薄白，脈象弦細。適宜用養血益氣、疏肝健脾的方
法治療。

可用中成藥：烏雞白鳳丸。

【參考方藥】當歸 12 克、白芍 12 克、阿膠 9 克、黨
參 12 克、白朮 12 克、茯苓 9 克、陳皮 9 克、半夏 9 克、
柴胡 9 克、川楝子 9 克、砂仁 5 克、甘草 6 克。

◎肝鬱化火型：

症見脅下脹痛，走竄不定，急躁易怒，胸悶不適，噯
氣頻作，食慾減退，婦女伴乳脹，月經不調，且舌質紅苔
薄，脈象弦。適宜用疏肝清熱、理氣寬中的方法治療。

可用中成藥：柴胡疏肝丸、慢肝解鬱膠囊。

【參考方藥】柴胡 12 克、赤芍 12 克、夏枯草 12
克、香附 9 克、枳殼 12 克、鬱金 12 克、陳皮 9 克、川芎
9 克、川楝子 12 克、雞骨草 10 克、甘草 6 克。

◎濕熱挾瘀型：

症見身目發黃，其色晦暗，持續不退，皮膚瘙癢，右
脅疼痛，按之痛甚，面色青紫，低熱綿綿，口苦黏膩，且

舌質紫黯有瘀斑、苔厚膩，脈象弦細而澀。適宜用清熱利濕、活血通絡的方法治療。

可用中成藥：肝友膠囊。

【參考方藥】桃仁 9 克、紅花 9 克、當歸 15 克、川芎 12 克、赤芍 10 克、生地 12 克、丹參 15 克、茵陳 15 克、青皮 10 克、鬱金 9 克、澤瀉 10 克、大黃 6 克。

【預防與保健】

切斷傳播途徑，保護易感人群。防止血液、消化道等傳播途徑，對高危人群注射疫苗。

患者應臥床休息，安心靜養，保證睡眠時間充足，不宜用腦過度。患病期間應節制房事。

急性肝炎給予適合口味的清淡而含有多種維生素的營養飲食。慢性肝炎應給高蛋白飲食。

肝性腦病前期或肝性腦病時應限制蛋白質攝入，有腹水時宜低鈉飲食。忌酒及高脂肪飲食。

要做到飲食有節，定時進食，使消化功能正常，飲食要定量，每餐不宜過飽，節制偏嗜，過食肥甘烈酒會損傷肝臟。

慢性活動型患者在活動期應臥床休息，直至症狀緩解、肝功能基本恢復後，才可逐漸增加活動，包括打太極拳等；靜止期可從事力所能及的輕工作。

慢性遷延型患者無須絕對臥床休息，除避免過度疲勞外，可適當進行一些體育鍛鍊，如做廣播體操、打太極拳、散步等。解除思想負擔，消除恐懼心理，樹立戰勝疾病的信心，積極配合治療。

♥ 細菌性痢疾

本病誘因

細菌性痢疾（簡稱菌痢）是痢疾桿菌（常見為福氏及宋氏桿菌）引起的急性腸道傳染病。全年可有散發，夏秋較多。主要透過污染有病菌的食物、飲水、生活用品和手，經口感染。

【主要症狀】

菌痢又可分為普通型菌痢、中毒型菌痢和慢性菌痢，因類型不同，症狀也各有特點。

普通型菌痢：

起病急，突然畏寒，一般有高熱，病初可有一定驚厥，也可低熱。食慾減退，繼以腹痛、腹瀉、裡急後重，左下腹壓痛，腸鳴音活躍。

初為稀便，而後轉為黏液膿血便，排便次數多而量少，大便每日數次至十幾次。輕者或乳兒大便可與一般腹瀉相似。

中毒型菌痢：

6～9月份發病，多見於兒童。起病急驟，突發高熱、昏迷，重度毒血症狀，少有腹痛、腹瀉或無消化道症狀。

多見於 3～7 歲小兒，中毒症狀可先於腸道症狀數小時，也有在較輕腹瀉數日後突然變化者。一般高熱在 40℃ 以下，可有意識障礙與驚厥，面灰肢冷，脈數，血壓正常或稍低；重者體溫 40℃ 以上，神志不清或淺昏

迷，驚厥頻發，可伴血壓下降、發紺、皮膚花紋等嚴重循環衰竭或呼吸衰竭徵象。

慢性型菌痢：

急性期延誤診治，營養不良，腸寄生蟲病及全身情況較差等情況，使病程超過 2 個月，即稱為慢性菌痢。其中，症狀持續 2 個月以上，或雖僅有腸道功能紊亂而大便反覆培養陽性為遷延型慢性菌痢；有急性菌痢史，急性期過後症狀不明顯，而在受涼、勞累或進食生冷後發生腹瀉、腹痛、膿血便，但發熱等症狀輕微或不明顯的為慢性菌痢急性發作型；過去有痢疾病史，現已較長時期無臨床症狀，但乙狀結腸鏡檢查腸黏膜有潰瘍及增生病變，或大便培養痢疾桿菌仍陽性的為慢性隱匿型。

【就醫指南】

根據各種類型的菌痢特點，檢查診斷也有一定差異。

普通型菌痢：

腹部體檢可有左下腹壓痛。糞便檢查、大便培養、用間接螢光免疫法檢測痢疾桿菌抗原可協助診斷。

中毒型菌痢：

可分為迅速發生休克的休克型；以顱內壓增高、腦疝、呼吸衰竭為主的腦水腫型；以及兩者兼有的最為凶險的混合型。採集糞便鏡檢有助於早期診斷。

慢性菌痢：

其中慢性遷延型大便常常帶有黏液。左下腹壓痛，乙狀結腸可有增厚。大便培養可助診斷。

慢性急性發作型，在症狀時好時壞的漫長過程出現急性症狀，大便培養得到與過去相同的菌型。而慢性隱匿型

菌痢一般有痢疾史，長期無症狀，但大便培養可發現痢疾桿菌，結腸鏡檢查有腸黏膜充血、水腫、潰瘍，常有瘢痕、息肉等。

為進一步確診，化驗檢查是必不可少的手段，一般有以下內容：

大便鏡檢：成堆膿細胞或紅、白細胞及吞噬細胞。白細胞每高倍視野在 15 個以上時，須綜合病史、臨床考慮診斷。臨床懷疑中毒性菌痢而無腹瀉者宜用冷鹽水或肥皂水灌腸獲取標本。

大便培養：床邊採標本，陽性率為 50%～60%。

血常規：血白細胞計數及中性粒細胞增高。

快速病原學診斷：免疫染色法、螢光菌球法、螢光抗體測定，有助於早期診斷。

【西醫治療】

西醫藥治療一般有退熱、止痙、抗菌、抗休克等。但根據不同類型，在治療中也各有側重。

＊ 普通型菌痢：

應根據糞便細菌培養和藥物敏感試驗選用抗菌藥物。無發熱、中毒表現者可予氟呱酸，每次 0.2～0.3 克，每日 3～4 次；或氧氟沙星、環丙沙星；或磺胺甲噁唑科工委每次 1 克，每日 2 次。腹痛、裡急後重者給予丙胺太林，每次 15 毫克，每日 3 次。高熱者應及時降溫。

＊ 中毒型菌痢：

多採用兩種抗生素聯合治療，如環丙沙星 0.2～0.4 克，靜脈滴注，每日 1～2 次；或用氧氟沙星靜脈滴注。

降溫可用安痛定、柴胡注射液每次 2 毫升，肌內注

射。過高熱伴驚厥者應使用亞冬眠療法，氯丙嗪、異丙嗪各 50 毫克，肌內注射或靜脈滴注，配合物理降溫。

高熱、休克、中毒表現明顯者可短期應用氫化可的松靜脈滴注。

＊ 如有休克症狀時，可參照以下三種治療方法。

擴容、糾正酸中毒治療：可予低分子右旋糖酐每次每公斤體重 10 毫克，靜脈滴注；5%碳酸氫鈉每次每公斤體重 3～5 毫升，稀釋至 1.4%，靜脈推注或靜脈滴注，0.5～1 小時內輸入，繼續再給等量含鈉溶液，第 1 小時總量給予每公斤體重 15～20 毫升，第 2、8 小時每公斤體重給 8～10 毫升，以後兒童每日每公斤體重 60～80 毫升，嬰兒每日每公斤體重 80～100 毫升。

改善微循環：可予山莨菪鹼，每次每公斤體重 1～3 毫升靜脈注射，每隔 15 分鐘 1 次，至面色轉紅，循環好轉，血壓回升後，延長至 30～60 分鐘 1 次，血壓穩定後改為 2～4 小時 1 次，並逐漸減少藥量，24 小時內停用。

強心治療：慢性菌痢堅持按療程、聯合用藥原則，盡可能根據大便培養、藥物敏感試驗或既往用藥療效選用抗菌藥物。可用氟哌酸每次 0.2 克，每日 4 次；加慶大黴素 8 萬單位，肌內注射，每日 2 次；加雙歧桿菌活菌沖劑每次 1 克，每日 2 次。

大便常帶血或乙狀結腸鏡檢黏膜潰瘍經久不癒者可保留灌腸治療。

【中醫治療】

中醫根據症狀及脈象分型，然後進行辨證論治。

按照中醫的理論，急性菌痢相當於「濕熱痢」；中毒

性菌痢相當於「疫毒痢」；慢性菌痢相當於「虛寒痢」。

◎**急性菌痢**：濕熱痢。症見下痢赤白，腹部陣痛，裡急後重，噁心嘔吐，渴不思飲，小便短赤，且苔黃膩，脈濡數。適宜用清熱利濕、理氣和血的方法治療。

可用香連丸、木香檳榔丸、抗菌痢片等。

◎**中毒性菌痢**：疫毒痢。症見發病急驟，或起病不下痢，唯高熱口渴，頭痛煩躁，甚至昏迷抽搐，腹痛，裡急後重明顯，且舌質紅絳，苔黃，脈滑數；嚴重者，四肢厥冷，脈微欲絕。適宜用清熱解毒、涼血醒神的方法治療。

可用穿心蓮片、紫金錠、玉樞丹、紫雪丹、牛黃安宮丸等，病情嚴重者必須及時搶救治療。

◎**慢性菌痢**：虛寒痢。症見下痢時發時止，或輕或重，發時便下膿血，腹痛喜溫喜按，裡急後重；平素大便或秘或溏，手足不溫，倦怠畏寒，且舌質淡，苔白或膩，脈沉弱無力。適宜用溫中祛寒、健脾化濕的方法治療。

可用瀉痢固腸丸、痢疾奇效丹等。

【預防與保健】

傳染源為急性、慢性菌痢者以及恢復期帶菌者，早期發現，進行及時隔離和徹底治療是預防的重點，並應做好飲食衛生、水源保護、糞便管理及消滅蒼蠅等。

食物要保持新鮮、清潔，在夏秋季節可常吃生大蒜或口服依鏈菌株活菌苗，該菌無致病力，但有保護效果，保護率達 85%～100%。特別是對飲食業、兒童機構工作更應定期檢查帶菌狀態。發現帶菌者，立即予以治療並調離工作。

慢性菌痢患者要起居有節，生活規律，以增進身體抵

抗力，並對促成慢性菌痢的誘因（如寄生蟲病、胃炎、膽囊炎、闌尾炎等）進行追查，予以適當的治療。

痢疾患者因腸黏膜潰瘍，故其飲食的一般原則是富含營養，易於消化，儘量減少對腸道的刺激。

先用流質膳食、少渣半流質膳食，恢復期宜少渣軟飯，最後用普通飯。

由於不同程度的吐、瀉及毒血症狀失水較多，故應多喝水，使每日排尿量在 1 000 毫升以上。如嘔吐嚴重，可暫停食物，減輕胃腸負擔，給予靜脈輸液以補充所失水分及電解質。

♥ 病毒性胃腸炎

本病誘因

病毒性胃腸炎可由多種細菌或病毒所引起，最常見者為輪狀病毒、諾沃克樣病毒，其他病毒如腸腺病毒、星狀病毒和嵌杯狀病毒也可成為病原。

本病常見於夏秋季，其發生多由於飲食不當，暴飲暴食，或吃了生冷腐餿、穢濁不潔的食物。嬰幼兒或兒童發病率較高。

【主要症狀】

由於主要病理變化為胃黏膜呈急性炎症、水腫、充血及分泌物增加。一般起病急，以腹痛、腹瀉、噁心、嘔吐為主要症狀。

腹部陣發性絞痛並有腹瀉，每日數次至數十次，水樣

便，黃色或黃綠色，含少量黏液，一般持續 1～2 週後緩解。

可有低至中度發熱、頭痛、周身乏力及上呼吸道感染症狀。重症腹瀉患兒有脫水、酸中毒和電解質紊亂。

【就醫指南】

腹部柔軟，在下腹部、臍周圍有輕微壓痛，腸鳴音亢進。

糞便鏡檢可為陰性或有少量黏液及紅、白細胞。電鏡或免疫電鏡從糞便中檢出病毒顆粒，酶聯免疫吸附試驗（ELISA）或放射免疫法檢測糞便中病毒抗原，用 PCR 法檢測病毒核酸均有助於診斷。

【西醫治療】

＊補液療法：

輕症患者給予口服補液鹽即可。世界衛生組織推薦的日服補液配方為氯化鈉 3.5 克，碳酸氫鈉 2.5 克，氯化鉀 1.5 克及葡萄糖 20 克，加水至 1 升。重症患者尤其是幼兒、體弱、脫水的患者應及時補液，糾正酸中毒及電解質紊亂。禁用抗生素，因其可致腸道菌群失調。可酌情補充腸道正常細菌如雙歧桿菌和乳酸桿菌等。近年用粗製分泌型 IgA 口服治療取得一定效果。

＊常用西藥：

噁心、嘔吐時可服用甲氧氯普胺 10 毫克，或維生素 B6 10 毫克。

腹痛時可口服莨菪片 0.2～0.4 毫克，或阿托品 0.3 毫克。

腹瀉可用黃連素 0.2 克，或磷黴素鈣膠囊 0.8 克，每日 3 次。

【中醫治療】

中醫根據症狀及脈象分型，然後進行辨證論治。

◎**積滯型**：症見嘔吐酸腐，噯氣飽脹，腹痛泄瀉，糞便異臭，瀉後痛減，腹滿厭食，且舌苔厚膩，脈弦滑。多因暴飲暴食所致，適宜用消食導滯和中的方法治療。可用保和丸治療。

◎**虛寒型**：症見吐瀉頻頻，腹痛喜熱喜按，面色蒼白，汗出肢冷，口不渴，且舌淡、苔白，脈沉遲或微細。多見於脾胃素弱者，適宜用溫中散寒、補益脾胃的方法治療。可用附子理中丸、參苓白尤散等。

◎**寒濕型**：症見噁心嘔吐，腹痛腸鳴，腹瀉便下清稀，不甚臭穢，胸膈痞悶，或兼惡寒、低熱、肢冷，且舌苔白膩，脈象濡緩。多見於暑天過食生冷而發病，適宜用散寒燥濕、芳香化濁的方法治療。可用藿香正氣丸、六合定中丸等。

◎**暑濕型**：症見吐瀉頻作，脘悶噁心，腹痛即瀉，肛門灼熱，吐瀉物皆酸腐臭穢，大便黃褐，小便短赤，心煩口渴，可伴有發熱，且舌苔黃膩，脈滑數。適宜用清暑化濕、調理腸胃的方法治療。可用暑濕正氣丸、周氏回生丹等。

【預防與保健】

注意飲食衛生，尤其要防止水源和食物被帶病毒的糞便污染。

急性胃腸炎患者應臥床休息，注意保暖，並保持居室環境的潔淨衛生。

急性期患者常有嘔吐、腹瀉等症狀，失水較多，因此

需補充液體，可供給鮮果汁、藕粉、米湯、蛋湯等流質食物。

💜 流行性腮腺炎

本病誘因

流行性腮腺炎是一種腮腺炎病毒引起的急性呼吸道傳染病，本病由腮腺炎病毒引起。傳染源為早期患者和隱性感染者，主要由呼吸道飛沫傳播。

【主要症狀】

起病急，有發熱、畏寒、頭痛等感染中毒症狀。一側或雙側腮腺非化膿性腫痛，以耳垂為中心，觸之有彈性感及輕度壓痛，腮腺管口紅腫。且可發生頜下腺炎、舌下腺炎、睪丸炎、腦膜腦炎、胰腺炎等。

不典型病例可無腮腺腫脹，而僅出現腦膜腦炎、睪丸炎、頜下腺炎或舌下腺炎。

成人可併發睪丸炎、卵巢炎、胰腺炎。兒童可併發腦膜炎、腦膜腦炎。偶可併發腎炎、心肌炎、乳腺炎、甲狀腺炎、前列腺炎、胸膜炎、多發性神經炎等疾病。

小兒頭痛劇烈，噴射性嘔吐，睪丸疼痛等，可能是併發腦炎、睪丸炎，應及時就診治療。

【就醫指南】

流行病史：冬春季節，當地有本病流行；或患者於病前2～3週內有與流行性腮腺炎患者接觸史。

血清、尿澱粉酶檢查，補體結合試驗、血凝抑制試

驗、酶聯免疫吸附法及間接螢光免疫檢測 IgM 抗體，從唾液、血、尿、腦脊液分離病毒可助診斷。

血常規：白細胞總數大多正常或略低，淋巴細胞相對增多。有併發症時白細胞計數可增多。

另外，應注意與下列病症相鑑別：

急性頸部及耳前淋巴結炎：多有局部病灶（如中耳炎、咽峽炎等），腫塊邊緣清楚，質地較硬。

化膿性腮腺炎：多發生於慢性感染，全身抵抗力降低之後，腮腺腫脹為一側性，邊界較清楚，局部紅腫熱痛，壓迫耳下腫脹部位可見有膿液自腮腺導管口排出。

【西醫治療】

＊ 一般治療：

重症應臥床休息，直到體溫正常，腮腺腫消。予半流質或軟食，避免吃酸性食物。常漱口，保持口腔清潔。

＊ 藥物治療：

干擾素有抗病毒功效。腎上腺皮質激素對重症或併發心肌炎、腦膜炎、睾丸炎等可考慮短期應用，每日潑尼松 30～60 毫克或地塞米松 5～10 毫克，3～5 日後爭取儘早停用。

本病一般不用抗生素，在高熱、頭痛及腮腺疼痛厲害時，可口服解熱鎮痛藥，如阿司匹林，必要時每次每公斤體重服 5～10 毫克。

＊ 對症治療：

發熱、頭痛及併發睾丸炎時可給解熱止痛藥，睾丸局部冰敷並用睾丸托支持。

嚴重嘔吐者應補充水分及電解質。有顱壓增高時以甘

露醇或利尿劑降低顱壓。一般抗生素如磺胺類藥物治療無效。糖皮質激素療效不明。

【中醫治療】

中醫根據症狀及脈象分型，然後進行辨證論治。

中醫中藥可採用內外兼治法，用普濟消毒飲加減，水煎服；板藍根針劑 2 毫升，肌內注射，每日 1～2 次；腮腺炎片，每日 6 片，每日 3 次。

本病屬中醫「濕病」的範疇，是由於溫毒之邪，從口鼻侵入，壅結少陽經絡，鬱結不散，肝膽之火上攻所致。

◎**溫毒在表型**：症見輕微發熱惡寒，一側或兩側耳下腮部漫腫疼痛，咀嚼不便，或有咽紅，且舌苔薄白或淡黃、質紅，脈浮數。適宜用疏風清熱、散結消腫的方法治療。

可用中成藥：如意金黃散醋調外敷患處。

【參考方藥】金銀花 10 克、連翹 10 克、牛蒡子 10 克、桔梗 6 克、板藍根 15 克、柴胡 10 克、馬勃 6 克、夏枯草 10 克、薄荷（後下）6 克。

◎**熱毒蘊結型**：症見壯熱煩躁，頭痛，口渴飲水，食慾不振，或伴嘔吐，腮部漫腫、脹痛，堅硬拒按，咀嚼困難，咽紅腫痛，且舌紅苔黃，脈象滑數。適宜用清熱解毒、軟堅散結的方法治療。

【參考方藥】玄參 10 克、牛蒡子 10 克、菊花 10 克、黃芩 10 克、黃連 1.5 克、連翹 10 克、板藍根 15 克、殭蠶 10 克、桔梗 6 克、赤芍 10 克、夏枯草 10 克。

◎**邪陷心肝型**：症見腮部尚未腫大或腮腫後 5～7 日，突然壯熱，頭痛項強，甚則嗜睡、昏迷、抽搐，且舌

絳，脈數。適宜用清熱解毒、熄風止痙的方法治療。

可用中成藥：紫雪散、至寶丹。

【參考方藥】黃芩 10 克、黃連 3 克、殭蠶 10 克、牛蒡子 10 克、板藍根 15 克、全蠍 3 克、鉤藤 10 克、蒲公英 10 克、夏枯草 10 克、羚羊角粉（分沖）1.5 克。

◎**邪毒引睪竄腹型**：症見睪丸一側或兩側腫脹疼痛，伴發熱，少腹疼痛，嘔吐，且舌紅，脈數。適宜用清瀉肝火、活血止痛的方法治療。

【參考方藥】龍膽草 10 克、山梔子 6 克、黃芩 10 克、柴胡 10 克、木通 3 克、當歸 10 克、赤芍 10 克、玄胡 10 克、川楝子 10 克、桃仁 10 克。

【預防與保健】

兒童可在出生後 14 個月常規給予減毒腮腺炎活疫苗或麻疹、風疹、腮腺炎三聯疫苗，血清抗體產生可達 98%，少數在接種後 7～10 日發生腮腺炎。也可採用噴鼻或氣霧法。

流行期間少去公共場所，可採用腮腺炎減毒活疫苗肌內注射預防。對易感患者採用腮腺炎減毒活疫苗做噴喉或氣霧吸入，保護率可達 100%。

有接觸史的易感兒童，可用板藍根 15～30 克煎服，或板藍根沖劑沖服，連服 3～5 日。

發現患者應及時隔離治療，並限制活動量，囑其臥床休息。至腮腫消退 5 天左右為止，易感兒應檢疫 3 週。

要多喝白開水。經常用淡鹽水漱口，以保持口腔清潔。

患病期間要吃流質及軟食，如綠豆粥、綠豆湯、大米

粥或菜粥等。避免酸性食物和刺激性食物，如蔥、薑、蒜、辣椒等。油膩食品儘量少吃或不吃，如巧克力、冰淇淋、油炸食品等。

腮腺炎大多預後良好，病死率為 0.5%～2.3%。主要死於重症腮腺炎病毒性腦炎。

♥ *瘧　疾*

本病誘因

瘧疾是瘧原蟲所引起的傳染病，雌性按蚊為傳播媒介，瘧疾患者和無症狀的帶蟲者是唯一的傳染源。

瘧疾的潛伏期因病型不同而有所不同，有間日瘧、三日瘧、卵形瘧和惡性瘧4種。一般間日瘧、卵形瘧14日，三日瘧80日，惡性瘧12日。間日瘧易於復發，可引起暴發流行。

【主要症狀】

有典型週期規律性發作的臨床症狀，如初起畏寒、寒戰、持續約半小時，繼之出現高熱，體溫可升至 40℃，持續 2～6 小時後周身大汗，體溫漸降至正常。

其中，間日瘧與三日瘧的典型發作為週期性定時發作的寒戰、高熱和大汗，惡性瘧熱型不規則，無明顯間歇或有凶險發作。

發作寒戰時，常伴頭痛、噁心、嘔吐，持續約 30 分鐘；接著出現高熱，體溫 39.5～40℃，煩躁不安，重者

出現譫妄，持續 3～8 小時；而後進入出汗期而大汗淋漓。全程發作 6～10 小時，間歇期無症狀。

【就醫指南】

流行病學資料。如在流行區居住、旅遊，或有近期瘧疾病發作史等。具有明顯症狀，如突然發作的寒戰、壯熱、頭痛、出汗等。

數次發作後可有脾腫大，發作次數越多質地越硬，尚有貧血和肝臟腫大。

血常規檢查，周圍血、骨髓塗片檢查瘧原蟲，間接螢光抗體試驗、酶聯免疫吸附試驗有助於診斷。本病應注意與傷寒、血吸蟲病、副傷寒、鉤端螺旋體病、敗血症的鑑別。

【西醫治療】

＊ 控制臨床發作、消滅裂殖體藥物：

雙磷酸氯喹首劑 1 克，第 2、3 日各 0.75 克。奎寧雙硫酸鹽每片 0.12 克，第 1 日 0.48 克，每日 3 次；第 2 日 0.36 克，每日 3 次，連用 7 日。或每次 0.48 克，每日 3 次，連用 4 日。磷酸咯萘啶第 1 日 0.4 克，每日 2 次，第 2 日 0.4 克頓服。

＊ 對症治療：

高熱驚厥者用物理及藥物降溫，有腦水腫者可用 20%甘露醇，發生呼吸衰竭、心力衰竭、肺水腫、休克及瀰散性血管內凝血者應進行相應的治療。

＊ 防止復發：

常採用聯合抗瘧法，磷酸伯喹連服 4 日，前 3 日與氯喹合用，每日 52.8 毫克。

【中醫治療】

中醫根據症狀及脈象分型，然後進行辨證論治。

本病屬於中醫「瘧疾」「瘧母」「疫瘧」「勞瘧」「間日瘧」等範疇。

◎**溫瘧**：症見熱多寒少，汗出不暢，頭痛，骨節痠疼，口渴引飲，便秘尿赤，且舌紅苔黃，脈弦數。適宜用清熱解表、和解祛邪的方法治療。

【參考方藥】生石膏 30 克、知母 10 克、桂枝 10 克、青蒿 10 克、甘草 6 克、柴胡 10 克。

◎**寒瘧**：症見熱少寒多，口不渴，胸脘痞悶，神疲體倦，且苔白膩，脈弦。適宜用和解表裡、溫陽達邪的方法治療。

【參考方藥】柴胡 10 克、黃芩 10 克、桂枝 10 克、乾薑 6 克、天花粉 10 克、牡蠣（先煎）15 克、甘草 6 克、常山 10 克、草果 6 克、檳榔 10 克。

◎**正瘧**：症見寒戰壯熱，休作有時，先有呵欠乏力，繼則寒慄鼓頜，寒罷則內外皆熱，頭痛面赤，口渴引飲，終則遍身汗出，熱退身涼，且舌紅、苔薄白或黃膩，脈弦。適宜用祛邪截瘧、和解表裡的方法治療。

中藥製劑：青蒿素首劑 1 克，第 2、3 日各 0.5 克。青蒿素水混懸劑，每毫升含 100 毫克，首劑肌內注射 600 毫克，第 2、3 日各 300 毫克。蒿甲醚首次肌內注射 300 毫克，第 2、3 日各 150 毫克。

【參考方藥】柴胡 10 克、黃芩 10 克、人參 6 克、甘草 10 克、半夏 10 克、常山 10 克、烏梅 10 克、檳榔 10 克、桃仁 10 克。

◎**勞瘧**：症見倦怠乏力、短氣懶言、食少、面色萎黃、形體消瘦、遇勞則復發瘧疾、寒熱時作，且舌質淡，脈細無力。適宜用益氣養血、扶正祛邪的方法治療。

【參考方藥】何首烏 10 克、當歸 10 克、陳皮 10 克、人參 6 克、青蒿 10 克、常山 10 克。

【預防與保健】

治癒帶蟲者傳染源、消滅蚊子、保護易感人群。

高瘧區與暴發流行區的人群，可預防性口服乙胺嘧啶或氯喹。

積極治療，注意休息，給予半流飲食。防止併發黑尿熱、急性腎小球腎炎和腎病綜合徵。

間日瘧與三日瘧預後良好。惡性瘧腦型凶險發作和黑尿熱的病死率高。

✚ 病毒感染

♥ 狂　犬　病

本病誘因

狂犬病是由狂犬病毒引起的一種累及中樞神經系統的人畜共患急性傳染病。主要由犬、狼等病獸咬傷而感染發病。

傳染源主要是病犬，其次為貓和狼，狐狸、食血蝙蝠、臭鼬及浣熊等野生動物亦能傳播本病。近年來有多起報導，人被某些「健康」的犬、貓抓咬後而患狂犬病。一般認為，狂犬病患者很少感染他人。

病毒主要由病獸直接咬傷、抓傷，而自皮膚破

損處侵入體內，也可由染毒唾液經各種創口及黏膜而感染。

偶見因進食染毒肉類，或接觸病獸毛皮、血、尿、乳汁或吸入含病毒氣溶膠而感染髮病。

【主要症狀】

狂犬病可分成潛伏期、前驅期、興奮期和麻痺期，各期症狀有所不同。

潛伏期：

潛伏期 10 日至 1 年以上，一般為 20～90 日，超過 3 個月者約占 15%。

前驅期：

多有低熱、頭痛、倦怠、周身不適、食慾不振、噁心、煩躁、恐懼不安，繼而對痛、聲、光、風等刺激敏感，並有咽喉緊縮感。較有診斷意義的早期徵候是已癒合的傷口，傷口附近及其神經通路處有麻木、癢、痛等異常感覺，四肢有蟻行感。本期持續 2～4 日。

興奮期：

患者逐漸進入高度興奮狀態，突出表現為極度恐怖、恐水、怕風、發作性咽肌痙攣、呼吸困難等。多數患者在飲水、見水、聽到流水聲甚至聽到水字便可引起咽喉肌嚴重痙攣。患者雖極度口渴，但不敢飲水，常致聲嘶及脫水。對風、光、觸動等刺激不僅可引起咽肌痙攣，嚴重發作時可致全身疼痛性抽搐及由呼吸肌痙攣而致的呼吸困難、缺氧及發紺。因交感神經功能增強，可出現大汗、流涎、心率增快、血壓升高。

患者神志多清醒，但部分患者可出現定向力障礙、幻覺、譫妄、精神失常。本期 1～3 日。

麻痺期：

痙攣發作減少或停止，患者漸趨安靜。肢體呈弛緩性癱瘓，亦可出現眼肌、顏面肌及咀嚼癱瘓症狀。進而進入昏迷狀態，會因呼吸和循環衰竭而迅速死亡。本期持續 6～18 小時。

狂犬病的整個病程一般不超過 6 日。除上述典型病例外，還有無興奮期或恐水表現的所謂「癱瘓型」或「靜型」，也稱啞狂犬病患者，常以高熱、頭痛和咬傷處癢痛起病，繼而出現肢體無力，癱瘓、大小便失禁等。

【就醫指南】

診斷依病畜咬傷史及特有的臨床表現，即可作出臨床診斷。

實驗室檢查可取患者唾液、鼻咽洗液、氣管分泌物、尿沉渣、角膜印片及有神經元纖維皮膚活檢標本切片，用螢光抗體染色或酶聯免疫技術檢出狂犬病毒抗原，即可確定診斷。以死犬腦組織切片或作接觸塗片，用 Seller 法染色，鏡檢可發現胞質內的內基小體，陽性率為 70%～80%，用於死後確定診斷。

鑑別診斷。狂犬病須與破傷風、脊髓灰質炎、類狂犬病性癔病、狂犬病疫苗接種後神經系統併發症及其他病毒性腦炎的鑑別。

【西醫治療】

＊**傷口處理：**及時有效地處理傷口可明顯降低狂犬病發病率。傷後立即用 20%肥皂水、清水或用 0.1 新潔爾

滅（不可與肥皂水合用）徹底清洗所有傷口，反覆沖洗至少半小時。沖洗後用 75%酒精（或 60 度燒酒）或 2%碘酒塗擦傷口處。如有高效免疫血清，經皮膚試驗陰性後可在傷口底部或周圍作浸潤注射。傷口在數日內不宜縫合、包紮。可酌情選用抗生素及破傷風抗毒素或類毒素。

＊**嚴密隔離及監護：**應將患者置於黑暗的單人房間，保持安靜，避免光、聲等刺激，專人守護。保持水、電解質的平衡，可鼻飼或胃腸外營養，保證氣道通暢。

＊**對症治療：**高熱可給予退熱藥。心悸、血壓升高可給普萘洛爾 10 毫克，每日 3 次。興奮期可輪番交替使用各種鎮靜劑如地西泮 10 毫克，肌內注射，苯巴比妥鈉 0.1 克，肌內注射。有腦水腫時可用 20%甘露醇 200 毫升，快速靜脈滴注。

【預防與保健】

管理傳染源，捕殺野犬，家犬應進行登記與疫苗接種。狂犬、狂貓及其他狂獸應立即擊斃，並焚燬或深埋。被咬傷的家犬、家貓應設法捕獲，隔離觀察 10 日。對疑患狂犬病的犬、貓和在隔離期內死亡動物的腦組織，應封入冰瓶，速送防疫部門檢驗狂犬病毒。

對接觸動物機會較多人員，可採用人二倍體細胞疫苗 0.1 毫升皮內或 1 毫升肌內注射，分別在第 1 日、第 7 日、第 28 日各接種 1 次。以後每 2 年再予 0.1 毫升皮內注射，作增強免疫。

狂犬病一旦發病，預後極差，雖有個別病例獲得治癒，但病死率幾近 100%，尚需對此病積極探索有效的治療措施。

❤ 水　　痘

本病誘因

水痘是一種傳染性很強，由疱疹病毒引起的急性傳染病。

患者是主要的傳染源，主要經呼吸道飛沫和直接接觸傳播，也可由污染的用具傳染。

水痘全年都可發病，以冬春兩季較多。任何年齡皆可發生，以 10 歲以下小兒多見。一次患病，終身有免疫力。

【主要症狀】

發病急，伴有發熱、咳嗽。發熱當日出皮疹。皮疹起初為紅色斑丘疹，24 小時內變成水疱，開始呈透明狀，以後漸混濁，周圍有紅暈。1～3 日後疱疹結痂、脫落，一般不遺留瘢痕。水痘皮疹分批出現，同一部位可見各期皮疹。皮疹呈向心性分佈，以軀幹為多，頭部、四肢較少。全身症狀較輕，發病初起時尚有咳嗽、流涕等症狀。

由於病情一般都很和緩，很少發生重大併發症，偶或見到皮膚及淋巴結感染、肺炎和中耳炎。中樞神經系統的併發症很少見，多在皮疹發作時出現，一般能完全復原，少數患兒留有後遺症。

【就醫指南】

體徵：水痘的潛伏期平均是 2 週左右，典型症狀是發熱和皮疹。

實驗室檢查：白細胞總數一般正常，併發細菌感染時

升高。分類比例亦無特殊變化。由於水痘容易診斷，一般不需查血。病原學及血清學檢查已有方法，但除個別不典型病例外均無此需要。

【西醫治療】

＊ 一般治療：

呼吸道隔離和接觸隔離直至皮疹結痂脫落。加強護理，避免搔抓。皮膚瘙癢可用抗組胺藥如氯苯那敏、賽庚啶等，局部塗以 0.25% 冰片爐甘石洗劑，或用 2%～5% 的碳酸氫鈉濕敷或洗拭。皮疹局部感染處塗以 1% 龍膽紫溶液，並根據菌種選用抗生素。

＊ 藥物治療：

維生素 B_{12} 0.5～1 毫克，肌內注射，每日 1 次，連用 3 日；或減毒麻疹活疫苗 0.3～1 毫升，皮下注射，可促進皮疹結痂並防止新疱疹的出現。

＊ 抗病毒治療：

對免疫功能低下的水痘患者，新生兒水痘或播散性水痘肺炎、腦炎等嚴重患者，應及早抗病毒治療。首選無環鳥苷 600～800 毫克，每日 3 次，10 日為 1 療程；或每公斤體重 10～12 毫克，靜脈滴注，每 8 小時 1 次，7～10 日為 1 療程。也可用阿糖腺苷。

【中醫治療】

中醫根據症狀及脈象分型，然後進行辨證論治。

◎風熱輕證：症見發熱輕微，或無發熱，鼻塞流涕，伴有噴嚏及咳嗽，1～2 日出疹，疹色紅潤，疱漿清亮，根盤紅暈不明顯，點粒稀疏，此起彼伏，以軀幹為多，且舌苔薄白，脈浮數。適宜用疏風清熱解毒的方法來進行治療。

可用中成藥：銀翹解毒丸、桑菊感冒片、羚羊解毒丸等。

【參考方藥】銀翹散。

◎**毒熱重證**：症見壯熱不退、煩躁不安、口渴欲飲、面紅目赤、水痘分佈較密、根盤紅暈較著、疹色紫暗、疱漿晦濁，或伴有牙齦腫痛、口舌生瘡、大便乾結、小便黃赤，且舌苔黃燥而乾、舌質紅絳、脈洪數。適宜用清熱涼血解毒的方法來進行治療。

細菌感染

♥ 白　喉

本病誘因

白喉是一種急性呼吸道傳染病，由白喉棒狀桿菌引起。

患者和帶菌者為傳染源，主要經呼吸道飛沫傳播，也可經物品、食物、玩具和接觸傳染。

【主要症狀】

典型症狀以發熱、氣憋、聲音嘶啞、犬吠樣咳嗽，咽、扁桃體及其周圍組織出現白色假膜為特徵。

潛伏期為 1～6 日，根據病灶部位，可分為咽白喉、喉白喉、鼻白喉、眼結膜白喉等，其中以咽白喉最多見，喉白喉梗阻窒息症狀明顯，病情危重。

咽白喉：

占 80%，多見於成人和年長兒童。輕型者全身症狀輕，假膜侷限在扁桃體上，呈點狀或小片狀。中型者有發熱，全身症狀明顯，扁桃體明顯腫大，並有片狀灰白色假

膜附著。重型者全身症狀嚴重，假膜範圍波及軟顎、鼻咽、咽後壁、懸雍垂等部位，大多伴心肌炎和外周神經麻痹如軟顎、動眼神經麻痹等。極重型者血壓下降。

喉白喉：

多由咽白喉發展而來，少數直接發生於喉部支氣管。初起咳嗽較頻，呈哮吼樣，咳聲嘶啞。隨之出現呼吸困難，體溫升高，假膜梗阻明顯，窒息，口唇發紺，極度煩躁，吸氣時出現三凹徵，患兒常呈昏迷狀態，呼吸變淺或不規則，若不及時搶救，可因窒息而死。

鼻白喉：

嬰幼兒多見，多為咽白喉發展而來。全身症狀輕，主要表現為血性漿液鼻涕，分泌物浸漬鼻孔周圍皮膚而發生糜爛、潮紅，或形成久經不癒的潰瘍。鼻前庭及鼻中隔可有假膜形成。

本病全年散發，以冬春季多見，兒童多見，成人也可患病。嚴重者可併發心肌炎和神經麻痹，全身中毒症狀明顯。以 2～5 歲小兒患病為多。患病後均有持久免疫力。

【就醫指南】

參考發病季節，白喉接觸史，未接種「百白破」三聯疫苗等流行病學資料。

有明顯的臨床症狀，咽部出現白膜，不易拭去，強行擦去則局部出血。

實驗室檢查：血白細胞及中性粒細胞增高，有中毒顆粒。重者紅細胞、血紅蛋白、血小板可減少，可出現蛋白尿、血尿、管型尿等。

咽拭子取咽部分泌物培養，可見白喉桿菌生長，或直

接涂片找見白喉桿菌，即可確診。

【西醫治療】

＊抗毒素治療：

白喉抗毒素應早期足量應用。咽白喉輕證 1 萬～2 萬單位，普通型 2 萬～4 萬單位，重型 4 萬～8 萬單位，極重型 8 萬～10 萬單位；喉白喉和鼻白喉給 1 萬～3 萬單位，發病 3 日後方治療者劑量加倍。可肌內注射或靜脈滴注。注射前應做皮膚過敏試驗，若為陽性，可用脫敏療法。抗生素應首選青黴素，每次 80 萬單位，每日 2～3 次，肌內注射，7～10 日為 1 療程。也可用紅黴素、頭孢菌素、氨苄青黴素、利福平、林可黴素等。

＊併發症治療：

如併發心肌炎應絕對臥床，潑尼松每日 20～40 毫克，症狀好轉後漸減量，嚴重患者可同時應用維生素 C、ATP、輔酶 A、細胞色素 C 等營養液，Ⅲ度房室傳導阻滯者可安裝起搏器，有心力衰竭者應予強心利尿治療。外周神經麻痹多可自癒，軟顎麻痹出現嗆咳不能進食者可給鼻飼，呼吸肌麻痹者應作氣管切開，應用呼吸機治療。

本病病死率近年為 5%以下。

【中醫治療】

中醫根據症狀及脈象分型，然後進行辨證論治。

◎疾病初起：症見惡寒發熱，伴見頭痛，咽痛，全身不適，有汗或無汗，咽部多見紅腫，附有點狀假膜，不易拭去，吞咽困難，且舌質紅、苔薄白，脈浮數。適宜用清熱解毒、肅肺利咽的方法治療。

【參考方藥】玄參 10 克、板藍根 15 克、山豆根 3

克、黃芩 10 克、金銀花 10 克、連翹 10 克、牛蒡子 10
克、薄荷（後下）6 克、生甘草 3 克、土牛膝根 6 克。

◎**陰虛燥熱型**：症見咽部紅腫，喉間乾燥，發熱口
乾，口氣臭穢，咳如犬吠，喉部有條狀假膜，顏色灰白或
灰黃，甚則侵及懸雍垂和上顎部，飲水則嗆咳，且舌質紅
絳少津、苔黃或少，脈細數。適宜用養陰清肺、洩熱解毒
的方法治療。

【參考方藥】玄參 10 克、生地 10 克、麥冬 10 克、
川貝 6 克、赤芍 10 克、丹皮 6 克、板藍根 15 克、土牛膝
根 6 克、山豆根 3 克、天花粉 10 克。

◎**疫毒攻喉型**：症見身熱目赤，咽痛明顯，假膜迅速
蔓延，可波及咽喉深部，呼吸急促，煩躁不安，甚則吸氣
困難，喉間痰多如拽鋸，胸高脅陷，面唇青紫，且舌質深
絳或紫暗、苔黃燥或灰而乾，脈滑數。適宜用瀉火解毒、
滌痰通腑的方法治療。

【參考方藥】黃連 3 克、黃芩 10 克、黃柏 10 克、山
梔子 10 克、生石膏（先下）25 克、青礞石 10 克、鮮竹
瀝 10 克、土牛膝根 10 克、赤芍 10 克、生大黃 3 克。

【預防與保健】

流行期間勿去公共場所。新生兒 3 個月開始注射百白
破混合製劑；7 歲以上兒童或易感者可用吸附精製白喉類
毒素或吸附精製白喉和破傷風類毒素預防。

及時隔離患兒，對患兒的分泌物、用具、衣服、病室
等，均須嚴格消毒。密切接觸者可應用抗毒素 1000～2000
單位，肌內注射。

臥床休息，一般不少於 4 週，重者 4～6 週。注意口

腔衛生，保持室內通風。

喉梗阻者應及時清理呼吸道，吸氧，必要時氣管切開，應用腎上腺皮質激素。

飲食宜清淡而營養豐富，以流食、半流食為主。

♥ 百 日 咳

本病誘因

百日咳是由百日咳嗜血桿菌引起的急性呼吸道傳染病。

本病主要由飛沫傳播，百日咳嗜血桿菌隨飛沫進入呼吸道後，在喉部、氣管、支氣管黏膜繁殖並釋出內毒素，引起黏膜炎症，黏膜纖毛運動受阻，於是大量黏液和膿性分泌物積聚在支氣管內，加之內毒素刺激呼吸道黏膜感受器，因而引起痙攣性咳嗽。

【主要症狀】

臨床特徵為陣發性痙攣性咳嗽後伴有較長的雞鳴樣吸氣性吼聲，病程長達 2～3 個月，故稱百日咳。

四季均可發病，以冬春季節為多見。

發病開始酷似感冒，3～4 日後流鼻涕、打噴嚏等症狀漸消退，咳嗽日益加重，日輕夜重，呈陣發性，多伴有黏痰咳出和胃內容物被吐出。

常因進食、受冷、煙燻、哭叫等誘發。輕者一日數次，重者一日數十次。

新生兒及嬰幼兒多表現陣咳後屏氣、青紫、窒息，有時發生驚厥。2～6週後陣發性痙咳減輕，雞鳴樣吸氣消失，進入恢復期。如併發肺炎、腦病等可遷延數週不癒。

百日咳併發症多而嚴重。主要有肺炎、肺氣腫、支氣管擴張、縱膈氣腫、皮下氣腫、鼻出血、結膜下出血、百日咳腦病、脫肛等。嚴重時可危及生命。

百日咳春季易發，以5歲以下小兒多見，年齡愈小，病情大多愈重。病後可獲持久免疫力。

典型百日咳可分3期：初咳期7～10天，類似外感；痙咳期約4週；恢復期2～3週。

初咳期：

自發病至出現痙攣性咳嗽止，為7～10日，初見發熱，咳嗽，流涕及噴嚏等，症狀類似感冒。3～4日後熱退，感冒症狀漸消失，但咳嗽加重，尤以夜間為重。

痙咳期：

自痙攣性咳嗽開始至停止，為2～6週，重症可達2個月以上。

痙咳以陣發性、痙攣性咳嗽為特徵。表現為連咳不已，每次十數聲或數十聲不等，咳畢有雞啼樣吸氣性回聲，並常嘔吐出痰涎後方可暫時緩解。

咳時面赤腰曲，頸引舌伸，涕淚交流，眼瞼水腫，眼結膜充血甚或出血，或痰中帶血，舌下繫帶因與下齒反覆摩擦而出現潰瘍。

恢復期：

自咳嗽不再是痙攣性開始，至咳嗽完全消失止，為2～3週。

【就醫指南】

病前 1～2 週內有與百日咳患兒接觸史，幼兒多見。根據流行病學資料，且未接種百日咳疫苗。

痙咳期典型的痙咳表現，舌下繫帶潰瘍等體徵。

實驗室檢查時，發現痙咳期白細胞總數升高，淋巴細胞比例增高。

用鼻咽拭子作細菌培養，直接免疫螢光抗體染色檢測百日咳桿菌抗原，血清凝集試驗及補體結合試驗，酶聯免疫吸附法測定 IgM、IgG、IgA 抗體有助於診斷。

【西醫治療】

＊ 對症治療：

應進行呼吸道隔離。避免誘因，少吃多餐，尤以咳後進食較好，室內保持空氣流通、新鮮，避免不良刺激，嚴禁吸菸。痙咳時可採用頭低位，從上向下拍背有利痰液引流。

加強夜間護理，一旦發生窒息即刻進行人工呼吸、吸痰、吸氧。睡覺前應用鎮靜藥，如苯巴比妥、地西泮等。

痰多者應給予祛痰藥如氯化銨、溴己新、噴托維林等。

＊ 抗菌治療：

早期應用抗生素，可起到縮短療程、減輕症狀、清除鼻咽部細菌，及時防止傳播的作用。首選紅黴素每公斤體重每日 50 毫克，分 3～4 次口服或靜脈滴注，2 週一個療程。亦可用氨苄青黴素每公斤體重每日 100～150 毫克，分 2 次肌內注射；慶大黴素每公斤體重每日 3～5 毫克，分 2 次肌內注射，療程均為 2 週。

＊ 併發症治療：

併發肺炎者，適當加用抗生素；併發百日咳腦病時，

應止驚，必要時應用脫水劑並加用腎上腺皮質激素。

【中醫治療】

中醫根據症狀及脈象分型，然後進行辨證論治。

本病中醫稱之為「頓咳」「鷺鶯咳」「疫咳」等，可分3期辨證施治。

◎**初咳期**：症見初起似外感，有逐漸加劇之勢，常有流涕，痰白稀，多泡沫，且苔薄白，脈浮有力，指紋淡紅。適宜用宣肺化痰的方法治療。

可用複方川貝片、杏仁止咳糖漿、川貝枇杷露等。

【參考處方】桑葉10克、桑白皮10克、菊花10克、防風6克、牛蒡子10克、杏仁10克、桔梗6克、貝母10克、前胡10克、蟬衣6克。

◎**痙咳期**：症見持續連咳，日輕夜重，劇咳時伴有深吸氣似雞鳴聲，必待吐出痰涎及食物後，才能暫時緩解，但不久又復發作，而且一次比一次加劇。每次痙咳，多由自發，但有些外因如進食、聞到刺激氣味或情緒激動都易引起發作。

一般在痙咳的第3週達到高峰。重症痙咳每日可多至40～50次，輕症只有5～6次，並可見眼角青紫及結膜下出血。嬰幼兒還可引起窒息和驚厥。適宜用清熱瀉肺、止咳化痰的方法治療。

可用羊膽丸、清肺抑火丸、橘紅丸、嬰兒保肺散等。

【參考方藥】桑白皮10克、黃芩10克、川貝母6克、半夏6克、蘇子6克、山梔子6克、鉤藤10克、白殭蠶10克、炙杷葉10克、白茅根15克。

◎**恢復期**：症見陣發性咳嗽漸減，形體虛弱，咳聲低

而無力。分氣虛型和陰虛型。氣虛型適宜用益肺健脾的方法治療。可用四君子丸、人參健脾丸等。陰虛型適宜用滋陰潤肺的方法治療。可用二冬膏、養陰清肺丸、百合固金丸等。

【參考處方】沙參 10 克、太子參 10 克、麥冬 10 克、五味子 10 克、生黃蓍 10 克、玉竹 10 克、天花粉 10 克、生甘草 6 克、杏仁 10 克、瓜蔞 15 克。

【預防與保健】

目前常用白喉、百日咳、破傷風三聯製劑注射，每月 1 次，共 3 次。也可用紅黴素、磺胺甲噁唑等作藥物預防。

可用中藥預防，處方可參考：魚腥草 10 克，水煎，分 3 次口服。棕樹葉 10 克，水煎，分 3 次口服；本病流行期間，口服大蒜，或用大蒜液滴鼻，均有預防效果。

發現百日咳患兒，應該及時隔離 4～7 週。

患兒要充分休息，尤其要保證夜間的睡眠。

幼小嬰兒儘量不惹其哭鬧，較大的患兒，發作前應加以安慰，來消除其恐懼心理。

發作時可助患兒坐起，輕拍背部，隨時將口鼻分泌物和眼淚擦拭乾淨。

飲食調理也很重要。陣咳發作常致胃口不佳，應選擇富有營養、易消化、較黏稠的食物。餵時應少量多次，如吐出，則應隨時重餵。吐後即時做口腔清潔。

兒科疾病

兒科常見病

♥ 猩 紅 熱

本病誘因

猩紅熱是一種急性呼吸道傳染病。由 A 組 β 型溶血性鏈球菌引起。

患者和帶菌者為傳染源，主要由呼吸道飛沫傳播，也可經皮膚傷口或產道等處傳染。

患兒多為 3 歲以上小兒，6 個月以下極為少見。

少數患兒病後 1～5 週可發生急性腎小球腎炎或風濕熱。

【主要症狀】

本病潛伏期 1～5 日。

初起突然高熱，胃寒頭痛、嘔吐、煩躁、咽部疼痛、咽充血極明顯、扁桃體腫大或可見膿性分泌物。

發熱 1～2 日後出現皮疹，先見於耳後、頸部、上胸部，自上而下很快蔓延至四肢，重者手掌及足底也有；皮疹為瀰漫性細小點狀，以後隆起，有的呈雞皮樣，密佈呈普遍紅暈，疹間無正常皮膚；肘前、腋部、腹股溝部等處較密集。

皮疹在 2 天內出齊，疹盛時皮膚瘙癢。面部發紅，但

口唇周圍蒼白（環口蒼白圈）。

皮疹出現後 2 日內達到高峰，第 1 週末開始脫屑、消退。

重症者可出現中毒性休克、心肌炎及膿毒血症。

典型猩紅熱依病情可分為 3 期。

前驅期：起病急，發熱、咽痛、頭痛、咽部充血、舌有白苔。

出疹期：1～2 日後出現，此時體溫最高，皮疹從耳後、頸部及上胸部開始，24 小時蔓延全身。2～4 日消退，重症持續 1 週。

恢復期：病後 1 週後皮疹開始消退。

【就醫指南】

本病冬春季多發，兒童為主要易感人群。患者常有接觸史。

典型皮疹。外傷後有發熱，典型皮疹而無咽峽炎者為外科性猩紅熱。

血常規檢查：血白細胞計數及中性粒細胞增高。

咽拭子試驗：咽拭物培養得溶血性鏈球菌。

【西醫治療】

＊ 一般治療：

呼吸道隔離，臥床休息，供給充分營養和水分。

＊ 抗生素治療：

首選青黴素，輕者每日 80 萬～160 萬單位，分 2 次肌內注射，連用 10 日；重症每日 200 萬～600 萬單位，靜脈滴注，至少連用 10 日。

對青黴素過敏者可選用紅黴素、螺旋黴素、林可黴

素、頭孢菌素等。

中毒型伴休克者應靜脈給足量青黴素，並積極補充血容量、糾正酸中毒、給氧、輸入新鮮血等。

＊ 對症治療：

高熱可用較小劑量退熱劑，或用物理降溫等方法。

大齡患兒咽痛可用生理鹽水漱口或杜滅芬含片。

【中醫治療】

中醫根據症狀及脈象分型，然後進行辨證論治。

◎輕型：症見突然發熱惡寒，頭痛嘔吐，咽喉疼痛紅腫，肌膚丹痧隱約可見，且舌質紅苔白，脈浮數。適宜用辛涼清熱、解毒利咽的方法治療。

【參考方藥】金銀花 10 克、連翹 10 克、牛蒡子 6 克、玄參 6 克、桔梗 10 克、蟬衣 3 克、浮萍 10 克、豆豉 10 克、荊芥 3 克、甘草 3 克。

◎重型：症見壯熱不解，面赤口渴，咽喉腫痛，伴有糜爛的白點，皮疹密佈，色紅如丹，甚則色紫如瘀點。見疹後 1～2 日舌苔黃燥，舌質紅刺，3～4 日後舌苔剝脫，舌面光紅起刺，狀如楊梅，脈數無力。適宜用清氣涼血、瀉火解毒的方法治療。

【參考方藥】犀角 3 克（先煎）、生石膏 25 克（先煎）、黃連 1.5 克、鮮生地 10 克、鮮石斛 10 克、鮮蘆根 10 克、鮮竹葉 6 克、連翹 10 克、玄參 10 克。

◎外科型：症見丹痧布齊後 1～2 日，開始皮膚脫屑，此時身熱漸退，咽部糜爛疼痛亦漸減輕，但留有低熱，唇口乾燥，或伴乾咳，食慾不振，且舌紅少津，脈細數。適宜用養陰生津、清熱潤喉的方法治療。

【參考方藥】沙參 10 克、麥冬 10 克、玉竹 10 克、天花粉 10 克、生甘草 3 克、扁豆 10 克、桑葉 10 克。

【預防與保健】

流行期間避免兒童去公共場所，接觸患者時應戴口罩，其分泌物及污染物應隨時消毒。

患者應隔離至咽峽炎治癒，或咽拭子培養 3 次陰性，或從治療之日起隔離 7 日。

患兒應注意營養和水分的補充，以恢復體力。

❤ 小兒肺炎

本病誘因

肺炎是小兒的常見疾病。是由於不同病原體或其他因素如羊水吸入或過敏引起的肺部急、慢性炎症。多發於上呼吸道感染之後，也可繼發於麻疹、百日咳等疾病。一年四季均可發病，而以冬春季節氣候變化時發病率尤高。

小兒肺炎目前尚無統一的分類方法。根據病因，一般可分為細菌性（肺炎球菌、鏈球菌、葡萄球菌、流感桿菌和大腸桿菌等）、病毒性（腺病毒、合胞病毒、流感病毒和鉅細胞包涵體病毒等）、真菌性（白念珠菌等）、支原體、過敏性和吸入性肺炎。

按照病程也可分為以下 3 類：急性肺炎，病程 < 1 個月；遷延性肺炎，病程 1～3 個月；慢性肺炎，病程 > 3 個月。

【主要症狀】

起病可急可緩，有發熱、咳嗽、喘憋、呼吸急促、發紺、煩躁不安、嘔吐和腹瀉等。

以上是支氣管肺炎臨床表現的普遍規律，由於其發病原因不同，患者體質狀況差異，臨床上有些特殊類型還需注意。

新生兒發生支氣管肺炎：症狀常不典型，多數不發熱，即使發熱也不高，所以新生兒雖不發熱，但若哭聲無力，面色蒼白，嗜睡，厭食，咳嗽無力，口吐泡沫，就要考慮有患肺炎的可能性。病情加重時有呼吸淺表，見點頭狀呼吸，口唇指甲青紫。

嬰幼兒肺炎：一般為支氣管肺炎。表現為：起病急，發熱（體溫 39℃左右），咳嗽，氣急，煩躁不安，面色蒼白，食慾減退，有時可有嘔吐、腹瀉等。早期體徵可不明顯，嬰幼兒可表現為拒奶、吐沫，而無咳嗽。

嬰幼兒肺炎中以腺病毒性肺炎和金黃色葡萄球菌性肺炎較多見。

腺病毒性肺炎：多見於 6 個月至 2 歲的嬰幼兒，起病急，持續高熱可達 2 週之久，早期除見咳嗽頻頻，咽炎、結膜炎等表現外，又有鼻翼搧動，呼吸困難，發紺，臉色蒼白，精神委靡，嗜睡明顯。

金黃色葡萄球菌性肺炎：多見於新生兒和嬰幼兒，症狀比一般肺炎嚴重，持續高熱不退，特別容易在肺內產生小膿腫，痰呈膿性，或膿血性，極黏稠，不易咯出，易發生膿胸及膿氣胸等。

年長兒肺炎：以大葉性肺炎和支原體肺炎為常見。

大葉性肺炎：起病急，高熱（39～40℃）、寒戰、煩躁、譫妄、早期氣促、胸痛、咳嗽不多、3～4天後出現咯鐵鏽色痰。

支原體肺炎：起病急或緩，體溫可高可低，咳嗽漸重，呈刺激性頻咳，咯出黏液，乏力，頭痛或胸痛。

【就醫指南】

發病以冬春季多見。常有上呼吸道感染病史。

具有典型症狀。

血常規、鼻咽拭子培養、血培養、胸部 X 光檢查、超聲波檢查可助診斷。

以上是診斷的普遍方法，但因發病原因和肺炎類型不同，檢查診斷時還有較大區別。

支氣管肺炎：除具有本病症狀特徵外，一般由細菌感染引起者白細胞總數及中性粒細胞增高；病毒感染引起者降低或正常。肺部 X 光攝片或透視見肺紋理增粗，有點狀、斑片狀陰影，或大片融合病灶。

重症患兒呼吸頻率增快，超過 40 次/分；可出現點頭呼吸、三凹徵，四周、指甲青紫。兩肺可聞及中、細濕囉音。若有病灶融合擴大，可聞及管狀呼吸音，叩診可呈濁音。在合併心衰時，患兒臉色蒼白或發紺，煩躁不安，呼吸困難，呼吸頻率超過 60 次/分，有水腫、心音低鈍、心率突然增快，超過 160～180 次/分（除外體溫因素）或出現奔馬律及肝臟短時間內迅速增大。

腺病毒肺炎：除典型症狀外，X 光檢查往往可發現大片狀陰影，肺部聽診常以一側為重，並需在發病後 3～8天才能聽到中、小水泡音。白細胞常在正常以下，一般在

發病的第 2 週達到高峰，體溫在數天內可迅速下降，但肺部病變消失時間則較長，整個療程需 3～4 週才可告癒。此型肺炎容易發生心功能不全和中毒性肺病。

金黃色葡萄球菌性肺炎：理化檢查白細胞增高，痰內有金黃色葡萄球菌。

大葉性肺炎：除典型症狀外，胸部 X 光攝片或透視有節段或大片陰影。實驗室檢查可見白細胞總數及中性粒細胞增多。

支原體肺炎：除典型症狀外，X 光檢查時常在肺門附近有毛玻璃樣片狀陰影，自肺門蔓延至肺野或呈斑點狀陰影。實驗室檢查可見血清冷凝集反應（＞1：32）呈陽性，雙份血清第 2 次滴度較第 1 次增高 4 倍以上更有助於臨床診斷。

【西醫治療】

＊ 保持呼吸道通暢，及時清除分泌物，發紺者鼻管或面罩給氧。定時更換體位以利排痰。

＊ 給予富於維生素、蛋白質而易消化的食物，多次少量進餐。室內空氣要新鮮，溫度在 20℃左右，濕度 60%為宜。

＊ 病毒感染時，可採用病毒唑每日每公斤體重 10～20 毫克，分 3 次口服，或每日每公斤體重 10～15 毫克，分 2 次靜脈滴注，或無環鳥苷每日每公斤體重 15～20 毫克，分 2～3 次靜脈滴注。

＊ 細菌感染時可首選青黴素每日每公斤體重 5 萬～10 萬單位，分 2 次肌內注射，至熱退 3 天。若效果不佳或過敏者，可用林可黴素每日每公斤體重 30～50 毫克，

分 2 次靜脈滴注。頭孢噻肟（凱福隆）每日每公斤體重 50～100 毫克，分 2 次靜脈滴注。

＊輕者可口服抗生素如阿莫西林每日每公斤體重 25～50 毫克，分 2～3 次。

＊治療支原體肺炎的首選藥物紅黴素，可予每日每公斤體重 30～50 毫克，分 3～4 次，口服，或每日每公斤體重 20～30 毫克，靜脈滴注，濃度 0.5～1 毫克/毫升。

＊如新生兒是吸入性肺炎時，應立即氣管插管吸淨氣管內奶汁等異物。

＊注意保暖，供應足夠的營養和液體，必要時輸新鮮血漿，重症肺炎有酸中毒時應及時糾正。

＊有膿胸時需反覆穿刺抽吸膿液，同時胸腔內應用抗生素，或酌情閉式引流。

本病為急性病，迅速控制，多能很快治癒，如拖延耽擱，往往致病情惡化，同時還可引起多種併發症。

因此，應及時去醫院就診。

【中醫治療】

中醫根據症狀及脈象分型，然後進行辨證論治。

◎風寒閉肺型：症見發熱惡寒無汗，咳嗽氣急，無明顯呼吸困難，不渴，且苔白脈浮，指紋青紅在風關。適宜用辛溫開肺，定喘化痰的方法治療。

可用中成藥：小青龍沖劑 0.5～1 袋，每日 2 次。兒童清肺口服液、兒童清肺丸、小兒保元丹。

【參考方藥】麻黃 3 克、杏仁 10 克、甘草 3 克、蔥白 10 克、淡豆豉 10 克、荊芥 6 克、半夏 6 克、萊菔子 10 克。

◎**風熱襲肺型**：症見發熱較重，無汗或微汗，咳嗽有痰，口渴，面紅，煩躁不安，甚則氣喘，且苔白或黃，脈浮數或滑數。適宜用辛涼清解，宣肺滌痰的方法治療。

可用中成藥：射麻口服液每次 0.5～1 支（每支 10 毫升），每日 2 次；止咳橘紅口服液，每次 0.5～1 支（每支 10 毫升），每日 2 次。或用銀翹解毒片、小兒化痰丸、貝羚散、琥珀保嬰丹、小兒金丹片等。

【參考方藥】麻黃 3 克、杏仁 10 克、生石膏（先下）25 克、桔梗 6 克、生甘草 3 克、黃芩 10 克、黛蛤散（包煎）10 克、全瓜蔞 15 克、桑白皮 10 克。

◎**痰熱阻肺型**：症見壯熱，咳嗽而喘，呼吸困難，氣急鼻煽，口唇發紺，面紅口渴，喉間痰鳴，聲如拽鋸，胸悶脹滿，泛吐痰涎，且舌紅苔黃，脈弦滑，指紋紫至氣關。適宜用清熱宣肺，化痰定喘的方法治療。

可用中成藥：竹瀝水，每次 5～10 毫升，每日 3 次。還可服小兒牛黃散、八寶鎮驚丸、乾元丹、妙靈丹、至聖保元丹、紫雪散。

【參考方藥】麻黃 3 克，射干 6 克，葶藶子、杏仁、地龍、鉤藤、黃芩、竹茹各 10 克，生石膏（先下）25 克。

◎**心陽虛衰型**：症見突然面色蒼白而青，口唇發紫，呼吸淺促，額汗不溫，四肢厥冷，虛煩不安，右肋下出現痞塊，且舌質紫舌苔薄白，脈象虛數或結代。適宜用溫補心陽，救逆固脫的方法治療。

【參考方藥】人參 10 克、附子 10 克、乾薑 3 克、炙甘草 6 克、龍骨（先煎）20 克、牡蠣（先煎）20 克、當歸 10 克、丹參 10 克。

【預防與保健】

做好個人和環境衛生，居室空氣流通，冬春季節少到公共場所。平時多曬太陽，鍛鍊身體，增強體質，及時增減衣服。

避免接觸呼吸道感染的患者。避免交叉感染，輕證可在家中或醫院門診治療。可用蒼朮、艾葉中藥香燻煙以減少空氣中的病原體。病情緩解後，仍要嚴格控制活動量，多休息為宜。

保證攝取足夠水分，多喝水、多吃水果。根據小兒年齡選擇相應水果，保證飲食清淡易消化。發熱期間要給以流質，如米湯、菜水、果汁、人乳、牛奶。吃奶嬰兒要暫減奶量，嚴格控制巧克力等高熱量食品的食入。熱退後，可加半流質，但不宜加得過快。在恢復期要加強營養，但仍需吃清淡易消化的食物，不能過食油膩，對伴有消化道症狀的患兒更應加倍注意。

對重症患兒應注意觀察呼吸、心率，預防各種併發症。

♥ 脊髓灰質炎

本病誘因

脊髓灰質炎，又稱「小兒麻痺症」。病因是特異性嗜神經病毒經口侵入機體後，先在咽部及腸道淋巴組織中繁殖，然後進入血流引起病毒血症。

部分患者的病毒可由血腦屏障侵犯脊髓前角運動細胞，使之變性、壞死、功能消失，結果尤其所支配的肢體出現癱瘓，形成小兒麻痺症。

【主要症狀】

急性期，表現為頭痛、發熱（雙峰熱）、咽痛、嘔吐等。

有的病例 1～2 年漸漸自癒，有的則不能完全恢復，遺下肌肉癱瘓、萎縮、關節畸形等，這種後遺症具有軟、細、涼、畸形等特徵，並以下肢為多見。

【就醫指南】

具有典型症狀。本病終年均有發病，但夏秋季較多，1～5 歲小兒發病率最高。

腦脊液檢查：

細胞數大多增加，一般不超過 500×106/升，以淋巴細胞占多數，細胞數減少時蛋白質增高，呈細胞蛋白分離現象；取糞便作病毒分離，陽性率高；另補體結合試驗、中和試驗有助於診斷。

肢體癱瘓多在急性症狀消失後出現，延續 1～2 週開始恢復，6 個月以內恢復比較明顯，後則恢復較緩。

發生癱瘓之前一般有發熱期病史。

【西醫治療】

＊加蘭他敏：用量為每日每公斤體重 0.05～0.1 毫克，一次肌內注射，20～40 天為一個療程。可根據病情用 1～2 個療程或更多。

＊谷氨酸鈉：每日 3 次，每次 0.1～0.3 克。

【中醫治療】

中醫根據症狀及脈象分型，然後進行辨證論治。

本病屬中醫「痿證」範疇，分 4 型辨證治療。

◎**脾胃虛弱型**：症見納少便溏，腹脹，氣短，面浮而

色不華，漸見下肢痿軟無力，甚則肌肉萎縮，且舌苔薄白，脈細。適宜用健脾益氣的方法治療。

可用中成藥加味金剛丸、四君子丸、大活絡丹等。

◎**肺熱津傷型**：症見肢體痿軟不用，漸至肌肉消瘦，咳嗽，咽不利，小便赤熱，且舌紅苔黃，脈數。適宜用清熱潤燥，甘寒清上的方法治療。

可用中成藥養陰清肺丸、嬰兒保肺散、清肺抑火丸等。

◎**肝腎虧虛型**：症見腿脛大肉漸脫，膝脛痿弱不能久立，甚至步履全廢，咽乾目眩，且舌紅絳，脈細數。適宜用滋陰養熱，補益肝腎的方法治療。

可用中成藥健步丸、虎潛丸、滋補肝腎丸等。

◎**濕熱浸淫型**：症見肢體逐漸出現痿軟無力，以下肢為常見，或兼見微腫，手足麻木，身重面黃，小便赤澀，且舌苔黃膩，脈濡數。適宜用清熱化濕的方法治療。

可用中成藥四妙丸、甘露消毒丹、龍膽瀉肝丸等。

【預防與保健】

保證科學餵養，做到營養全面、合理，增強抵抗力。

患病後應實行隔離，隔離期不少於 40 天。

患病初期，患兒無症狀也應多靜臥，避免疲勞。急性期臥床休息，不搬動，注意使患肢處於功能位，避免受壓，手足不要下垂，宜睡木板床，以免造成畸形。

在高熱時期宜用半流質、流質飲食，高蛋白、高營養飲食。

常給癱瘓患兒翻身，預防褥瘡及肺炎，鼓勵患兒進行功能恢復性鍛鍊。

♥ 佝 僂 病

　　佝僂病是由於體內維生素 D 量的不足，而使機體鈣、磷的代謝失常，發生骨骼生長發育障礙的疾病，稱為維生素 D 缺乏性佝僂病。

　　引起小兒維生素 D 缺乏的主要原因是日光照射不足，飲食中維生素 D 含量不足和生長過速，需要量大。

　　此外，慢性呼吸道感染，胃腸道疾病和肝、腎疾病，均可影響維生素 D 和鈣、磷的吸收以引起本病。

　　3 歲以內為主要發病年齡，6 個月至 1 歲最多見。

【主要症狀】

　　早期多汗、易激惹、夜驚、睡眠不安、枕禿、煩躁。逐漸出現骨骼改變，出牙晚，囟門遲閉，顱縫發軟，方顱，枕骨有乒乓球感，胸部出現肋骨串珠，肋緣外翻，形成郝氏溝、雞胸、漏斗胸及脊柱側彎、龜背等。四肢出現手鐲、腳鐲樣改變，X 形腿、O 形腿等；甚至發生骨折等，也可有肌肉和肌腱鬆弛，肌張力低下，易患肺炎、腸炎等。

　　佝僂病一般可分為輕度、中度和重度 3 種類型：

　　輕度：方顱、輕度串珠、郝氏溝，O 形腿併攏膝關節間距＜3 公分。

　　中度：顱骨軟化、明顯郝氏溝、串珠，O 形腿兩膝間距 3～6 公分之間，X 形腿兩踝間距＞3 公分。

重度：雞胸、龜背，明顯手、腳鐲，運動生理功能受限以及影響步態的 O 形腿和 X 形腿。

按其病程又可分為活動期、恢復期和後遺症期。

【就醫指南】

有維生素 D 缺乏史，如孕婦接受日照少，飲食中缺乏維生素 D，小兒戶外活動少，輔食添加不及時，患有腸道疾病、肝腎疾病等病史。

具有早期典型症狀和活動期骨骼變化特徵。

血清 25 - 羥維生素 D_3、鈣、磷、鹼性磷酸酶、甲狀旁腺素測定，尿鈣檢查，X 光攝片有助於診斷。長骨 X 光透視可見骨質疏鬆，脫鈣，骨骺線加寬模糊不齊，有時呈杯狀。

應與腎性佝僂病鑑別：後者有腎臟病史，血清鈣下降，血清磷顯著升高。維生素 D 治療一般無效。

【西醫治療】

＊早期或輕症患兒，可口服濃縮魚肝油，每日給維生素 D 3000～5000 國際單位。

＊重症患兒，每日服用維生素 D1 萬～15 萬國際單位，連服 1～2 個月，以後可減量再服 1 個月。

＊對個別病情嚴重的患兒可用維生素 D 注射法，或口服氯化鈣或維生素 D。恢復期夏季多曬太陽即可，冬季給維生素 D 口服或肌內注射。

＊後遺症期不需藥物治療，應加強鍛鍊。骨骼畸形應採用主動或被動方法矯正，嚴重者 4 歲後考慮手術矯正。

本病如 2 歲以前及時治療可以不留後遺症，輕度骨畸形經 2～3 年可自然恢復正常，重度骨畸形恢復慢，可延

遲到 10 歲左右，但有的畸形可殘留終生。

【中醫治療】

中醫學認為，本病多由先天不足，後天失養所致，是肝、腎、心、脾不足之證。中醫學中所記載的「五遲」，即立遲、行遲、齒遲、髮遲、語遲也包括了佝僂病的一些表現。氣血虛弱，筋骨痿軟，都是虛徵的表現，所以中醫治療多用補腎、益氣、養血的方法。

◎**脾氣虛弱型**：症見多汗、夜驚、夜啼，肌肉鬆弛，枕禿，髮黃稀疏，骨骼改變不明顯，且舌淡苔黃白膩或花剝，脈細弱。適宜用健脾益氣的方法治療。

【參考方藥】黃蓍、黨參、白朮、茯苓、山藥、當歸、遠志、蓮子肉各 10 克，炙甘草、砂仁各 3 克。

◎**腎精虧損型**：症見骨骼改變，精神萎弱，手足發軟，發育減慢，出牙延遲，反應遲鈍。適宜用補腎填精的方法治療。

【參考方藥】熟地、山藥、山萸肉、茯苓、烏梅肉、枸杞、川斷、鹿茸、菟絲子、五味子各 10 克，生龍牡（先煎）20 克，鳳凰衣 6 克。

中醫傳統療法

★**拔罐法**

頭部：啞門、大椎。

背部：大抒、脾俞、腎俞。

上肢部：通里。

下肢部：足三里、陽陵泉。

【預防與保健】

孕期婦女多接受日照，合理飲食，懷孕後期注意補維生素 D。

分娩後，注意多曬太陽，乳母、小兒應多到戶外活動。

儘量母乳餵養。人乳中鈣磷含量較多，易於吸收，尤其是 6 個月以下嬰兒應力爭母乳餵養。

要注意輔食的添加。早加含維生素 D 豐富的輔食。

患病後更要堅持曬太陽，多食富含維生素 D 的食物，如肝類、魚卵、蛋黃、牛奶等。

防治有關的各種疾病。

❤ 小兒營養缺乏性貧血

本病誘因

小兒營養缺乏性貧血是由於鐵、葉酸、維生素 B_{12} 等造血物質缺乏而引起的，是威脅小兒健康的一種常見病。

起病原因主要是食物中這類物質含量不能滿足小兒生長發育的需要，攝入量不足。再者是吸收不良，如長期腹瀉、嘔吐、腸炎、急性和慢性感染時食慾減退等，影響到胃腸道的吸收功能。

此外，長期慢性失血和體內某些代謝障礙也可引起本病。本病分為缺鐵性貧血、營養性巨幼紅細胞貧血和營養性混合性貧血。

前者是機體中鐵的缺乏，後者是葉酸和維生素 B_{12} 缺乏所造成的，營養性混合性貧血為兩者都不足所致。

【主要症狀】

缺鐵性貧血：常表現為注意力不集中，學齡兒童可在課堂上亂鬧，不停地做小動作，理解力低、反應慢，對周圍環境不感興趣。常見口唇、口腔黏膜、指甲和手掌明顯蒼白。肝脾腫大很少超過中度，並伴淋巴結輕度腫大。

維生素 B_{12} 缺乏的貧血：常表現為表情呆滯，目光發直，少哭不笑，反應極不靈敏，嗜睡不認親人，運動功能發育慢或反應倒退，不易出汗，嚴重的可發展為神經系統器質性病變。

維生素 B_{12} 和葉酸缺乏的貧血：除眼結膜、口唇、指甲等處明顯蒼白外，皮膚呈蠟黃色，顏面稍顯水腫，頭髮細黃且稀疏。

維生素 B_{12} 和葉酸缺乏的貧血：常伴有噁心或嘔吐，大便稀溏，含有少量黏液，無白細胞等異常改變。典型病例可見舌面光滑，舌下正對下中門齒處發生潰瘍。

【就醫指南】

具有典型症狀。

缺鐵性貧血可見紅細胞和血紅蛋白數都減少，其中血紅蛋白降低尤為明顯。血清鐵蛋白減少，降到 10 毫克/升就出現臨床症狀。血液塗片中見紅細胞變小。

維生素 B_{12} 缺乏性貧血見維生素 B_{12} 血清中含量低於 100 微克/升，紅細胞較正常大。

葉酸缺乏性貧血，血清中葉酸含量低於 3 微克/升，紅細胞較正常大。營養性混合性貧血。紅細胞大小相差懸殊。

【西醫治療】

＊對於缺鐵性貧血，可口服無機鐵鹽，如硫酸亞鐵

每日每公斤體重 0.03 克，富馬酸鐵每日每公斤體重 0.02 克。嬰兒可服硫酸亞鐵合劑每日 1.2 毫升/公斤。以上藥分 3 次服，宜在兩餐之間服藥，可減輕對胃黏膜刺激，又利於吸收。同時，還可口服維生素 C，每日 100 毫克，分 2 次，在吃飯同時服用，可增加鐵的吸收。

＊對於維生素 B_{12} 缺乏性貧血，可用維生素 B_{12} 每週肌內注射 2 次，每次 100 毫克，連續注射 2～4 週，直至網織紅細胞正常。

＊對於葉酸缺乏性貧血，可口服葉酸每日 5～10 毫克，最好同時服維生素 C 每日 100 毫克。

＊對營養性混合性貧血，可採用鐵劑和維生素 B_{12} 或葉酸聯合用藥。

【中醫治療】

中成藥主要從調理脾胃，增強食慾，幫助消化著手。作為輔助療法，可用康兒靈、肥兒樂散劑、稚兒靈沖劑、小兒香橘丸等。

··············· 中醫傳統療法 ···············

★拔罐法

背部：大椎、脾俞、胃俞。

腹部：氣海。

下肢部：百蟲窩、足三里、隱白。

【預防與保健】

起居作息要有規律，養成良好生活習慣，適當控制活動量。

給予富含鐵質、維生素和蛋白質的食物，如紫菜、海帶、魚以及各種新鮮蔬菜和水果等。

給予富含維生素 B_{12} 的食物，糾正長期素食的不良習慣。維生素 B_{12} 在肉類及動物肝臟、腎臟中含量較多，而奶、蛋類含量少。

對葉酸缺乏的貧血患兒，年幼嬰兒及時添加輔食，如蘋果泥、菜泥、馬鈴薯泥、胡蘿蔔泥、肝泥等。年長兒應該保證飲食品種多樣化，多食綠色蔬菜和各種新鮮水果。

貧血小兒抗病能力下降，要注意居室溫度，及時增減衣被，嚴防感冒，避免合併感染加重病情。

♥ 小兒急性喉炎

本病誘因

小兒急性喉炎是喉部黏膜的急性炎症，可因病毒或細菌感染引起，多繼發於上呼吸道感染。

【主要症狀】

咳嗽、聲音嘶啞、咳聲如犬吠樣，有吸氣性喉鳴、吸氣性呼吸困難，可伴有發熱。

【就醫指南】

具有典型症狀，或上感病史。

檢查時還可根據症狀與聽診判斷患兒喉梗阻的程度：

Ⅰ度：患兒安靜時如常人，僅在活動後才出現吸氣性喉鳴及吸氣樣呼吸困難，聽診呼吸音清晰，心率正常。

Ⅱ度：安靜時即出現喉鳴及吸氣性呼吸困難，聽診可聞及喉傳導音或管狀呼吸音，使得心率較快、心率可達

120～140 次/分。

Ⅲ度：除Ⅱ度症狀外還出現陣發性煩躁不安，口唇、指甲發紺，口周發青或蒼白，聽診兩肺呼吸音減弱或者聽不見，心音較鈍，檢測時，心率可達 140～160 次/分。

Ⅳ度：由煩躁不安轉為半昏迷或昏迷，表現暫時安靜，面色發灰，聽診兩種呼吸音幾乎消失，僅有氣管傳導音，心音微弱，心律不整或快或慢。

【西醫治療】

＊病毒感染引起者可予抗病毒治療，選用利巴韋林、無環鳥苷等；細菌感染引起者採用抗生素治療，選用青黴素、羥氨苄青黴素、頭孢羥氨苄青黴素、紅黴素等。腎上腺皮質激素：潑尼松每日每公斤體重 1～2 毫克，分3～4 次；地塞米松每次每公斤體重 0.25 毫克，肌內注射或靜脈滴注，或用超聲霧化吸入。

＊Ⅳ度喉梗阻立即行氣管切開術，Ⅲ度喉梗阻經治療無效者也應手術治療。

【中醫治療】

本病中醫稱為「喉風、喉音、喉痺」等，一般按以下3 型辨證論治。

◎**風寒襲喉型**：症見乾咳，如犬吠樣，聲音輕度嘶啞，不發熱或低熱，且舌淡紅、苔薄白，脈浮緊，指紋浮紅在風關。

可用中成藥：錫類散。

◎**風熱襲喉型**：症見咳聲如犬吠，輕度憋氣，咽痛，發熱，且舌尖紅，脈浮數，指紋浮紫在風關。

可用中成藥：錫類散、冰硼散頻頻吹喉，咽速康氣霧

劑噴喉，每次按一下，每日 2 次。

◎痰熱壅肺型：症見高熱，咳劇，呈犬吠狀，咽痛，喘促，喉中痰鳴，呼吸時胸肋凹陷，口周發紺，甚則躁擾不安，便乾尿赤，且舌紅苔黃膩，脈浮數，指紋紫可達氣關或命關。

可用中成藥：通關散、鮮竹瀝水、猴棗散等。

【預防與保健】

平時注意天氣變化，及時增減衣服，注意清潔衛生，冬春季節少去公共場所。加強身體鍛鍊，增強體質預防上呼吸道感染。保持環境安靜，空氣流通。

患兒平臥或半臥位，注意觀察呼吸、心率等情況，發現異常及時處理。

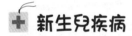

新生兒疾病

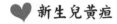

新生兒黃疸

本病誘因

新生兒黃疸在新生兒期常見，包括生理性和病理性黃疸兩種。生理性黃疸主要是因新生兒血膽紅素增高引起。出生後餵養延遲、嘔吐、缺氧、寒冷、胎糞排出較晚等，可加重生理性黃疸。

新生兒溶血、先天性膽管閉鎖、嬰兒肝炎綜合徵、敗血症等可造成病理性黃疸。黃疸嚴重者尚可引起核黃疸，導致腦性癱瘓、智力低下等嚴重後遺症。

【主要症狀】

生理性黃疸：大部分新生兒生後 2～3 日出現黃疸，4～6 日時最重。黃疸最初出現於面部，重者涉及軀幹、四肢、鞏膜。不伴其他症狀，精神反應好，個別新生兒吃奶稍差，有輕微嗜睡。

病理性黃疸：生後 24 小時內出現黃疸；黃疸程度過重或每日膽紅素上升過快。

【就醫指南】

有不順產史，孕婦臨床前感染用藥史、輸血史、家族黃疸史等 1 種或幾種致病因素。

生理性黃疸：一般足月兒 7 日後，早產兒 10 日後皮膚黃染漸自行消退，但膽紅素測定足月兒要 12～14 日，早產兒 3～4 週方可降至正常水平。

病理性黃疸：黃疸持續時間長，足月兒於第 2 週末或早產兒第 2～4 週末仍有黃疸，或黃疸退而復現，或進行性加重。

出生 7～10 天後生理性黃疸應消退，如膽紅素＞34.2 毫摩爾/升時即為病理性黃疸。病理性黃疸還應區分是溶血性黃疸、阻塞性黃疸，還是肝細胞性黃疸。

【西醫治療】

＊ 生理性黃疸因其可自行消退，不需特殊治療。應注意保暖，提早餵奶，早排胎便可減輕黃疸的程度。早產兒黃疸較深時可給予光療或其他退黃治療。

＊ 藥物治療：

常用苯巴比妥，每日每公斤體重 4～8 毫克，首量加倍，分 3 次口服，連服 4 日。白蛋白每公斤體重 1 克靜脈

滴注，或血漿每次 25 毫升，靜脈滴注，每日 1～2 次。

＊ 光照療法：

新生兒裸體臥於光療箱中，雙眼及睪丸用黑紙遮蓋，用單光（20W 藍色螢光燈管 8 支平列排成弧形，管間距離 2.5 公分，距患兒 35～50 公分）或用雙光（上下各 6 支燈管，下方距離患兒 25～35 公分）照射，持續 24～48 小時，膽紅素下降到 120 毫摩爾/升以下即可停止治療。

【中醫治療】

中醫根據症狀及脈象分型，然後進行辨證論治。

◎陽黃：症見面目發黃，黃色鮮明，精神不振，不欲吮乳，或大便秘結，小便短赤，且舌紅苔黃。病情較重者，甚至神昏，抽搐。

可用中成藥：茵陳五苓丸、茵梔黃注射液。

【參考方藥】茵陳 10 克、梔子 3 克、大黃 2 克、枳實 3 克、車前草 6 克、茯苓 10 克。

◎陰黃：症見面目皮膚發黃，色淡而晦暗，或黃疸日久不退，神疲睏倦，四肢欠溫，納少易吐，大便溏薄色白，小便短少，或腹脹氣短，且舌淡苔膩。

【參考方藥】茵陳 10 克、太子參 10 克、白朮 10 克、乾薑 1 克、附子 3 克、茯苓 10 克。

症見面目皮膚發黃，顏色晦暗，日漸加重，腹滿納呆，神疲少動，食後易吐，脅下痞塊，小便短黃，大便灰白，或見瘀斑，唇色暗紅，且舌質色紫暗或有瘀點、苔黃，指紋沉滯。

【參考方藥】茵陳 10 克、梔子 2 克、柴胡 6 克、茯苓 6 克、白朮 6 克、桃仁 6 克、當歸 6 克、白芍 6 克、製

大黃 2 克、甘草 2 克。

【預防與保健】

孕婦注意孕期衛生，妊娠期間忌飲酒，少食辛辣食品，不濫用藥物。

嬰兒出生後，密切觀察黃疸出現和消退的時間、顏色及吃奶、大便、精神等全身情況。

發現相關症狀，及時治療。

♥ 新生兒臍炎

本病誘因

多由斷臍時或出生後處理不當而引起。

最常見的是金黃色葡萄球菌，其次為大腸桿菌、綠膿桿菌、溶血性鏈球菌等。

【主要症狀】

新生兒臍炎為新生兒臍部的一種急性炎症。

輕者臍輪和臍周皮膚輕度紅腫，可有少許漿液性分泌物。重者臍部及周圍明顯紅腫，有膿性分泌物，伴臭味。

可形成臍周膿腫或蜂窩織炎，個別可引起腹膜炎、肝膿腫、臍靜脈炎、骨髓炎或敗血症。

【就醫指南】

具有斷臍感染史。

具有典型症狀。

【西醫治療】

＊輕者局部用 3% 過氧化氫和 75% 酒精清洗，有明顯膿性分泌物，臍周有擴散或伴全身症狀者應用抗生素，也

可根據分泌物培養及藥物敏感試驗選用抗生素。

＊臍周肉芽腫可用硝酸銀棒或 10%硝酸銀溶液塗擦，或用電灼或手術切除。膿腫形成時需切開引流。

【預防與保健】

到正規醫院婦產科請專業醫生接生，以免發生感染。

在醫生指導下保持患部清潔以免復發。

穿柔軟衣褲，癒後保持清潔衛生。

♥ 新生兒破傷風

本病誘因

新生兒破傷風是由破傷風桿菌經新生兒臍部侵入而引起。

常因在孕婦分娩時使用未消毒的剪刀、線繩切斷及結紮臍帶而感染。

【主要症狀】

患兒神志清醒，早期多不發熱。病初哭吵不安，想吃而口張不大，吸吮困難，隨後牙關緊閉，口角上牽，額皺眉舉，呈「哭笑」面容。

四肢出現陣發性、強直性、痙攣性抽搐，雙手緊握，上肢過度屈曲，下肢直伸，呈角弓反張狀態，任何輕微刺激均可誘發或加重抽搐。

間歇期肌肉仍持續收縮，嚴重者可引起窒息或呼吸暫停。

【就醫指南】

有不清潔的接生史。潛伏期 3～14 日，以 4～8 日發

病者最多。

新生兒破傷風係急性感染性疾病，多數出生後 1 週左右發病。

具有典型症狀，且口腔試驗陽性可確診。

【西醫治療】

＊破傷風抗毒素應用越早越好，劑量為 1 萬～3 萬單位，1 次靜脈滴注或肌內注射。

＊鎮靜劑常用地西泮，每次需要每公斤體重 0.1～0.3 毫克，緩慢靜脈注射，每日 2～4 次；或苯巴比妥每公斤體重 10 毫克，靜脈注射，間隔 20 分鐘可酌情重複 1～2 次，維持量每日每公斤體重 5 毫克。

＊抗生素可用青黴素，每日需要用量 20 萬單位/公斤，分 2 次靜脈滴注，連用 7～10 日。

＊用 3%過氧化氫液或 1：4 000 的高錳酸鉀液清洗臍部，再塗以碘酒，嚴重感染者可在抗毒素注射 1 小時後酌情作清潔擴創手術。

【預防與保健】

確保無菌接生。接生時消毒不嚴格者，應於 24 小時內剪去殘留臍帶遠端，用 3%過氧化氫或 1：4 000 高錳酸鉀溶液清洗後塗碘酒，並肌內注射破傷風抗毒素 1500～3000 單位。

患病後應保持室內安靜，保持呼吸道通暢，必要時吸氧，做好皮膚及口腔護理。初期應暫時禁食，靜脈供應營養，痙攣減輕後再鼻飼餵養。如有窒息或呼吸暫停，應氣管插管使用呼吸器。

❤ 新生兒敗血症

【主要症狀】

輕者表現為吮乳減少或無力，哭聲低微或少哭，軟弱無力而少動，可有嘔吐或腹瀉。

部分患兒可伴有發熱、體重不增，面色較蒼白或皮膚花、黃疸等。

重者體溫不升或高熱，不吃、不哭、不動，面色青灰或發紺，黃疸迅速加重。

【就醫指南】

母產前及臨產時有感染、胎膜早破、產程延長、羊水污染、臍部感染及皮膚黏膜破損或感染等病史。

發病急驟，起病時常缺乏典型症狀，感染灶有時不明顯。重者中毒症狀明顯，如口周發青，面色青灰，皮膚發花等。

體格檢查時，皮下可見出血點，肝脾腫大，心音低鈍，心率快，呼吸困難或不規則，腹脹，嘔吐或腹瀉，甚

至出現驚厥、昏迷。體檢應注意臍部、皮膚、甲溝及黏膜傷口等處有無感染病灶。

血常規，血培養、分泌物培養或塗片檢查。如白細胞正常但血培養有致病菌生長，即可確診。局部病灶的細菌培養及塗片可作診斷的參考。

檢查血沉也可助診斷，疑有腦膜炎時可作腦脊液檢查。

可併發肺炎、中毒性腸麻痺、腹膜炎、骨髓炎等。

發生膿毒血症時約有 1/3 患兒併發休克、硬腫症或瀰散性血管內凝血。本病病死率較高，尤其是早產兒。

【西醫治療】

＊ 根據感染的可能來源初步判斷病原菌，及早選用足量、有效的抗生素。常用青黴素和氨基糖苷類抗生素聯合治療，在細菌培養及藥敏試驗結果報告後，再針對病原菌加以調整。同時，注意金黃色葡萄球菌感染時可用苯唑青黴素或鄰氯青黴素或頭孢呋肟。大腸桿菌感染時可用氨苄青黴素加阿米卡星或頭孢噻肟。綠膿桿菌感染常用羧苄西林加阿米卡星。厭氧菌感染時可用甲硝唑。

＊ 使用免疫療法，輸入新鮮全血或血漿，對中毒症狀嚴重者，短期可加大劑量氫化可的松，靜脈滴注。有休克及瀰散性血管內凝血者，有條件時可採用血漿交換法治療。

＊ 臍部或皮膚局部感染者，可塗 2%的龍膽紫。臍部感染嚴重者可用呋喃西林濕敷。

＊ 併發嚴重貧血，膽紅素顯著增高者，可換血輸血。

【中醫治療】

中醫根據症狀及脈象分型，然後進行辨證論治。

新生兒敗血症屬中醫學「胎熱」「胎毒」或「瘡毒走黃」等範疇。

◎**邪毒熾盛型**：症見起病急驟，壯熱煩躁，吃奶少，常伴黃疸，瘀斑，肝脾腫大，小便黃，大便乾，甚則抽搐，且舌紅絳、苔黃，指紋紫滯。

可用中成藥：使用清開靈注射液 5 毫升/日，靜脈滴注。

【參考方藥】黃連 0.5 克、黃芩 3 克、梔子 1 克、生地 6 克、丹皮 6 克、赤芍 1 克、柴胡 3 克、茵陳 3 克、白荳蔻 3 克。

◎**毒陷正虛型**：症見發熱不退，午後加重。口乾舌燥，神疲乏力，且舌光紅有裂紋。

【參考方藥】生地 6 克、沙參 6 克、麥冬 6 克、淡竹葉 6 克、丹參 6 克、連翹 6 克、羚羊角粉（分沖）0.5 克。

◎**血虛氣弱型**：症見面色蒼黃或青灰，精神不振，不吃不哭，汗多肢厥，體溫不升，皮膚瘀點，且舌淡、苔薄白，指紋隱伏不顯。

【參考方藥】人參 6 克、附子（先煎）6 克、乾薑 0.5 克、黃蓍 6 克、丹參 6 克、當歸 6 克。

【預防與保健】

孕婦定期做產前檢查。分娩過程中應嚴格執行無菌操作，對胎膜早破、宮內窒息或產程過長的新生兒應進行預防性治療。注意觀察新生兒面色、吮奶、精神狀況及體溫變化，保持口腔、臍部皮膚黏膜的清潔，如有感染性病灶，應及時處理。患病後應供給足量能量、水分。低溫時保暖，高熱或伴驚厥者可用物理降溫和鎮靜劑。

婦產科疾病

✚ 婦產科常見病

♥ 滴蟲性陰道炎

本病誘因

滴蟲性陰道炎是最常見的陰道炎，由陰道滴蟲引起。滴蟲不僅可寄生於陰道，尚可侵入尿道、尿道旁腺、膀胱、腎盂及男性生殖器的包皮褶和尿道中。

有兩種傳染方式：

直接傳染（即由性交傳染）及間接傳染（即由各種浴具如浴池、浴盆、游泳池、衣物及污染的器械等傳播）。

滴蟲消耗陰道細胞內糖原，阻礙乳酸的生成，改變陰道酸鹼度，破壞了防禦機制，容易引起繼發性細菌感染使病情加重，屬性傳播疾病之一。

【主要症狀】

主要表現為外陰瘙癢、灼熱、性交痛和白帶增多。白帶多呈灰黃或黃白色稀薄泡沫狀分泌物，沉積於後穹隆，有腥臭味。常伴泌尿道、腸道內滴蟲感染，可有尿頻、尿痛。約半數帶蟲者無症狀。滴蟲吞噬精子常引起不孕，月經後易於復發。若有尿道口感染，則出現尿頻、尿痛，甚則尿血。

【就醫指南】

具有典型症狀。

婦科檢查可見陰道及宮頸黏膜紅腫，可見散在紅斑點或草莓狀突起。

用分泌物懸滴法鏡下可找到毛滴蟲。

可疑患者，多次懸滴法未能找到滴蟲，可做滴蟲培養，準確率為 98%。

【西醫治療】

＊ 局部治療：

先用 1%乳酸或 0.5%醋酸溶液沖洗陰道，然後置入甲硝唑栓劑（含甲硝唑 500 毫克）1 枚，共 10 日 1 療程。亦可用 1：1000 新潔爾滅溶液沖洗陰道或坐浴，之後，將甲硝唑 0.2 克置於陰道深部，7～10 日 1 療程，需連續用 3 療程。

＊ 全身治療：

甲硝唑每次 200 毫克，每日 3 次，共 7 日；或 400 毫克，每日 2 次，共 5 日；或 1 次頓服 2 克也有同樣效果。檢查滴蟲轉陰後再用 1～2 個療程。或口服甲硝唑 0.2 克/次，每日 3 次，7～10 日 1 療程，可連服 3 療程鞏固。

【中醫治療】

中醫內治法：

◎腎虛濕盛：症見帶下量多，色白質稀有泡沫，腥臭，外陰瘙癢，口中黏膩，且舌質淡，苔白膩，脈濡。適宜用利濕殺蟲止癢的方法治療。

可用中成藥：四妙丸、白帶丸。

【參考方藥】蒼朮、白朮、薏苡仁、茯苓各 15 克，

白鮮皮、苦參、百部各 12 克，甘草 6 克。

◎**濕熱下注**：症見帶下量多，色黃或黃綠，質稠如膿，臭穢，外陰瘙癢灼痛，心煩口苦，胸脅脹痛，尿黃便結，且舌質紅、苔黃膩，脈弦滑。適宜用清肝洩熱，利濕殺蟲的方法治療。

【**參考方藥**】龍膽草 15 克，黃芩、生地、苦參各 12 克，車前子（包煎）、木通、柴胡、當歸、梔子、澤瀉各 10 克，生甘草 6 克。

中醫外治法：

◎**蛇床子洗劑**：蛇床子、黃柏、苦參各 30 克，百部、地膚子、白鮮皮各 20 克，煎湯沖洗陰道，並外洗坐浴。

◎**陰道納藥**：鴉膽子 20 個去皮，用水 1 杯，煎成半杯。用帶棉球浸藥液塞入陰道，12 小時後取出，每日 1 次，10 次一個療程。

◎**治滴粉**：樟丹 3 克，雄黃 3 克，冰片 1 克，蛤粉 10 克研末，紫外線消毒 2 小時。帶線棉球塞入陰道內 12 小時取出，10 次一個療程。

◎**外陰薰洗**：蛇床子 30 克，苦參、百部、黃柏、密陀僧各 15 克，花椒、明礬各 10 克，布包水煎 20 分鐘，薰洗陰部，每日 2 次。

黃柏、黃連各 15 克，煎水 300 毫升，浸帶線棉球後置於陰道內 12 小時取出，10 次一個療程。

【**預防與保健**】

加強衛生教育宣傳，推廣淋浴，避免用公共浴巾及洗衣盆，醫療單位應嚴格做好各項清潔消毒用具，防止交叉感染。

定期普查，及早發現，及時治療。

禁止滴蟲患者或帶蟲者進入游泳池；浴盆、浴巾等用具要消毒。

治療期間，患者的內褲及洗滌用毛巾應煮沸 5～10 分鐘以消滅病原，避免重複感染。禁止性交，或性交時採用避孕套以防止感染。

已婚者應檢查男方是否有生殖器滴蟲病，若有，應同時治療。治療後滴蟲轉陰時，仍應於下次月經乾淨後繼續治療一療程，以鞏固療效。

♥ 子宮肌瘤

本病誘因

子宮肌瘤是女性生殖器中最常見的良性、實質性腫瘤，也是婦女全身器官中最常見的良性腫瘤。其發生可能與雌激素長期刺激有關，中樞神經活動也起重要作用。

臨床上多見於30～60歲年齡階段。肌瘤過大，因缺乏營養可發生變性，良性變性可有玻璃樣變、囊性變、鈣化、脂肪變性及紅色性變，極少數的子宮肌瘤可發生肉瘤樣惡性變。

肌瘤多生長在子宮體部，少數生長於子宮頸部。子宮體部肌瘤常見類型為壁間肌瘤，占60%～70%；其次為漿膜下肌瘤，約占20%；第三為黏膜下肌瘤，占10%。一般為多發性，可單一類型存在，也可兩種或兩種以上類型存在。

【主要症狀】

月經異常：常表現為月經過多，經期延長，較大的壁間肌瘤和黏膜下肌瘤常見。如黏膜下肌瘤發生壞死，感染與潰瘍，還可伴有不規則的陰道出血，白帶增多或膿血樣分泌物。

下腹包塊：肌瘤長至拳頭大小時，患者常可於下腹捫及實質性腫塊。

疼痛：近半數患者有經期腹痛，如漿膜下肌瘤發生瘤蒂扭轉或肌瘤發生紅色性變，均可引起腹部劇痛，肌瘤紅色性變可伴有噁心、嘔吐、體溫上升及白細胞增多。

壓迫症狀：肌瘤增大時可壓迫臨近器官，如壓迫膀胱引起尿頻，壓迫尿道可致尿瀦留，壓迫直腸可引起便秘等。

部分患者可因肌瘤生長部位妨礙孕卵著床或影響精子的通行，可導致不孕或流產。

【就醫指南】

具有典型症狀。

婦科檢查：

如為巨大子宮肌瘤，下腹可捫及實質性結節性可活動的腫塊，多無壓痛。雙合診捫及子宮增大、質硬，表面凹凸不平或可捫及與子宮相連凸出的腫塊。黏膜下子宮肌瘤，子宮常無明顯增大，當肌瘤下移時，宮頸口可擴大，手指伸入宮頸口可觸及腫瘤下沿。如肌瘤墜入陰道，則可捫到瘤蒂深入宮腔或附著子宮頸內口上或下部。

超音波檢查：

是診斷子宮肌瘤的最常用的檢查方法，根據回聲圖

像，可顯示子宮大小，宮內情況，肌瘤的數目、大小、部位及退行變性等。

宮腔探測或診刮：可瞭解宮腔深度及形態。

子宮輸卵管碘油造影：可顯示子宮大小、宮腔形態及肌瘤附著部位。

內鏡檢查：宮腔鏡可窺視腔內的黏膜下肌瘤，腹腔鏡可直視子宮外形及肌瘤情況。

應與子宮腺肌病相鑑別。臨床上也有月經量多、經期延長和子宮增大，但臨床症狀以痛經、進行性加重為主，檢查時子宮呈均勻性增大，很少超過妊娠兩個月大小，具有經前子宮增大、經後縮小的特徵，超音波能幫助診斷。

當肌瘤與肌腺病同時存在，則不易鑑別，常需術後病理證實。

【西醫治療】

＊常用甲睪酮，每次 5～10 毫克，每日 1～2 次；或丙酸睪酮每次 25 毫克，肌內注射，每週 2～3 次。以上藥物每月不超過 300 毫克，以免引起男性化。還可用三苯氧胺或促黃體生成激素釋放激素類似物。

＊年輕婦女需保留生育能力者可作肌瘤挖除術，黏膜下肌瘤突出宮頸外口可經陰道摘除肌瘤；子宮增大近 3 個月妊娠，患者年齡在 35 歲以下，宮頸無炎症者可行子宮次全切手術，保留健側卵巢；子宮增大近 3 個月妊娠或生長迅速，宮頸炎症較重者，應行子宮全切術，年齡在 45 歲以下者，保留健側卵巢，年齡在 45 歲以上者，同時切除雙側附件；巨大黏膜下子宮肌瘤可行腹式子宮切除術。

【中醫治療】

本病屬中醫學「崩漏」「帶下」「癥」等範疇。

在施保守治療時，可根據不同症狀配以中藥治療。

◎氣滯血瘀型：

症見胞中帶塊，月經量多，經期延長，經色紫暗，有血塊，小腹脹痛，血塊下後痛減，經前乳房脹痛，情志抑鬱或心煩易怒，且舌質紫暗、苔薄白，脈弦澀。適宜用行氣活血，消瘀散結的方法治療。

可用中成藥：五香丸。

【參考方藥】當歸、川芎、桃仁、紅花、三棱、莪朮、烏藥、製香附各 10 克，赤芍、荔枝核、夏枯草各 15 克，生牡蠣 30 克，炙甘草 6 克。

◎氣血虛瘀型：

症見胞中積塊，月經先期量多，或淋漓不淨，色淡，有血塊，小腹墜痛，氣短乏力，食少便溏，且舌質淡暗、邊有瘀斑，脈虛細澀。適宜和益氣補中，化瘀消腫的方法治療。

可用中成藥：婦科回生丹。

【參考方藥】黨參、炙黃蓍、白朮、山藥、山慈姑、夏枯草、昆布各 15 克，三棱、莪朮、枳殼各 10 克。

◎痰瘀互結型：

症見胞中積塊，小腹脹痛，帶下量多，色白質稠，月經量多有塊，婚久不孕，胸脘痞滿，形體肥胖，且舌質紫黑黯、苔膩，脈沉滑。適宜用理氣化痰，祛痰消腫的方法治療。

可用中成藥：桂枝茯苓丸合二陳丸。

【參考方藥】半夏、陳皮、製香附、川芎、檳榔各 10 克，茯苓、蒼白朮、夏枯草、海藻各 15 克，莪朮 12 克，木香 6 克。

······················ **中醫傳統療法** ·······················

★針灸治療

取中極、關元、子宮、腎俞及內關、照海為主，平補平瀉，留針 15～30 分鐘，每日或隔日 1 次，7～10 次為一療程。

【預防與保健】

該病在預防方面應做到對 30 歲以上的婦女定期婦科檢查，特別對於經量多者，或腹部有包塊者，更應注意，必要時做 超音波檢查。

合理應用性激素類藥物，防止長期過量應用雌激素。

調暢情志，精神舒暢，保持氣血平和。安慰患者，解釋病情，消除對出血多的恐懼和顧慮。並注意觀察其面色、神態、苔脈變化及血壓情況，必要時做好輸血輸液準備。

清潔外陰，因子宮肌瘤常有經期延長，每日清洗會陰，並勤換衛生巾及內褲。

如果肌瘤小，又無症狀，一般不需治療。注意觀察。因絕經後雌激素水平低落，肌瘤有望自然萎縮或消失。可每 3～6 個月隨訪檢查 1 次，若發現肌瘤增大或症狀明顯可進一步治療。

加強營養，多食魚類、肉類、禽蛋類及乳汁、蔬菜、散積軟堅之品——海帶等，忌食辛辣刺激物。

♥ 急性宮頸炎

本病誘因

宮頸炎是育齡期婦女常見病，分急性與慢性宮頸炎兩種。急性宮頸炎是指子宮頸的急性炎症。

本病可由化膿性細菌直接感染宮頸，也可繼發於陰道或子宮內膜的感染。見於淋病，各種原因如流產、分娩等引起的宮頸裂傷、產褥或流產感染，陰道置入腐蝕性藥物或異物等。

病原菌主要為淋球菌、鏈球菌、葡萄球菌、腸球菌等。

【主要症狀】

陰道分泌物增多，呈白色黏稠或黃綠色膿性物。

患者有不同程度的下腹痛，腰骶部附件疼痛及膀胱刺激症狀。

下腹墜脹，腰骶部痠痛，或有膀胱刺激症狀，可有發熱。

【就醫指南】

婦科檢查：可見宮頸充血水腫，或糜爛，觸動宮頸時可有疼痛感。局部有接觸性出血；嚴重者宮頸表面上皮剝脫、壞死、潰瘍，宮頸黏膜向外翻出，大量的膿性黏液自頸管內排出。

實驗室檢查：化驗可發現大量膿細胞或滴蟲、黴菌等。白細胞計數和中性粒細胞增多。

宮頸刮片示巴氏Ⅱ號。

病情較重者，可做宮頸活檢以明確診斷。宮頸糜爛或

息肉與早期宮頸癌肉較難以鑑別，後者組織較硬、脆、易出血，必須依靠做宮頸刮片找癌細胞，必要時做陰道鏡檢查及宮頸組織活檢進行鑑別。

【西醫治療】

＊ 藥物治療：

急性宮頸炎可口服廣譜抗生素，如頭孢類抗生素加甲硝唑治療。或給予青黴素 80 萬單位／次，每日 2 次肌內注射。

＊ 局部治療：

用 1：5 000 高錳酸鉀溶液坐浴，每日 1 次，並用土黴素 0.25 克置於陰道深處。

若同時合併子宮內膜炎，或滴蟲、念珠菌、淋菌性陰道炎時，應先治療主要疾病。

＊ 物理療法：

包括電熨、冷凍、雷射、紅外線等，適宜用糜爛面大，炎症浸潤較深者，一般治療一次即可治癒。

＊ 手術治療：

宮頸息肉者可行宮頸息肉摘除術，宮頸腺體囊腫可穿刺放液；宮頸陳舊裂傷及黏膜外翻，可行子宮頸修補術。

【中醫治療】

中醫根據症狀及脈象分型，然後進行辨證論治。

◎脾腎兩虛型：症見帶下量多，色白質稀，有腥味，腰膝痠軟，納呆便溏，小腹墜痛，尿頻，且舌質淡、苔白滑，脈沉緩。適宜用健脾溫腎，化濕止帶的方法治療。

可用中成藥：溫經白帶丸。

【參考方藥】黨參、白朮、茯苓、生薏苡仁、補骨脂、烏賊骨各 15 克，巴戟天、芡實各 10 克，炙甘草 6 克。

◎**濕熱下注型**：症見帶下量多，色黃或夾血絲，質稠如膿，臭穢，陰中灼痛腫脹，小便短黃，且舌質紅、苔黃膩，脈滑數。適宜和清熱利濕止帶的方法治療。

可用中成藥：抗宮炎片。

【參考方藥】豬苓、茯苓、赤芍、丹皮、敗醬草各 15 克，梔子、澤瀉、車前子（包煎）、川牛膝各 10 克，生甘草 6 克。

【預防與保健】

積極開展衛生知識宣傳，經常保持陰部清潔衛生，注意經期、流產、產褥期、性生活衛生，防止感染。積極開展婦科普查工作，早期發現，及時治療。

儘量減少人工流產及其他婦科手術對宮頸的損傷。

治療期間禁止性生活，少食辛辣及發物，如魚、羊肉、韭菜等。

♥ 慢性宮頸炎

本病誘因

慢性宮頸炎為婦科最常見的一種疾病，約占已婚婦女半數以上。多因分娩、流產或手術損傷宮頸，病原體侵入而感染。此外，與性生活過頻、物理或化學刺激、子宮內膜炎、陰道炎亦有一定關係。

由於宮頸管內膜柱狀上皮薄，抵抗力弱，加之內膜皺襞較多，病原體易潛伏其內，不易清除，久之引起慢性炎症。主要為葡萄球菌、鏈球菌、大腸桿菌、厭氧菌、衣原體和淋球菌感染。

【主要症狀】

慢性宮頸炎白帶呈乳白色黏液狀，或淡黃色膿性；重度宮頸糜爛或有宮頸息肉時，可呈血性白帶或性交後出血。輕者可無全身症狀，當炎症沿子宮 骨韌帶擴散到盆腔時，可有腰骶部疼痛，下腹部墜脹感及痛經等，每於月經期、排便或性生活時加重，尤其炎症蔓延，疼痛更明顯。常可出現尿頻或排尿困難。

宮頸糜爛：宮頸外口周圍紅色區與正常黏膜間有清楚的界限，表面光滑或呈顆粒狀。塗碘溶液不著色。

輕度糜爛（Ⅰ度）：糜爛面小於宮頸的 1/3。

中度糜爛（Ⅱ度）：糜爛面占宮頸的 1/3～1/2。

重度糜爛（Ⅲ度）：糜爛面大於宮頸的 1/2。

宮頸腺濾泡囊腫（納氏囊腫）：宮頸表面有散在的小囊腫，多呈白色，常伴有宮頸糜爛。

宮頸息肉：宮頸外口有單個或多個帶鮮紅色息肉，蒂多與宮頸管相連，表面光滑易出血。

【就醫指南】

婦科檢查：慢性宮頸炎可見宮頸有不同程度的糜爛、肥大、息肉、腺體囊腫、外翻等表現，或見宮頸口有膿性分泌物，觸診宮頸較硬。如為宮頸糜爛或息肉，可有接觸性出血。

實驗室檢查：已婚婦女患慢性宮頸炎應每年宮頸刮片檢查。如巴氏傳染法陰道細胞學分級為Ⅱ級，應定期複查。如宮頸刮片多次檢查均為Ⅱ級，或首次刮片檢查即為Ⅱ級，則應行陰道鏡檢查及活檢以排除癌變。

【西醫治療】

在醫生指導下選用青黴素等抗生素治療。

＊局部上藥：

氯黴素粉 50 毫克，潑尼松粉 2.5 毫克，研勻，撒於糜爛面，每週 2 次。

常用 10%～20%硝酸銀入重鉻酸鉀溶液。

方法：先用 0.1%新潔爾滅菌棉球擦淨宮頸上的黏液，並於陰道後穹隆處置入棉球 1 個，以長棉籤蘸適量藥液塗擦糜爛面，至出現灰白色痂膜為止。再用 75%酒精揩拭。

＊物理療法：

有高頻電熨、冷凍療法、雷射治療。宮頸息肉從蒂部摘除息肉送病理檢查，息肉根部可用電灼或塗重鉻酸鉀以止血。

＊手術治療：

對久治無效，伴有宮頸明顯肥大及糜爛面深且廣累及頸管者，可考慮宮頸切除或子宮全切除術。如有宮頸撕裂及外翻時，可行宮頸修補術，嚴重無法修補者可行宮頸切除或全子宮切除術。

【中醫治療】

本病屬中醫學「帶下病」的範疇。治療時可參考以下方法：

◎雙料喉風散：先擦去宮頸表面分泌物，再將藥粉噴塗於患處，每週 2 次，10 次為一療程。適用於急性宮頸炎及宮頸糜爛。

◎養陰生肌散：清潔宮頸，將藥粉噴塗於患處，每週 2 次，10 次為一療程，適用於宮頸糜爛。

◎中藥宮頸炎粉：

Ⅰ號糜爛粉：適用於重度糜爛。蛤粉 30 克，樟丹 15 克，硼砂、硇砂各 0.3 克，乳香、沒藥、冰片各 3 克。

Ⅱ號糜爛粉：適用於中度糜爛。即Ⅰ號粉去硼砂、硇砂。

Ⅲ號糜爛粉：適用於輕度糜爛。蛤粉 30 克，樟丹 15 克，冰片 2 克。

用法：暴露宮頸，清除陰道內分泌物，將藥粉噴於糜爛處。每 3 日上藥 1 次，10～20 次一療程。月經期停用，治療期間禁房事。

············ **中醫傳統療法** ············

★**拔罐法**

背部：腎俞、八髎。

腹部：中級、歸來、子宮穴。

下肢部：足三里、三陰交。

★**刮痧法**

足部反射區有 6 個基本反射區；重點刮拭子宮、尿道、下腹部、骶椎、腹股溝反射區。

背部：腎俞至膀胱俞。

腹部：氣海、氣衝、歸來。

下肢：三陰交、太谿、照海、太衝。

【**預防與保健**】

慢性宮頸炎是生育年齡婦女常見病，慢性宮頸炎臨床尤為常見，而且與宮頸癌的發病有一定關係，據研究，有宮頸糜爛的宮頸癌發生率為 0.75%，顯著高於無宮頸糜爛者。因此，積極治療宮頸炎對預防宮頸癌的發生有著重要意義。

保持外陰清潔。避免使用有刺激性的液體洗浴外陰，以免破壞陰道的防護作用。

醫務人員進行婦科檢查時，應嚴格無菌操作，防止交叉感染。熟練掌握人工流產等手術的操作技術，正常處理分娩過程，防止宮頸損傷。

經期暫停宮頸上藥，治療期間禁房事。

♥ 急性盆腔炎

本病誘因

女性內生殖器及周圍的結締組織，盆腔腹膜發生炎症時，稱為盆腔炎。係婦科常見病之一。根據其病理過程及臨床表現分為急性和慢性兩種。

盆腔炎的病原菌，主要是各種化膿菌，常見的有厭氧鏈球菌、溶血性鏈球菌、大腸桿菌、變形桿菌、葡萄球菌等，多為混合感染。

感染途徑分為外來感染源和自體感染源。如產後、流產後感染；未經嚴格消毒進行宮腔操作如刮宮、輸卵管通液、宮頸疾病治療、產科手術、放置宮內節育器等。

感染病菌以後，可由上行性蔓延、血行性播散、淋巴系統蔓延和直接蔓延等途徑，形成盆腔炎症。常見急性子宮內膜炎、子宮肌炎、輸卵管炎、輸卵管積膿、輸卵管卵巢膿腫、盆腔結締組織炎、盆腔腹膜炎、嚴重者可引起敗血症及膿毒血症。如不及時控制，可出現感染性休克甚至死亡。

【主要症狀】

急性盆腔炎見高熱、寒戰、下腹劇痛、腹脹，痛感向大腿發散，有腹膜炎刺激症狀，伴有尿頻，排尿困難，大便墜感，急性病容，煩躁口乾，舌紅苔黃膩，白帶增多呈膿性，有臭味。

如有腹膜炎則出現噁心、嘔吐、腹脹等消化系統症狀。

如有膿腫形成，位於前方可出現膀胱刺激症狀，如尿頻、尿急、尿痛；位於後方可出現直腸刺激症狀，如裡急後重、肛門墜脹、腹瀉和排便困難等。

出現膿毒血症時，常伴有其他部位膿腫病灶。

【就醫指南】

近期有上述感染的原發病史。

患者呈急性病容或表情淡漠，體溫常在 39～40℃，心率快，可伴有血壓下降。腹肌緊張，下腹有壓痛和反跳痛，有的病例可觸及腫塊或叩診有移動性濁音。

婦科檢查時，可有宮頸充血，白帶多，呈膿樣。

宮頸有舉痛，子宮有壓痛，子宮組織增生，壓痛明顯，可觸及包塊並有壓痛及粘連。亦可形成盆腔膿腫，子宮直腸凹處飽滿，有觸痛及波動感。

血常規檢查白細胞總數明顯升高，中性粒細胞增多，血沉增快。取病變部位分泌物或膿液培養，可分離出致病菌。

超音波檢查可見輸卵管腫大或子宮直腸窩有液暗區。

診斷時應與下列疾病相鑑別。

急性闌尾炎：腹痛點為右下腹痛，麥氏有點壓痛、反

跳痛，婦科檢查無異常。

輸卵管妊娠破裂：有停經史及早孕反應，腹痛特點為下腹一側突然撕裂樣劇痛，體溫正常，伴不規則陰道出血，甚則出現失血性休克。

卵巢囊腫蒂扭轉：有卵巢腫瘤病史，常因體位改變致一側下腹突然疼痛，逐漸加重，婦科檢查可觸及腫塊，光滑，活動度好。

【西醫治療】

＊取半臥位，給高熱量、易消化、半流食。糾正脫水及電解質紊亂。避免不必要的內診。

＊控制感染，可用青黴素 40 萬單位每日 2～4 次，鏈黴素 0.5 克，每日 2 次，肌內注射。也可口服磺胺類廣譜抗菌藥。

＊感染重者可加用地塞米松 20 毫克，溶於 5%葡萄糖內靜脈滴注，每日 1 次，以加強抗生素的抗炎作用，促進炎性滲出物吸收，病情改善後改口服潑尼松，每日 30 毫克，逐漸減量至 10 毫克，持續 1 週左右。

＊如有膿腫形成則行後穹隆切開引流，並以抗生素液沖洗。

＊如有膿腫破裂，應儘快開腹探查，並繼續靜脈滴注大劑量廣譜抗生素。

【中醫治療】

中醫根據症狀及脈象分型，然後進行辨證論治。

◎**氣滯血瘀型**：

症見下腹隱痛、腹墜，腰骶痠痛，經前或行經時疼痛較明顯；帶下增多，精神鬱悶，兼有月經不調、量多、痛

經、不孕；或兼小便頻急，大便失調，頭暈，倦怠，噁心，納呆，且舌質紫暗，瘀斑，苔黃厚或白潤。適宜用理氣活血的方法治療。可用婦寶沖劑，每次 1 袋，每日 2 次，15 天為一療程；女金丸，早晚各 1 丸，溫開水送下；七製香附丸，每次 6 克，每日 2 次；當歸丸等亦可用。

◎濕熱型：

症見發熱惡寒，小腹脹痛拒按，腰痠墜痛，白帶色黃黏稠，月經提前，量多，伴有煩躁，口乾思飲，大便秘結，小便黃或尿痛，且舌紅苔黃膩。

適宜用清熱利濕的方法治療。可用婦科分清丸或白帶丸，每次 9 克，每日 2 次；婦科千金片，每次 6 片，每日 3 次，溫開水送下；金雞沖劑，每次 1 袋，每日 3 次，開水沖服，10 日為一療程。

⋯⋯⋯⋯⋯⋯中醫傳統療法⋯⋯⋯⋯⋯⋯

★拔罐法

背部：腎俞、八髎。

腹部：中級、歸來、子宮穴。

下肢部：足三里、三陰交。

★刮痧法

足部反射區有 6 個基本反射區；重點刮拭子宮、尿道、下腹部、骶椎、腹股溝反射區。

背部：腎俞至膀胱俞。

腹部：氣海、氣衝、歸來。

下肢：三陰交、太谿、照海、太衝。

【預防與保健】

注意經期、孕期及產褥期衛生。嚴格無菌操作。

應做好各種醫療用具的消毒工作，以防止交叉感染。

加強盆腔手術的無菌操作觀念。防止上行性感染。

應用抗生素應足量，足療程，徹底治癒，防止轉為慢性盆腔炎。

身體虛弱者，應補充營養，增強體質，提高抗感染力和免疫力，牛奶、雞蛋、豆漿、瘦肉、動物內臟等均宜。

❤ 慢性盆腔炎

本病誘因

慢性盆腔炎大多繼發於急性盆腔炎，因治療不徹底，病情遷延而致。或患者體質較差，病原菌毒力較弱，無急性症狀，也無治療而初起即為慢性，是婦科常見病。

本病病情較頑固，不易徹底治癒，易反覆急性發作，嚴重影響婦女的身心健康，給患者造成極大痛苦。

【主要症狀】

一般有程度不同、時輕時重的下腹疼痛，或有下腹墜脹與牽扯感，每於月經前、勞累或性交後加重，少數可伴有尿頻、大便墜脹、白帶增多、月經失調等；亦可因輸卵管粘連不通造成不孕；患者可出現精神不振、頭昏或失眠等。

臨床常見類型有：慢性輸卵管炎與輸卵管積水、輸卵

管卵巢炎及輸卵管巢囊腫、盆腔結締組織炎。

【就醫指南】

典型臨床表現。

慢性炎症急性發作者，有反覆炎症發作的病史，症狀與急性炎症相同，多能觸及較明顯炎性病灶。

陰道檢查，子宮多後傾，活動受限或粘連固定，輸卵管炎可觸及條索狀增粗的輸卵管，有輕度壓痛；輸卵管積水或囊腫可觸到囊性包真，活動受限；若盆腔組織炎，子宮旁有片狀增厚及壓痛，尤其宮底韌帶多增粗或有壓痛。

超音波檢查，兩側附件增寬、增厚，或有炎性腫物。

子宮輸卵管碘油造影檢查，顯示輸卵管部分或完全阻塞。

實驗室檢查時，可見白細胞總數增高，陰道分泌物有大量膿球。

【西醫治療】

＊對於下腹痛較重及婦科檢查盆腔炎症明顯者，應用廣譜抗生素如青黴素類、頭孢菌素類，配合甲硝唑，於經淨後靜脈滴注，10 天為一療程，連續治療 2～3 個療程。

＊胎盤組織液 2 毫升肌內注射，每日 1 次，10 天一療程，加用 2 個療程；亦可肌內注射糜蛋白酶 5 毫克或透明質酸酶 1 500 單位，隔日 1 次，5～10 次一療程。適用於慢性者。

＊如有輸卵管積液、輸卵管卵巢囊腫或較大炎性包塊，則可以進行手術治療。

根據患者年齡、病變程度、對生育要求等而確定手術

範圍，主要是切除病灶。

＊可以使用物理療法進行治療。如短波、超短波、紅外線、藥物離子透入等促進盆腔血液循環，有利於炎症的吸收。

【中醫治療】

中醫根據症狀及脈象將本病分型，然後進行辨證論治。

◎寒濕瘀結型：症見小腹及腰骶冷痛，得溫則減，經行或勞累後加重帶下清稀量多，無臭味，月經後期有血塊，畏寒肢冷，且舌質淡或有瘀點、苔白膩，脈沉遲。適宜用溫經散寒，化濕祛痰的方法治療。

【參考方藥】桂枝、茯苓、丹皮、薏苡仁、丹參各15克，三棱、莪朮、桃仁各10克，吳茱萸6克。

◎氣滯血瘀型：症見小腹脹痛，腰骶痠痛，帶下量多或少，色白質黏，經前乳脹，胸脅脹痛，月經色暗，有血塊，且舌質暗紅或邊有瘀斑瘀點，苔薄白，脈弦或澀。適宜用疏肝理氣，化瘀止痛的方法治療。

【參考方藥】醋柴胡、香附、枳殼、沒藥各10克，赤芍、丹皮、白芍、白朮各15克，炙甘草6克。

◎濕熱瘀結型：症見一側或兩側小腹疼痛拒按，腰骶脹痛，帶下量多色黃，質稠臭穢，月經量多，低熱起伏，尿黃便艱，且舌質紅、苔黃膩，脈滑數。適宜用清熱利濕，化瘀散結的方法治療。

可用中成藥：金雞沖劑。

【參考方藥】金銀花、連翹、赤芍、丹皮、紅藤、敗醬草各15克，三棱、莪朮、川牛膝各10克。

【預防與保健】

人工流產、分娩及婦科手術後要加強護理，定期檢查。

同時注意營養，配合鍛鍊以增強體質。

注意月經期及平時衛生，注意清洗外陰，防止感染，性生活時更宜注意衛生。特別是月經期要禁止房事。衣褲勤洗勤換，內褲要消毒。

治療期間應臥床休息，半臥位，飲食宜清淡，富有營養。

平時選擇食用山藥、芡實、扁豆、蓮子、白果、薏苡仁、蠶豆、綠豆、黑木耳、豇豆、胡桃仁、淡菜、龜肉、芹菜等食品。

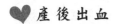 **產後出血**

本病誘因

胎兒娩出後24小時內出血＞500毫升者，稱為產後出血，多發生於產後2小時內。大量出血可危及產婦生命。

本病大致有以下幾個因素：產婦精神過度緊張，過多使用鎮靜劑、麻醉劑；難產致產婦衰竭；貧血或妊高徵；子宮過度膨脹如雙胎、羊水過多；子宮發育不良等所致宮縮乏力引起。同時，也可由軟產道裂傷，胎盤剝離不全、剝離後滯留、殘留等所致。一般因凝血功能障礙引起產後出血者較少。

在臨床上，產後出血還分為胎盤娩出前出血和胎盤娩出後出血。在胎盤娩出前出血一般有兩種原因，一種是由於宮縮過強，胎兒過大，迫使軟產道過快擴張，或由於產鉗術時宮頸尚未完全擴張引起，屬軟產道裂傷性出血。另一種是因胎盤剝離不全、胎盤滯留、胎盤嵌頓、胎盤粘連、胎盤植入均可妨礙宮縮而致出血，稱為胎盤因素性出血。胎盤娩出後出血也有兩種情況：一種是產後宮縮乏力性出血，一種是瀰散性血管內凝血。

此外，還有一種情況為胎盤、胎膜殘留性出血，胎盤及胎膜有缺損。

【主要症狀】

在發生軟產道裂傷性出血時，出血發生在胎兒娩出後，為鮮血。發生胎盤性出血時，出血發生在胎兒娩出後數分鐘至 10 多分鐘，突然陰道大量出血。

有宮縮乏力，產程延長，特別是雙胎、巨大兒、羊水過多的孕婦，胎盤剝離後子宮出血不止。出血呈陣發性，血暗紅或淡紅。

【就醫指南】

在發生軟產道裂傷性出血時，陰道檢查即可明確裂傷部位及程度。

發生胎盤因素性出血時，部分胎盤已與宮壁分離，部分粘連較緊，甚至無法分離。如屬產後宮縮乏力性出血時，按摩宮底時有大量血及血塊湧出，子宮大而軟，往往摸不到宮底。

發生瀰散性血管內凝血時，特別是在妊娠合併重症肝炎、胎盤早剝、妊娠高血壓綜合徵、羊水栓塞、宮內死胎滯留過久者。出血開始為持續少量，經久不凝，呈血湯樣，以後量漸增多。

【西醫治療】

＊產婦出血過多，出現休克徵象時應先輸液、補血。

＊發生軟產道裂傷時，應迅速進行修補與縫合，並應用抗生素預防感染。

＊發生宮縮乏力性出血時，用催產素 20 單位，經腹宮壁注射，繼以 10～30 單位，靜脈滴注；麥角新鹼 0.2～0.4 毫克，肌內注射。

＊手術治療胎盤剝離不全、胎盤滯留，經按摩子宮，應用縮宮劑，多可剝離並排出。

＊胎盤粘連或部分粘連可徒手剝離，無效或植入性胎盤可行子宮切除。胎盤嵌頓應用 1%普魯卡因宮頸封閉或乙醚麻醉後用手取出胎盤，或行鉗夾術將胎盤完整牽出。

＊胎盤殘留可用大號刮匙刮取，胎膜殘留可用手纏紗布擦宮腔取出。

＊發生宮縮乏力性出血時，應立即行腹部或腹部—陰道雙手按摩子宮，或採用產後康復儀刺激宮縮。經上述處理如仍不能奏效，可行髂內動脈結紮，磺碘紗條填塞宮腔。若仍無效應行子宮次全切除術。

【預防與保健】

不宜妊娠者應及早在早孕時終止妊娠。有產後出血危險的產婦及早做好準備工作。

正確處理產程，失血較多者及早補充血容量。

❤ 圍絕經期綜合徵

本病誘因

圍絕經期是指45～55歲的婦女由生育期過渡到老年期的一個必經的生命階段，它包括絕經前期、絕經期和絕經後期。

根本原因是由於卵巢功能漸衰退，雌激素分泌減少導致下丘腦—垂體—卵巢軸內分泌功能紊亂，出現雌孕激素明顯降低，而促性腺激素明顯升高所致。另外，還與社會、文化因素和婦女自身個性等因素有關。所以圍絕經期綜合徵是由內分泌、社會文化及精神三種因素互相作用的結果。

圍絕經期婦女出現症狀者占85%，症狀嚴重者治療者僅為25%。症狀持續時間一般為2～5年，甚或圍絕經時間，個體差異很大。

【主要症狀】

早期表現陣發性面部潮紅、潮熱、出汗、心悸、頭痛、眩暈、疲倦及手麻木感等，嚴重者出現圍絕經期高血壓病、假性冠心病。潮紅發作頻率及持續時間有很大差異，有的偶然發作，有的每天數次或數十次，持續時間數秒至數分鐘不等。

常有精神、神經症狀。主要表現為憂慮、記憶力減退、注意力不集中、失眠、極易煩躁，甚至喜怒無常等。

月經紊亂，月經量增多，月經頻發，淋漓不斷，或者

經量減少，閉經。其中月經週期延長或間歇閉經，月經量和行經時間逐漸減少變短，最後致月經停止而絕經，這是最常見的形式。

乳房、生殖器、尿道及膀胱萎縮，易出現外陰瘙癢、老年性陰道炎、子宮脫垂及泌尿系統症狀。

其他症狀如新陳代謝障礙，脂肪堆積於腹部、頸部、髖部形成局部性或全身性肥胖症，還會出現骨質疏鬆，經常關節疼痛、腰背痛、腿痛、肩痛等。

【就醫指南】

年齡 45～55 歲的婦女，除月經失調外，烘熱汗出為典型症狀，或伴有煩躁易怒，心悸失眠，胸悶頭痛，情誌異常，記憶力減退等典型症狀。

理化檢查時，可有雌酮、雌二醇降低，促性腺激素增高。骨密度降低，骨中礦物質含量減少。診斷時，應注意卵巢功能減退及雌激素分泌降低引起的症狀，月經變化及生殖器的萎縮，須與高血壓病、冠心病、甲狀腺功能亢進、生殖器腫瘤相鑑別。

【西醫治療】

＊一般藥物治療（輕者一般不必服藥），必要時可用鎮靜藥品以助睡眠，如地西泮和利眠寧。也可用谷維素，每日 3 次，每次 10～20 毫克。或用維生素類，如維生素 B_6、維生素 E、維生素 A 及複合維生素 B 等。

＊激素替代療法：一般選用雌激素替代治療，但應掌握適應證，治療前應除外子宮肌瘤，子宮內膜癌，乳腺腫瘤，肝、腎及膽管疾病，血栓性靜脈炎等，用藥期間定期檢查乳腺、陰道、宮頸、子宮、肝功能、血壓等。激素

性藥物的作用應在專科醫生指導下進行，並不宜長期使用。

【中醫治療】

中醫根據症狀及脈象將本病分型，然後進行辨證論治。

◎陰虛內熱型：症見絕經前後月經紊亂，以先期為多，量或多或少，或崩或漏，烘熱汗出，面紅潮熱，腰膝痠軟，頭暈耳鳴，尿少便乾，且舌質紅、少苔或黃苔，脈細數。適宜用養陰清熱的方法治療。

可用中成藥：更年安，每次 6 片，每日 2～3 次；坤寶丸，每次 1 瓶，每日 2 次；五味子沖劑，每次 1 袋，每日 3 次；六味地黃丸、二至丸、大補陰丸、左歸丸，每次 1 丸，早晚各 1 次，淡鹽水或溫開水送下。

【參考方藥】生熟地、枸杞、山藥、茯苓各 15 克，山萸肉 12 克，鹽知母、鹽黃柏、地骨皮、丹皮各 10 克，生甘草 6 克。

◎心腎不交型：症見經斷前後，頭暈耳鳴，烘熱汗出，心悸怔忡，失眠多夢，心煩不寧，甚者情誌異常，且舌尖紅、苔薄白，脈細數。適宜用滋陰降火，交通心腎的方法治療。

可用中成藥：天王補心丹、交泰丸。

【參考方藥】生地、熟地、山藥、白芍、百合各 15 克，山萸肉、五味子、遠志、丹皮、阿膠（烊化）各 10 克，麥冬 12 克，黃連、蓮子心各 6 克。

◎痰濕內阻型：症見頭暈頭沉如裹，面部或四肢或全身水腫，汗出潮熱，心悸，食慾不振，胸悶短氣，坐臥不

定，虛煩不安，失眠多夢，大便溏薄，且舌質胖大，苔厚膩或潤滑。適宜用祛濕化痰，健脾和胃的方法治療。

可用礞石滾痰丸，每日2次，每次半袋；刺五加片，每次4〜6片，每日3次；鮮竹瀝，每次1支，每日3次；橘紅化痰丸，每次1丸，每日2次，溫開水送下。

·······中醫傳統療法·······

★針灸療法

耳穴治療：取神門、子宮、卵巢、小腸、交感、內分泌、三焦、心、肝。配穴：腦、枕。每次取5〜7穴，耳穴壓豆，每週貼換1次。兩耳交替，10次為一個療程。

取心俞、腎俞、肝俞、脾俞、三陰交為主穴，隨證取穴，針灸併用，每日1次，7次一個療程。

【預防與保健】

對圍絕經期出現的症狀要正確對待，瞭解到圍絕經期是一個正常生理階段，出現的一些症狀都是暫時現象，經過幾個月，最多3年以後，內分泌狀態又會重新平衡，圍絕經期症狀都會消失。

保持心情舒暢，克服內向、拘謹、抑鬱、多慮等不利心理因素，減少發病或減輕症狀。注意月經變化，定期進行婦科檢查。注意陰部清潔，預防感染。加強鍛鍊，增強體質，注意勞逸結合，保證充分的休息和睡眠時間。注意控制飲食，避免體重過度增加，忌食辛辣和刺激性食物，少吃鹽，不吸菸，不喝酒，多吃蔬菜，水果及富含蛋白質的食物。

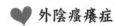 女性生殖器炎症

♥ 外陰瘙癢症

本病誘因

外陰瘙癢症是指由各種原因引起的無任何皮膚損害的外陰侷限性瘙癢症。

一般有以下幾個因素常會導致此病：可能與精神或心理方面因素有關。不良衛生習慣，如不注意外陰局部清潔，皮脂、汗液、經血、陰道分泌物，甚至尿、糞浸漬或長期刺激，經期用不潔衛生巾，平時穿不透氣化纖內褲等也可誘發瘙癢。

長期搔抓可引起潰瘍，繼發感染時可有膿性分泌物。刺激和瘙傷，可引起皮膚肥厚、皸裂、粗糙苔蘚化及色素減退。

【主要症狀】

瘙癢多發生於陰阜、陰蒂、小陰唇，也可波及大陰唇及會陰，甚至肛門周圍。

主要症狀為外陰瘙癢，根據病因不同瘙癢的程度及時間也不同。瘙癢常為持續性，也可呈陣發性發作，一般以夜間較重，可因夜間床褥過暖或因精神緊張、勞累或刺激性飲食而加重。

【就醫指南】

具有典型瘙癢症狀。

外陰部皮膚及黏膜外觀正常，可見因瘙癢過度而出現的抓痕和血痂，長期搔抓可引起皮膚肥厚和苔蘚樣改變。

由陰蝨引起的瘙癢，可見陰毛根部有灰色或棕黑色陰蝨緊密附著於上。

尿常規檢查排除泌尿系統感染及糖尿病。

【西醫治療】

＊ 每日用溫開水清洗外陰 1～2 次，之後撒布適量硼酸氧化鋅粉，也可塗抹皮質激素軟膏，2%苯海拉明乳膏，或 2%石炭痠軟膏，皮膚乾燥者可用 15%尿素軟膏。症狀嚴重時，口服氯苯那敏 4 毫克，苯海拉明 25 毫克，或異丙嗪 25 毫克。

＊ 圍絕經期及絕經後患者可用己烯雌酚 0.5 毫克，每日 1 次口服，連服 10～14 天。也可用多種維生素調節自主神經系統。也可用 0.1%～0.2%雌激素抗生素軟膏，1%甲睪酮抗生素軟膏交替使用。

【中醫治療】

苦參、白頭翁各 15 克，水煎湯去渣，坐浴或外洗。

蛇床子散：蛇床子、花椒、明礬、苦參、百部各 10～15 克。煎湯趁熱先燻後坐浴，每日 1 次，10 次一療程。若陰癢破潰者，則去花椒。

如屬肝腎陰虛型可用方藥：知柏地黃丸加製首烏、白鮮皮。肝經濕熱型：可用方藥龍膽瀉肝丸。

・・・・・・・・・・ 中醫傳統療法 ・・・・・・・・・・

★拔罐法

腹部：中級。

下肢部：足三里、陰廉、三陰交、太衝。

【預防與保健】

保持外陰清潔乾燥，注意經期衛生，切忌搔抓，不要用熱水洗燙，忌用肥皂。

外陰有潰瘍者，不用刺激性強的外用藥，如鹼性強的肥皂、新潔爾滅、高錳酸鉀等。

注意心理衛生，保持精神愉快。用具要清潔，不與洗腳盆同用，勤換內褲，內褲要寬適透氣。

注意飲食調配，避免辛辣刺激性食物，避免飲酒。

♥ 念珠菌性陰道炎

本病誘因

念珠菌性陰道炎俗稱真菌性陰道炎，是由白色念珠菌引起的陰道炎症，較為常見。

該菌可寄生於正常人的陰道、皮膚、黏膜、口腔、消化道等處而不致病。約10%非孕婦女和30%孕婦陰道中有此菌寄生。當機體抵抗力降低時就可發病。

陰道內糖原增多、糖尿病患者、孕婦、長期應用抗生素者、使用激素及避孕藥的婦女易患此病，並易於復發。

【主要症狀】

以外陰瘙癢、灼痛為主要症狀，嚴重時坐臥不寧，白帶量多，典型的白帶呈凝乳狀或白色稠厚豆腐渣狀，少數患者白帶無明顯異常。

可伴有尿頻、尿痛及性交痛。

【就醫指南】

典型症狀明顯。婦科檢查時，可見陰道黏膜紅腫，表面有白色膜狀分泌物黏附，擦去後可見黏膜紅腫或有淺潰瘍，表面滲血。

取少許分泌物行真菌直接鏡檢陽性，真菌培養示有念珠菌。

【西醫治療】

＊ 伊曲康唑（斯皮仁諾）每次 200 毫克，餐時服用，每日 2 次，共 1 日；或氟康唑（大扶康或三維康）150 毫克，頓服。以上兩種藥物孕婦禁用。

＊ 先用 2%～4%碳酸氫鈉溶液沖洗陰道，拭乾後，陰道置入硝酸咪康唑（達可寧）栓劑或克黴唑栓劑 1 枚，每晚 1 枚，共用 1 週。同時用制黴菌素軟膏或克黴唑軟膏塗抹外陰部，每日 1～2 次。

或用雙磺喹啉 0.2 克塞入陰道，每日早晚各 1 次，共 2 週，以後每晚 1 次，再用 2 週。

【中醫治療】

中醫根據症狀及脈象將本病分型，然後進行辨證論治。

◎濕熱下注型：

症見陰部瘙癢灼痛，坐臥不安，帶下量多，色白如豆腐渣狀，尿黃，且舌質紅、苔黃膩，脈滑數。適宜用清熱利濕止癢的方法治療。

可用中成藥：白帶丸。

【參考方藥】萆薢、茯苓、白鮮皮、丹皮、茯苓、薏苡仁各 15 克，黃柏、鶴蝨各 12 克，車前子（包煎）10

克。

◎濕毒蘊結型：

症見陰部瘙癢灼痛，紅腫潰爛，帶下量多，色黃白如豆腐渣狀，或夾血絲，臭穢，心煩口乾，小便黃赤而痛，且舌質紅、苔黃膩，脈滑數。適宜用清熱解毒，利濕止癢的方法治療。

可用中成藥：婦寧栓。

【參考方藥】金銀花、蒲公英、赤芍、丹皮、苦參、茯苓各 15 克，白鮮皮、梔子、豬苓、澤瀉各 12 克，黃柏、車前子（包煎）各 10 克。

◎陰虛夾濕型：

症見陰部瘙癢皸裂、灼痛，入夜加重，帶下量多或正常，呈豆腐渣狀，或夾血絲，五心煩熱，口乾尿澀，且舌紅而乾、少苔或舌根部黃膩苔，脈細數。適宜用滋陰清熱，祛濕止癢的方法治療。

可用中成藥：知柏地黃丸。

【參考方藥】生地、山藥、山萸肉、澤瀉、茯苓、丹皮各 12 克，黃柏、白鮮皮各 12 克。

【預防與保健】

治療相關性疾病如糖尿病，停用廣譜抗生素、避孕藥或激素等。

保持外陰清潔乾燥，勤換內褲，用過的內褲、毛巾等應開水燙洗。

合理應用抗生素及激素。治療期間避免性生活，夫婦同時治療。

忌食辛辣厚味，以免化濕生熱。忌嗜菸酒。

🖤 細菌性陰道炎

本病誘因

　　細菌性陰道炎不是由特異的病原體，如念珠菌、滴蟲或淋球菌、結核桿菌等所致，而是由一般的病原菌，如葡萄球菌、大腸桿菌、變形桿菌等引起的陰道炎性病變，又稱「非特異性陰道炎」。主要是由於陰道內乳酸桿菌減少而其他細菌大量繁殖，主要有加德納菌、各種厭氧菌及支原體混合感染。

【主要症狀】

　　白帶量多，呈膿性或混濁漿液狀，質稠或稀，有腥臭味，伴陰道墜脹、灼熱感，或外陰瘙癢。分泌物刺激尿道口可有尿頻、尿痛等不適。

【就醫指南】

　　婦科檢查：白帶呈灰白色，均勻一致，較稀薄，黏度很低，有時可見泡沫。可見陰道黏膜及宮頸潮紅充血，有較多分泌物，腥臭，陰道口觸痛明顯。

　　實驗室檢查：陰道黏膜無明顯發紅。檢查無滴蟲、真菌或淋菌。陰道 pH＞4.5，氨試驗陽性，線索細胞陽性。

【西醫治療】

　　＊ 口服藥物：

　　首選藥物為甲硝唑，每次 500 毫克，口服，每日 2次，共 7 日；連用 3 個療程療效最好，近期療效可達98.8%，但孕婦忌用。克林黴素為另一有效藥物，有效率為94%，孕婦慎用；每次 300 毫克，每日 2 次，連服 7 日。

＊外用藥物：

每日用 1%乳酸或 0.5%醋酸溶液低壓沖洗陰道，然後噴灑磺胺粉或抗生素（氯黴素或金黴素）於陰道壁上，每日 1 次，共用 7～10 日。

也可用甲硝唑栓劑每次 200 毫克，置入陰道內，7 日為一個療程；或 2%克林黴素軟膏，每晚 1 次，連用 7 日。可用 3%過氧化氫溶液作陰道沖洗，每日 1 次，共 7 日；或用 1%乳酸溶液或 0.5%醋酸溶液作陰道沖洗，可提高療效。

【中醫治療】

中醫藥治療時，應根據不同情況辨證論治。

◎**濕濁下注型**：症見帶下量多，色白，質黏，有腥味，陰中下聯合會腫脹，腹脹納呆，便溏，且舌質淡、苔白膩，脈濡。適宜用健脾利濕止帶的方法治療。

可用中成藥：白帶丸。

【參考方藥】黨參、蒼朮、白朮、茯苓、山藥、生薏苡仁各 15 克，陳皮、芡實各 10 克。

◎**肝鬱脾虛型**：症見帶下量多，色黃白，質稠，或腥臭，陰中灼熱墜脹，心煩口苦，體倦乏力，納差便溏，且舌質紅、苔黃膩，脈弦細。適宜用疏肝清熱，健脾利濕的方法治療。

可用中成藥：加味逍遙丸。

【參考方藥】丹皮、白芍、白朮、茯苓、生薏苡仁各 15 克，柴胡、梔子、澤瀉、荊芥穗、車前子（包煎）各 10 克，生甘草 6 克。

◎**濕熱下注型**：症見帶下量多，色黃，質稠，臭穢，陰中潮紅、灼熱、腫痛，尿赤口乾，且舌紅、苔黃膩，脈

滑數。適宜用清熱利濕止帶的方法治療。

可用中成藥：龍膽瀉肝丸。

【參考方藥】豬苓、茯苓、赤芍、丹皮各 15 克，澤瀉、黃柏、梔子、白果、車前子（包煎）各 10 克，生甘草 6 克。

【預防與保健】

堅持淋浴，使用蹲式便器。

治療期間保持外陰清潔，每日換內褲。

治療期間，禁止性交。丈夫應視情況同時治療。

陰部瘙癢時，勿用力抓搔，勿用熱水燙洗，以免燙傷。可用潔爾陰每晚清洗陰部。

飲食宜清淡，忌辛辣油膩。

婦檢時應一人一墊，檢查者檢查時應每次都注意洗手，及時對器械等進行嚴格消毒，防止交叉感染。

♥ 老年性陰道炎

本病誘因

老年性陰道炎是由於婦女絕經後，卵巢功能衰退，雌激素水平降低，陰道壁萎縮，黏膜變薄，上皮細胞內糖原含量減少，陰道內 pH 上升，局部抵抗力降低，易受細菌感染而引起炎症。

本病常為一般病原菌感染，如葡萄球菌、鏈球菌、大腸桿菌或厭氧菌等。

此外，卵巢功能早衰、手術切除卵巢或盆腔放射治療後的中青年婦女也可發生類似病變。

【主要症狀】

外陰瘙癢、灼熱或盆腔墜脹不適，或陰道點滴出血，有的出現尿頻、尿痛或尿失禁症狀。

白帶量多，呈黃水樣，嚴重時膿性白帶，臭穢，或帶中夾血絲。

【就醫指南】

具有典型症狀。

婦科檢查：發現陰道壁平滑、皺襞消失，上皮菲薄、發紅，有散在小出血點或出血斑，嚴重者形成淺表潰瘍或陰道壁粘連，致陰道分泌物不能排出，而形成陰道積膿。

實驗室檢查：宮頸及陰道後穹隆塗片以底層上皮細胞居多，無細胞瘤。可有大量白細胞，無滴蟲、真菌。本病出現血性白帶時需與宮頸、子宮惡性腫瘤相鑑別。後兩者亦可有血性白帶，但宮頸癌可見宮頸糜爛、潰瘍或菜花狀突起，觸之易出血，透過宮頸刮片、活檢可以確診。

【西醫治療】

＊ **全身用藥**：

口服己烯雌酚每次 0.5～1 毫克，每日 1 次，共 7～10 日，之後改為隔日 1 次，再服 7 日。

＊ **局部用藥**：

0.5%醋酸或 1%乳酸低壓沖洗陰道，每日 1 次，10 次一個療程；或用 1%氯黴素魚肝油塗擦陰道，每日 1 次，10 次 1 療程。

【中醫治療】

中醫藥治療時，應根據不同情況辨證論治。

◎**濕熱下注型**：症見帶下量多，色黃質稠如膿，或夾

血絲，臭穢，陰中灼熱癢痛，口乾口黏，尿黃，尿痛，且舌質紅、苔黃膩，脈滑數。

適宜用清熱利濕止帶的方法治療。

可用中成藥：龍膽瀉肝丸。

【參考方藥】豬苓、茯苓、赤芍、丹皮、龍膽草、薏苡仁、白鮮皮各 15 克，黃柏、澤瀉、車前子（包煎）各 10 克，生甘草 6 克。

◎肝腎陰虛型：症見帶下為黃水或夾血絲，量多或不多，陰中乾澀，灼痛，瘙癢難忍，頭暈耳鳴，腰膝痠軟，口乾心煩，且舌紅少苔，脈細數。適宜用滋補肝腎，清熱止帶的方法治療。

可用中成藥：知柏地黃丸。

【參考方藥】熟地、山藥、茯苓、丹皮各 15 克，山萸肉 12 克，鹽知母、鹽黃柏、澤瀉、白果各 10 克。

【預防與保健】

飲食宜清淡。節制房事，保持清潔，保持樂觀的情緒，扶正以祛邪。

♥ 急性子宮內膜炎

本病誘因

子宮內膜炎雖然也有急性、慢性之分，但慢性子宮內膜炎較為少見。急性子宮內膜炎一般由鏈球菌、葡萄球菌、大腸桿菌、厭氧菌及淋菌等沿陰道、宮頸管上行或輸卵管下行及經淋巴引起感染。常於產褥感染，流產、放置宮內節育器、宮腔手

術，經期衛生不良、性交，子宮內膜息肉或黏膜下肌瘤壞死等情況下發生。

【主要症狀】

主要表現為下腹部墜脹痛、腰痛、乏力，從陰道流出多量膿血性伴臭味的白帶。

【就醫指南】

具有典型症狀。

多有產褥感染、不完全流產、宮腔內手術操作史。

婦科檢查：可發現子宮體增大伴壓痛。

實驗室檢查：可見白細胞增高。應取宮頸口分清分泌物塗片檢查細菌並作細菌培養和藥敏試驗。

【西醫治療】

＊根據細菌培養及藥敏試驗選用抗生素。一般先用青黴素，每日 800 萬～1200 萬單位，靜脈滴注，如為厭氧菌感染可加用甲硝唑，每次 400 毫克，每日 3 次。當炎症控制後再用縮宮劑，促進子宮收縮。

＊如宮內有胎盤、胎膜殘留時，應在控制感染 48～72 小時後，將大塊殘留組織輕輕取出，病情穩定後再徹底刮宮、術後繼續應用抗生素。如有宮內節育器等應即刻取出。若有黏膜下肌瘤或息肉，或感染嚴重，抗生素不容易控制時，應儘快切除子宮，以挽救生命。

【預防與保健】

堅持淋浴，使用蹲式便器。治療期間保持外陰清潔，每日更換內褲。治療期間，禁止性交。

忌食辛辣厚味，以免化濕生熱。忌嗜菸酒。

❤ 功能失調性子宮出血

功能失調性子宮出血簡稱功血，為子宮異常出血，是由於下丘腦—垂體—卵巢軸功能失調引起。可能於精神過度緊張、恐懼、憂傷、環境和氣候驟變、全身疾病、營養不良、貧血及代謝紊亂等有關。

由於卵巢開始發育和開始衰退期易發生下丘腦—垂體—卵巢功能失調，所以功血多發生在青春期和圍絕經期，也有的發生於生育期，如排卵性功血，但較為少見。

【主要症狀】

功血在臨床上可分為無排卵性和有排卵性兩種，兩種類型的功血症狀雖然有不少共同之處，但還是有所區別的。

無排卵性功血：

常見症狀有：無規律性的子宮出血，多數月經週期不正常，短則 10 餘天，長則達幾個月，經期長短不一，少則 1～2 天，多則 2～3 週，甚至多達數月不止，經量多少不定，少至點滴出血，多至血沖。有的僅表現為月經量多，經期延長。也有的出血過多、流血時間過久，可出現貧血症狀或不孕。

有排卵性功血：

常見症狀有月經週期規律，但週期縮短，表現月經頻發。可有經期間點滴出血和經血過多。可有不孕，或易於

在孕早期流產。

有的月經週期雖然正常，但經期流血時間延長，可長達 10 天以上，月經量亦較多，此種表現常見於黃體萎縮不全。少數患者月經過頻，出血過多者，亦可能出現貧血症狀。

【就醫指南】

具有典型症狀。

婦科檢查：包括盆腔檢查無明顯病灶，子宮大小正常或略飽滿或質偏軟，以及卵巢是否正常或稍大。

基礎體溫、陰道脫落細胞塗片、宮頸黏液塗片、診斷性刮宮，雌激素、孕激素測定、宮腔鏡檢查有助於診斷。

診斷性刮宮，可排除子宮器質性病變，瞭解有無排卵以及黃體功能是否健全，還可止血，起到一定的治療作用。檢查是否貧血。

【西醫治療】

功血的治療原則是，青春期和育齡期出血：止血、調經、促排卵；圍絕經期功血：止血，減少經量。主要可參考以下方法。

＊ 止血：

已婚者先全面診刮，以明確診斷並止血，適當給予止血藥物。流血時間長者給予抗生素。未婚患者藥物治療無效時也需刮宮。

＊ 性激素止血：

只用於就診時出血過多者。已烯雌酚或苯甲酸雌二醇第 1 日 5～10 毫克，肌內注射，第 2 日減至 4～8 毫克，一般於 1～2 日內血止，漸減量至每日 1～2 毫克，口服，

維持 20～22 日。大量出血時常用甲地孕酮或炔諾酮（婦康片）遞減止血法，開始每次 5～7.5 毫克，6～8 小時 1 次，共 3 日，隨後每 3 日減少原劑量的 1/3，直至每日 2.5～5 毫克，維持 20～22 日。出血時間較長且量不多，可用黃體酮每次 10～20 毫克，肌內注射，每日 1 次，共 3～5 日；或安宮黃體酮每次 4 毫克，口服，每日 3 次，共 5 日。圍絕經期婦女常聯用雄激素。也可使用氟芬那酸、卡巴克絡、酚磺乙胺等。

雌、孕激素療法：己烯雌酚 1 毫克，每晚 1 次，於出血第 5 日起連服 22 天，於服藥第 18 天每日加用黃體酮 10～20 毫克，肌內注射，共 5 日。常用於青春期功血，使用 2～3 個週期後，患者即能自行排卵。

雌孕激素合併應用：己烯雌酚 0.5 毫克，每晚 1 次，甲羥孕酮 4 毫克，每日 1 次，於流血第 6 日起兩藥並用連服 20 日，停藥後產生撤藥性出血，適用於各種不同年齡的功血。

孕、雄激素合併法：孕酮 10 毫克及丙酸睾酮 10～25 毫克，每日肌內注射 1 次，共 5 日，於預計下一次出血前 8 日開始注射。常用於圍絕經期功血。

＊ 糾正貧血：

如血紅蛋白＜80 克 / 升應輸血，並用宮縮劑、止血藥及減少出血。

＊ 促進排卵：

青春期與生育期患者須恢復排卵功能。氯米芬適用於體內有一定雌激素水平者，一般在月經週期第 5 日開始，每次 50 毫克，口服，每日 1 次，連用 5 日。對於排卵型

月經過多者，可用睪酮對抗雌激素，丙酸睪酮 25 毫克，肌內注射每週 2 次，或甲睪酮 5 毫克，舌下含服，每日 2 次，只用 3 個月。黃體功能不全與黃體萎縮不全者，可在經前 8～12 日起用孕酮 10～20 毫克，肌內注射，每日 1 次，或每日口服甲羥孕酮 8～12 毫克，共 5 日。

對 40 歲以上婦女，出血多伴有嚴重貧血或多次復發且治療效果不理想者，可考慮子宮切除術。如不能耐受手術，也可採用放射治療，破壞子宮內膜或破壞卵巢功能，引起永久性絕經。

【中醫治療】

中醫學認為屬於「崩漏」範疇，根據不同症狀，分成若干型，並分型施治。

◎**腎陽虛型**：症見陰道出血持續不斷，色淡或暗，質稀，小腹寒冷，喜熱惡寒，腰背痠痛，夜尿量多，且舌質淡，苔薄白。適宜用溫補腎陽的方法治療。

可用金匱腎氣丸、右歸丸或壯腰健腎丸，早晚各 1 次，溫開水送下。

◎**腎陰虛型**：症見陰道出血量多，色紅質稠，頭暈耳鳴，腰腿痠痛，手足心熱，少寐多夢，且舌瘦質紅。適宜用滋補腎陰的方法治療。

可用六味丸、知柏地黃丸，早晚各 1 丸，淡鹽水沖服；六味地黃口服液，早晚各 1 支；龜鹿二仙膠丸，早晚各服 1 丸。

◎**氣血兩虛型**：症見陰道出血量多，質稀、色淡紅，面色萎黃，心慌心悸，頭暈目眩，少氣乏力，且舌質淡，苔薄白。適宜用補氣養血的方法治療。

可用十全大補丸，早晚各 1 袋；養血當歸精，每次 5～10 毫升，每日 2 次，溫開水送下。

中醫傳統療法

★拔罐法

背部：肝俞、脾俞、腎俞。

腹部：氣海、關元。

下肢部：血海、曲泉、足三里、三陰交、太衝。

★艾灸療法

斷紅穴（手背第 2、第 3 指掌關節間約前 1 吋處）先針後灸，留針 20 分鐘有止血作用。

神闕、隱白艾灸 10～20 分鐘可減少出血，或艾灸大敦（或隱白）雙側各懸灸 20 分鐘。

出血過多，昏厥者急刺人中、合谷、灸百會。

【預防與保健】

避免引起本病的誘因，如炎暑高溫，涉水冒雨，忌進辛熱燥血或寒涼凝血及呆膩滯血之藥物。忌食辛燥和生冷飲食。宜食新鮮蔬菜、水果和少脂的營養品，如瘦肉、牛奶、蛋類、肝湯、豆漿等，氣鬱者可多食橘子和金桔餅。

解除精神顧慮，增強與疾病作抗爭的信心，避免精神緊張，戒躁戒怒。

出血期間，禁止過度勞累或劇烈運動，保證充分休息和睡眠，增加營養，儘快止血、調經和糾正貧血。流血期間應注意外陰部衛生，忌性生活，出血時間過長者，可給抗生素預防感染。出血多時宜臥床休息或住院治療。

觀察記錄出血時期、出血量、色和質的變化及伴隨的症狀。若出血量驟多不止，應及時處理，以免損傷陰血引起失血性休克。

❤ 原發性痛經

本病誘因

凡經期或行經前後，發生下腹疼痛或痛引腰骶，以致影響工作及日常生活者稱痛經。痛經分原發性與繼發性兩種，前者指生殖器官無器質性病變，亦稱功能性痛經；後者指因生殖器官器質性病變所引起的痛經，如子宮內膜異位、盆腔炎、子宮黏膜下肌瘤等。

原發性痛經是指在有排卵週期中伴隨月經而來的週期性下腹部疼痛，影響正常生活及工作，生殖器官沒有明顯的病變，又稱功能性痛經，多見於初潮後不久的青春期少女和未生育的年輕婦女。

【主要症狀】

每遇經期或行經前後小腹疼痛，隨月經週期性發作，甚者疼痛難忍，甚或伴有嘔吐，汗出，面青肢冷，以至暈厥者，也有部分患者有經期小腹疼痛連及腰骶，放射至肛門或兩側股部。

原發性痛經症狀程度因人而異。重者面色蒼白、四肢發冷，甚至暈厥。還可伴有噁心、嘔吐、腹瀉、尿頻、頭暈、心慌等症。若為膜樣痛經，在排出大塊子宮內膜前疼痛加劇，排出後疼痛減輕。

【就醫指南】

具有典型症狀。

婦科檢查子宮及附件均無異常。部分患者可有子宮體極度屈伸，宮頸口狹窄。

必要時可考慮腹腔鏡檢查，超音波檢查等以排除子宮內膜異位症、子宮肌瘤等引起的繼發性痛經疾患。

【西醫治療】

＊ **止痛、鎮靜、解痙治療**：複方阿司匹林 1 片，每日 3 次；吲哚美辛 25～50 毫克口服，每日 3 次；氯酚酸 200～400 毫克，每日 3 次；地西泮 2.5～5 毫克 / 每晚，用於精神緊張型；山莨菪鹼肌內注射，可緩解子宮痙攣性疼痛；呱替啶、嗎啡類等用於嚴重痛經，但易成癮，不可久用。

＊ **激素治療**：小量雌激素用於子宮發育不良者；雌孕激素聯合治療，如口服避孕藥 I 號、II 號、18 甲等，但抑制排卵，需選擇應用。

【中醫治療】

中醫藥治療時，應根據不同情況辨證論治。

◎**氣血虧虛型**：症見經期小腹隱痛綿綿，墜痛不舒，按之痛減，伴有乏力，心慌氣短，少氣懶言，面色蒼白，食慾不振，月經色淡，質稀、量少，且舌質淡苔白。適宜用補氣養血的方法治療。

可用八珍益母丸或人參歸脾丸、或烏雞白鳳丸，早晚溫開水沖服各 1 丸；烏雞白鳳丸口服液，早晚各 1 支。

◎**氣滯血瘀型**：症見經期或經前下腹脹拒按，經血量少，色紫暗，有塊，排出不暢，子宮內膜塊脫出後痛減，

且舌質暗紫尖邊有瘀點。適宜用行氣活血的方法治療。

可用婦科痛經丸、益母草膏等。

◎**肝鬱氣滯型**：症見經期或經前小腹脹痛，胸脅乳房悶脹，心情煩躁，經血色暗，有塊，量或多或少，且舌質暗紅。適宜用疏肝理氣的方法治療。

可用得生丹，早晚各 1 丸；加味逍遙丸或七製香附丸，每日 1 袋，分 2 次服。

◎**肝腎虧損型**：症見平時腰骶痠痛，頭暈耳鳴，經期後小腹隱痛或空痛，經血量少，色淡質稀。適宜用滋補肝腎的方法治療。

可用坤寶丸、五子衍宗丸或五子補腎丸，早晚各服 1 丸或 1 袋。

中醫傳統療法

★**拔罐法**

背部：肝俞、脾俞、胃俞、腎俞。

腹部：氣海、關元。

下肢部：足三里、血海、曲泉、三陰交。

★**刮痧法**

足部反射區有 6 個基本反射區；重點刮拭腦垂體、生殖器、子宮、下腹部、陰道反射區。

腹部：氣海、關元、中級。

腰部：腎俞、命門、次髎。

下肢：三陰交、太衝。

【**預防與保健**】

注意經期衛生、經期保暖及保健。避免精神緊張，過

度勞累和劇烈運動。適合有營養且清淡飲食。

♥ 閉　經

本病誘因

閉經是許多常見婦科疾病所共有的一個症狀，而不是一種疾病。

按引起閉經原因可分為，子宮性閉經如先天性子宮或子宮發育不良，子宮內膜粘連、結核；卵巢性閉經如先天性卵巢發育不全或缺、卵巢功能早衰；垂體性閉經如垂體腫瘤、席漢綜合徵；下丘腦性閉經如神經性厭食症、避孕藥引起的藥物抑制綜合徵。

發病前可有精神刺激、環境改變、各種疾病等誘因。

年過 18 歲仍未行經的稱為原發性閉經。

曾有過正常月經，但閉經在 3 個月以上者稱為繼發性閉經。

有月經但因下生殖道某一部分（如處女膜、陰道、宮頸）的先天缺陷或後天損傷，造成閉鎖，使經血不能外流的稱為假性閉經。

【主要症狀】

已滿 18 週歲月經尚未來潮，或月經已來潮又連續 6 個月未行經。或伴有頭痛、視力障礙、噁心、嘔吐、週期性腹痛，或有多毛、肥胖、溢乳等。

【就醫指南】

具有典型症狀。

一般伴有性慾減退、乳房萎縮、腋毛及陰毛脫落，或患有不孕等症的多為促性腺素分泌不足。伴有乏力、厭食、消瘦、暈厥等症的多為促腎上腺皮質激素分泌不足。

伴有畏寒、皮膚蒼白、乾燥、心動過緩、血壓低、反應遲鈍、嗜睡、痴呆、淡漠等症的多為促甲狀腺素分泌不足。

伴有肥胖或巨人畸形、肢端肥大、高血壓病、皮膚粗糙、紅細胞過多等症的多為垂體腫瘤引起。

伴有不孕、多毛、肥胖等症的多為卵巢功能失調等要加以鑑別。

婦科檢查：注意外陰發育和陰毛分佈情況，有無陰蒂肥大，陰道發育情況，陰道、處女膜有無梗阻、畸形、萎縮，子宮有無及大小，卵巢是否增大。

宮腔鏡檢查：瞭解宮腔深度、寬度、形態有無畸形，有無粘連，取內膜檢查有無病理改變。

宮頸黏液結晶檢查：瞭解雌激素水平及有無孕激素影響。

基礎體溫測定：瞭解有無排卵及黃體功能。

雌孕激素水平測定：瞭解卵巢功能。

染色體核型及分帶分析、腹腔鏡檢查及性腺活檢、盆腔 超音波有助於診斷。

【西醫治療】

＊ 病因治療：

如結核性子宮內膜炎即給抗癆治療。宮腔粘連者主尖擴張宮腔並放置宮內節育器，以防再次粘連。

垂體或卵巢腫瘤確定後可以考慮手術、放療、化療及

其他的綜合措施。

＊ **內分泌治療：**

小劑量雌激素可增加垂體的敏感性，炔雌醇每日0.01～0.02 毫克，或己烯雌酚 0.125～0.5 毫克，連服20～22 日，停 8～10 日重複。人工週期用於卵巢功能衰竭，也可用於下丘腦性閉經。

誘發排卵可選用氯米酚、絨毛膜促性腺激素、促性腺激素釋放激素等。

對垂體功能不足者，可選用 HMG（絕經後促性腺激素），每日 75～150 單位，肌內注射，用藥 3～5 天後，若雌激素未上升，可增加用量為每日 150～225 單位，若雌激素已上升，可維持原量或減量，至卵泡成熟，一般需7～15 天。在 HMG 末次注射的同時或停藥 1～2 日後給予絨毛膜促性腺激素肌內注射，每次 500～1000 單位，連續 3～4 天。但必須在超音波監測下使用，防止出現卵巢過度刺激綜合徵。

【中醫治療】

中醫根據各種類型辨證施治。

◎**肝腎虧損型**：症見流產、久病或產後，經量逐漸減少，經行延後，漸至閉經，頭暈目澀，腰膝痠軟，心煩潮熱，帶下量少，陰部乾澀，甚則形體消瘦，面色萎黃，肌膚不潤，毛髮脫落，性慾淡漠，且舌質淡、苔薄白或薄黃，脈細無力。適宜用滋補肝腎，養血填精的方法治療。

可用中成藥：婦科金丸。

【參考方藥】熟地、山藥、女貞子、枸杞、首烏、當歸、茯苓各 15 克，山萸肉 12 克，杜仲、菟絲子、巴戟天

各 10 克。

◎**氣血虛弱型**：症見月經逐漸後延，經量漸減，色淡質稀，繼而停閉，倦怠乏力，氣短懶言，頭暈眼花，心悸失眠，毛髮少澤，肌膚欠潤，且舌質淡、苔薄白，脈細弱。適宜用益氣養血調經的方法治療。

可用中成藥：八寶坤順丸、烏雞白鳳丸。

【參考方藥】黨參、炙黃蓍、白朮、茯苓、當歸、白芍、熟地各 15 克，遠志、炙甘草各 10 克，陳皮、桂心各 6 克。

◎**腎氣不足型**：症見原發性閉經，或初潮晚，月經錯後量少，色淡黯質稀，漸至閉經，頭暈耳鳴，腰膝痠軟，夜尿頻，帶下少，面色晦暗，且舌質淡、苔薄潤，脈沉細無力，尺脈弱。適宜用補腎益精，調補衝任的方法治療。

可用中成藥：參茸丸。

【參考方藥】菟絲子、枸杞、熟地、覆盆子、黨參、首烏、黃精、當歸、女貞子各 15 克，紫河車、仙靈脾、肉蓯蓉各 10 克。

····· **中醫傳統療法** ·····

★刮痧法

足部反射區有 6 個基本反射區；重點刮拭子宮、陰道、肝、腦垂體、膽囊、甲狀旁腺反射區。

背部：膈俞、肝俞、脾俞、腎俞。

腹部：氣海、關元、中級。

下肢：豐隆、足三里、三陰交、太衝、血海。

【預防與保健】

積極治療月經後期、月經量少等疾病，以免病情進一步發展，導致閉經。

閉經多由內分泌紊亂引起，而內分泌功能的正常與否與人的精神狀態關係密切，因此，保持樂觀的情緒、豁達的心境對本病的防治有積極的意義。

平日應避免精神刺激，尤其要避免過度的悲傷、憂愁、焦慮及惱怒。

遇事要冷靜，處事要有容人之德，事後不要反覆思量，鬱鬱寡歡。

加強衛生教育，哺乳期不宜過長。

做好計畫生育，減少避免人工流產。

積極治療慢性病及寄生蟲病，消除導致閉經的因素。

調節飲食，注意蛋白質等營養物的攝入，避免過分節食或減肥，造成營養不良引發本病。

如屬氣血虧虛閉經，補充一些營養價值較高而稍偏暖性的食品，如羊奶、豆漿、瘦肉、肝湯、大棗湯、桂圓湯、黑木耳、金針菜、紅糖等。

如屬氣滯血瘀閉經，多食理氣之品，如柑橘類、金桔餅、絲瓜、山楂、桃子、鮮藕等。

皮膚科

➕ 皮膚常見病

❤ 接觸性皮炎

> **本病誘因**
>
> 本病是皮膚或黏膜接觸某些物品後，在接觸部位所發生的急性炎症。能引發接觸性皮炎的物質很多，大致可分為化學性物質、植物性物質和動物性動物 3 種。
>
> 其中，化學性物質為主要原因，如鎳、鉻等金屬及其製品，肥皂、洗衣粉、皮革等日用品、化妝品、外用藥物、殺蟲劑及除臭劑、化工原料等。還有植物性如某些植物的葉、莖、花、果等或其產物；動物性如動物毒素、昆蟲毒毛等。

【主要症狀】

在接觸某種物質後，於接觸部位出現紅斑，自覺灼熱瘙癢，繼而患部顯著水腫。

邊界清楚，水腫部位有密集的丘疹，並可發生水疱或大疱，水疱破裂後可出現大量滲液及糜爛面，滲液乾燥後，形成痂核。

嚴重者可發生壞死。如皮損廣泛嚴重，可同時伴有發熱和全身不適等。

【就醫指南】

具有與刺激性物質接觸病史。具有典型症狀。過敏性患者，斑貼試驗呈陽性。但須在皮疹消退並停用脫敏藥物1～2週後進行。

本病可分為急性期、惡急性期和慢性期3期。

【西醫治療】

＊局部治療時，應以消炎、止癢、預防感染為主。

＊急性期有紅斑、水腫、小水疱、無糜爛滲出時，選用爐甘洗劑或樂膚液；有滲出時選用0.1%雷夫奴爾溶液或3%硼酸溶液濕敷。亞急性期皮損紅腫減輕，滲出減少，可選用雷夫奴爾糠餾油乳劑、皮炎平霜或膚輕鬆霜等。

＊慢性期皮膚有浸潤、肥厚時選用曲安奈德尿素軟膏、黑豆餾油軟膏、糠餾油糊膏、膚疾寧硬膏或防裂護膚霜等。如果只是輕度紅腫、丘疹、水疱而無滲液時用爐甘石洗劑。其中可加適量石炭酸、樟腦或薄荷腦以止癢。

＊症狀較重且有體徵時，在醫生指導下可服口服藥。如抗組胺藥物、維生素C；也可靜脈注射10%葡萄糖酸鈣。皮損較重或廣泛時可短期應用皮質類固醇激素，如潑尼松每日30毫克口服或地塞米松5毫克，靜脈滴注。

【中醫治療】

中醫根據症狀及脈象分型，然後進行辨證論治。

◎熱毒夾濕型：

症見除局部紅斑、水腫和紅色丘疹外，並出現水疱，甚至大疱，破裂後出現滲出、糜爛，伴畏寒、發熱、噁心、頭痛，局部灼熱刺癢或脹痛，且舌紅脈弦滑數。適宜

用清熱、解毒、利濕的方法治療。

可用牛黃清心丸和龍膽瀉肝丸同服。

【參考方藥】龍膽草 15 克、梔子 10 克、生地 10 克、黃芩 10 克、丹皮 10 克、紫花地丁 15 克、金銀花 15 克、紫草 15 克、澤瀉 10 克、木通 10 克、甘草 6 克。

◎風熱血燥型：

症見反覆發作，皮損呈慢性乾燥、肥厚，伴舌質淡，且苔薄白，脈弦細。適宜用清熱祛風、養陰潤燥的方法治療。

【參考方藥】荊芥 10 克、防風 10 克、蟬蛻 6 克、生石膏 30 克（先煎）、生地 10 克、丹皮 10 克、當歸 10 克、赤白芍各 15 克、丹參 30 克、雞血藤 15 克、甘草 6 克。

◎熱毒型：

症見突然發病，在致敏物接觸部位出現紅斑及水腫，邊界清楚，表面有密集的紅色丘疹，局部灼熱瘙癢明顯，伴咽乾口渴，可有輕度發熱，且舌質紅，脈象滑數。適宜用清熱解毒的方法治療。

可用清熱解毒口服液或牛黃解毒丸等。

【預防與保健】

避免接觸刺激、致敏物質。

如與職業有關者，應改進工序及操作過程，加強防護措施。

一經確診，應立即避免同刺激、致敏物質繼續接觸，及時進行治療。避免進食辛辣刺激性食物，多飲開水，忌食油膩、魚腥等物，暫時不喝酒、不吸菸。

♥ 濕　疹

　　濕疹是一種常見炎症性皮膚病，病因複雜，發病機制一般認為與變態反應有關。

　　大致是由內因如過敏體質、慢性感染、內分泌紊亂、精神、神經因素等；外因如搔抓、化妝品、肥皂等刺激，吸入花粉、塵蟎等，或吃魚蝦、蛋類食物等引起。

【主要症狀】

　　濕疹在臨床上可分為急性、惡急性和慢性濕疹，因此，各種濕疹的症狀也不盡相同。

　　急性濕疹：常迅速對稱發生於頭面、四肢和軀幹。起病急，在紅斑、水腫的基礎上，出現米粒大的丘疹或小水疱。因水疱破裂可出現糜爛、滲出、結痂，皮疹融合成片，中心較重，漸向外擴展，界限不清。常伴有劇烈瘙癢，晚間尤其嚴重。急性濕疹經治療，2～3週可治癒，但易反覆發作，並可轉為亞急性或慢性濕疹。

　　亞急性濕疹：常見急性濕疹未能及時治療或治療不當所致。皮疹以小丘疹和結痂為主，有少量疱疹及糜爛，伴輕度浸潤，表面有少許鱗屑。皮損較急性濕疹輕。

　　慢性濕疹：由急性、亞急性濕疹演變而來，慢性病程，時輕時重，常反覆呈急性或亞急性發作。皮損主要為皮膚粗糙、抓痕、血痂、浸潤肥厚、苔蘚樣變，伴色素沉著。皮損多侷限於某一部位，如手、小腿、肘窩、陰囊、

外陰等處，境界明顯，炎症不顯著。平時自覺症狀不明顯，每當就寢前或精神緊張時出現劇烈瘙癢。

【就醫指南】

具有典型症狀，無論哪種類型，都具有濕疹的臨床主要特點，即多種形態的原發性損害，易滲出，劇烈瘙癢，反覆發作等。

特定部位臨床表現應為診斷依據：外陰、陰囊濕疹。多奇癢，皮損以紅腫、糜爛、浸潤肥厚、色素沉著為主。

乳房濕疹：皮疹呈棕紅色斑、糜爛，表面有薄痂，有皸裂，瘙癢伴疼痛。

手部濕疹：以皮膚粗糙、乾燥、皸裂為主，冬季加重。

診斷時還應與接觸性皮炎以及神經性皮炎相鑑別：

急性濕疹與接觸性皮炎鑑別要點是：後者接觸史常明顯，病變侷限於接觸部位，皮疹多單一形態，易起大疱，境界清楚，病程短，去除病因後多易治癒。

慢性濕疹與神經性皮炎鑑別要點是：後者多見於頸、肘、尾骶部，有典型苔蘚樣變，無多形性皮疹，無滲出表現。

【西醫治療】

＊ 局部外用藥物治療：

治療本病應以消炎、止癢、預防感染為主。急性期有紅斑、水腫、小水疱，無糜爛滲出時，選用爐甘石洗劑或親膚液；有滲出時選用 0.1%雷夫奴爾溶液等濕敷。亞急性期如紅腫減輕，滲出減少，可選用皮炎平霜或氟輕松等。

對慢性濕疹應用皮質類固醇激素霜劑，如氫化可的松霜、曲安西龍霜、地塞米松霜、索康霜等，及配合焦油類

製劑如 5%黑豆餾油或煤焦油軟膏等，外用效果較好。苔蘚化顯著者，可用 50%松餾油軟膏或 20%黑豆餾軟膏。

＊ 內用藥治療：

最常用的有抗組胺藥，必要時可兩種配合或交替使用，同時給予鈣劑及維生素 C 或 B 群維生素。

【中醫治療】

中醫根據症狀及脈象分型，然後進行辨證論治。

◎濕熱壅盛型：

症見發病急，病程短，皮損紅，發熱腫脹，滲出顯著，心煩口渴，便乾尿赤，且舌紅苔黃，脈滑數。適宜用清熱利濕、涼血解毒的方法治療。

可用中成藥：龍膽瀉肝丸、牛黃清心丸、防風通聖丸等。

【參考方藥】龍膽草 15 克、梔子 10 克、黃芩 10 克、生地 15 克、白茅根 15 克、大青葉 15 克、車前草 10 克、澤瀉 10 克、薏苡仁 15 克、茯苓 10 克。

◎脾虛濕盛型：

症見病程日久，皮損粗糙肥厚或兼少量滲液，口渴不欲飲，大便不乾或有溏瀉，且舌淡體胖或有齒痕、苔白膩，脈沉滑。適宜用健脾燥濕、養血潤膚的方法治療。

可用中成藥參苓白朮散、秦艽丸、潤膚丸等。

【參考方藥】茯苓 15 克、蒼朮 10 克、炒白朮 15 克、陳皮 10 克、厚朴 10 克、黃柏 10 克、澤瀉 10 克、茵陳 15 克、滑石 30 克（先煎）、炙甘草 6 克。

········中醫傳統療法········

★拔罐法

背部：大椎、肺俞、脾俞。

上肢部：曲池、內關、合谷。

下肢部：足三里、三陰交。

....

【預防與保健】

注意皮膚衛生，勿用熱水或肥皂清洗皮膚，不用刺激性止癢藥物。去除一切可能的致病因素，避免對皮膚過度刺激，儘量避免抓撓患部，以防感染。保持大便通暢。

食物以清淡易消化為佳，適當多吃新鮮蔬菜和水果。避免進食辛辣刺激性食物和海鮮發物，暫時少吃或不吃高蛋白食物，不飲酒，不抽菸，不飲濃茶。

儘量消除精神方面的致病因素，避免精神緊張、焦慮、壓抑或抑鬱。

♥ 蕁 麻 疹

本病誘因

本病是一種常見的過敏性皮膚病。

臨床表現為大小不等的侷限性皮膚、黏膜的瘙癢性風團，發生和消退較快，消退後不留痕跡。

本病與體質過敏有關。誘發因素很多，病因複雜，常與食物如魚蝦、蟹、蛋類；藥物如青黴素、磺胺、阿司匹林、血清製劑，病毒、細菌感染；物理因素如冷、熱、日光；精神因素，內臟和全身性疾病等有關。

蕁麻疹發病率較高。可發於任何季節、任何年齡，無明顯性別差異，青壯年較為多見。

家庭醫學速查百科

【主要症狀】

全身皮膚突然出現形狀不一、大小不等，但境界清楚，鮮紅色或蒼白色團塊狀隆起，劇烈瘙癢，越抓越多，此起彼伏，消退後不留痕跡，一日之內可發作數次。

自覺劇烈瘙癢灼熱感。

部分患者可伴見腹痛、腹瀉。

如累及呼吸、消化及循環系統，可出現相應的症狀，如氣短、胸悶、呼吸困難、噁心、嘔吐、腹痛、腹瀉及煩躁、心慌等。嚴重者可出現過敏性休克。

【就醫指南】

具有典型症狀。

皮膚劃痕可呈陽性反應。沿搔抓及鈍器劃過的部位，出現條狀隆起，伴瘙癢，此即皮膚劃痕徵陽性。

血常規檢查，血嗜酸性白細胞增高。

根據病程長短可分急性和慢性兩型，急性蕁麻疹經數日至數週消退，原因較易追查，除去原因後，迅速消退。慢性蕁麻疹反覆發作，常經年累月不癒，病因不易追查。

根據引發因素不同還應鑑別以下兩種特殊的蕁麻疹：

膽鹼能性蕁麻疹，即遇熱、運動後及精神緊張，軀幹四肢出現直徑 1～3 毫米大小丘疹樣風團，同時可伴流涎、出汗、腹痛、腹瀉等症狀。

寒冷性蕁麻疹，即遇冷風、冷水，在接觸暴露部位出現風團。

【西醫治療】

對急性和慢性蕁麻疹均可用抗組胺藥物和維生素及鈣劑治療。

＊**急性蕁麻疹**：抗組胺類藥物如賽庚啶，每次 2～4 毫克，每日 3 次；或特非那丁每次 60 毫克，每日 2 次；或鹽酸西替利嗪每次 10 毫克，每日 1 次。必要時給予苯海拉明 20～40 毫克，肌內注射。維生素 K，口服，每日 5～10 毫克；維生素 B_{12} 肌內注射；維生素 C 每次 0.2 克，每日 3 次；皮疹較廣泛者可給予 2～3 克，靜脈滴注，每日 1 次。伴消化道症狀者給予西咪替丁 200～400 毫克，靜脈滴注，每日 1 次。

＊**慢性蕁麻疹**：抗組胺類藥物如賽庚啶每次 4 毫克，每日 3 次；酮替芬每次 1 毫克，每日 2 次；其他如氯苯那敏、特非那丁、苯海拉明等，可選用 2～3 種聯合或交替應用。也可用維生素 K 口服每日 5～10 毫克；維生素 B12 肌內注射。

＊ 如病情很急或皮疹較廣泛應給予潑尼松，每日 30～45 毫克，分次口服；或地塞米松 5 毫克，肌內注射；或氫化可的松 100～300 毫克，靜脈滴注。

＊ 膽鹼能性蕁麻疹給予丙胺太林，每次 15 毫克，每日 3 次。

＊ 寒冷性蕁麻疹給予 6-氨基己酸，每次 2 克，每日 3 次。

＊ 日光性蕁麻疹加服氯喹，每次 0.25 克，每日 2 次。

＊ 外用藥，如皮損屬面積小，少量應用樂膚液及曲安西龍尿素霜。面積大時，外用爐甘石洗劑，每日數次。

【中醫治療】

中醫根據症狀及脈象分型，然後進行辨證論治。

◎**內熱襲肺型**：症見發病急，風團色紅，灼熱劇癢，伴發熱，惡寒，咽喉腫痛，或嘔吐腹痛，遇熱皮疹加重，且苔薄黃，脈浮數。適宜用辛涼解表，宣肺清熱的方法治療。

可用中成藥防風通聖丸、銀翹解毒丸、浮萍丸等。

【參考方藥】荊芥 10 克，防風 10 克、蟬衣 10 克、金銀花 15 克、苦參 10 克、連翹 10 克、黃芩 10 克、生地 10 克、白蒺藜 15 克、牛蒡子 10 克、丹參 20 克、赤芍 15 克、生甘草 6 克。

◎**風寒束表型**：症見皮疹色粉白，遇風冷加重，口不渴，或有腹瀉，且舌淡體胖、苔白，脈浮緊。適宜用辛溫解表，宣肺散寒的方法治療。

可選用中成藥秦艽丸、通宣理肺丸等。

【參考方藥】麻黃 6 克、桂枝 6 克、杏仁 10 克、白芷 10 克、白鮮皮 15 克、白殭蠶 10 克、連翹 10 克、地膚子 15 克、浮萍 10 克、甘草 6 克。

◎**陰血不足型**：症見皮疹反覆發作，遷延日久，午後或夜間加劇，心煩口乾，手足心熱，且舌紅少津或舌淡，脈沉細。適宜用滋陰養血，疏散風邪的方法治療。

可用中成藥秦艽丸與二至丸或龜苓膏同服。

【參考方藥】當歸 15 克、生熟地各 15 克、白芍 15 克、川芎 10 克、首烏 15 克、生黃蓍 15 克、丹參 30 克、白蒺藜 15 克、防風 10 克、荊芥 10 克、甘草 10 克。

·············· *中醫傳統療法* ··············

★**針灸療法**

皮疹發於上半身者，取曲池、內關穴。

發於下半身者，取血海、足三里、三陰交穴。

發於全身者，配風市、風池、大椎、大腸俞穴。

耳針取肺區、脾區、腎上腺、皮質下、神門等。

亦可耳背靜脈放血，每週2次，10次1療程。

★拔罐法

頸背部：風池、大椎、膈俞。

上肢部：曲池、合谷。

下肢部：血海、足三里。

【預防與保健】

保持精神安定愉快，勿急躁，勿生氣動怒。多鍛鍊，增強體質，保持生活規律，適應寒熱變化。

積極尋找並去除病因，避免各種誘發因素。及時治療慢性病灶，調整胃腸功能，驅除腸道寄生蟲。

患病期間避免搔抓皮疹處，不用熱水燙洗，不濫用刺激強烈的外用藥物。

忌食動物蛋白性食物和海鮮發物，不吃辛辣刺激性食物，不飲酒。保持清淡飲食，多吃些新鮮蔬菜和水果。

❤ 帶狀疱疹

本病誘因

本病由水痘——帶狀疱疹病毒引起。病毒由呼吸道黏膜進入人體，經過血行傳播，在皮膚上出現水痘，但大多數人感染後不出現水痘，為隱性感染，成為帶病毒者。此種病毒有親神經性，在侵入皮膚感覺

神經末梢後可沿著神經移動到脊髓後根的神經節中，並潛伏在該處，當宿主的細胞免疫功能低下時，出現感冒、發熱、系統性紅斑狼瘡以及惡性腫瘤時，病毒又被激發，致使神經節發炎、壞死，同時再次啟動的病毒可以沿著周圍神經纖維再移動到皮膚發生疱疹。

【主要症狀】

發疹前數日往往有發熱、乏力、食慾不振、局部淋巴結腫大，患處感覺過敏或神經痛，但亦可無前驅症狀。

1～3 天後，皮膚陸續出現散在紅斑。繼而在紅斑上發生多數成簇的粟粒，大至綠豆大小的丘疱疹，並迅速變為水疱。水疱壁緊張，光亮，疱水澄清，水疱表面大部有小凹陷。數日後疱液混濁化膿，破潰後形成糜爛面，最後乾燥結痂，痂脫落後留下暫時性紅斑。

皮損沿一側皮神經分佈，排列成帶狀，各簇水疱群之間皮膚正常。皮損一般不超過正中線。

胸、頸及面部三叉神經分佈區為好發部位。

通常三叉神經只累及一根分支。

局部淋巴結常腫大疼痛。神經痛是本病的主要症狀，急性期是由於神經節的炎症反應，晚期神經痛是由於神經節以及感覺神經的炎症後纖維化引起的。

少數情況下病毒可播散，皮疹泛發於全身者稱泛發性帶狀疱疹，常伴高熱、肺炎與腦損害。眼部帶狀疱疹累及角膜造成視力障礙。

當病毒侵犯面神經和聽神經時，出現耳殼及外耳道疱疹，可伴有耳及乳突深部疼痛、耳鳴、耳聾、面神經麻痺

等，稱為帶狀疱疹面癱綜合徵。

此外，可引起腦炎、腦膜炎。

【就醫指南】

根據簇集性水疱，帶狀排列，單側分佈，伴有明顯的神經痛等典型症狀，較易診斷。

有時見到特殊類型帶狀疱疹。僅有紅斑、丘疹而無水疱者稱頓挫型帶狀疱疹。

具有大疱、血疱、壞死性潰瘍者分別稱為大疱性、出血性、壞疽性帶狀疱疹。

診斷時，需與單純疱疹鑑別，後者好發於皮膚黏膜交界處，疼痛不顯著有復發傾向，多見於高熱、胃腸功能紊亂等患者。

【西醫治療】

＊**鎮靜止痛**：可用複方阿司匹林，每次 1 片，必要時服；卡馬西平 200 毫克，每日 3 次口服；多慮平 25 毫克，每日 3 次口服。也可用地西泮每次 2.5～5 毫克，每日 2 次；索米痛片每次 0.5～1 克，每日 1～2 次。或腸溶阿司匹林、對乙醯氨基酚或複方對乙醯氨基酚片。為減輕神經痛，老年患者可用小量潑尼松，每日 20～30 毫克，症狀減輕後漸停用。

＊**營養神經**：可用維生素 B_1 每次 20 毫克，每日 3 次。維生素 B_{12} 每次 250 微克，肌內注射，每日 1 次。維生素 E 每次 0.1～0.2 克，每日 3 次。

＊**抗病毒**：可用無環鳥苷每日 1 克，分 5 次口服；或 200 毫克，靜脈滴注，每日 1 次。鹽酸嗎啉胍每次 0.2 克，每日 3 次。利巴韋林每日每公斤體重 10～15 毫克，

靜脈滴注。也可用阿糖腺苷每日每公斤體重 15 毫克，靜脈注射 10 日；阿昔洛韋 200 毫克，每日 5 次口服。

預防和控制感染：可選用青黴素、紅黴素和磺胺類藥物。

局部外用：可選含樟腦、硫黃的爐甘石洗劑。疱疹破潰者可外用 2%龍膽紫溶液。滲液多者用 3%硼酸溶液進行濕敷。若有繼發感染可用新黴素軟膏外搽。眼睛受累者用 2%紅黴素眼膏，或 0.1%疱疹淨眼藥水，或 0.1%無環鳥苷眼藥水點患眼。

【中醫治療】

中醫稱本病為「纏腰火丹」「蛇串瘡」「蜘蛛瘡」。俗稱「串腰龍」。治療時，根據症狀及脈象將其分型辨證論治。

◎**熱盛型**：症見皮損色鮮紅，疱壁緊張，灼熱刺痛，自覺口渴、口苦、咽乾、煩躁易怒，便乾尿赤，且舌紅苔黃，脈弦滑數。適宜用清熱除濕，解毒止痛的方法治療。

【參考方藥】龍膽草 15 克、梔子 10 克、黃芩 10 克、生地 10 克、板藍根 15 克、大青葉 15 克、車前子 10 克（包煎）、澤瀉 10 克、玄胡 10 克、生甘草 6 克。

◎**濕盛型**：症見皮損色淡紅，疱壁鬆弛，疼痛略輕，口不渴或渴不欲飲，納呆便溏，且舌淡體胖、苔白膩，脈滑。適宜用健脾除濕，兼以解毒的方法治療。

【參考方藥】白朮 10 克、茯苓 15 克、陳皮 10 克、厚朴 10 克、澤瀉 10 克、滑石 30 克（先煎）、大青葉 15 克、板藍根 15 克、玄胡 10 克、生甘草 6 克。

◎**氣滯血瘀型**：症見皮損消退後局部疼痛不止，且舌

暗苔白，脈弦細。適宜用活血，行氣止痛，清解餘毒的方法治療。

【參考方藥】赤芍 15 克、白芍 15 克、當歸 10 克、柴胡 10 克、薄荷 3 克（後下）、桃仁 10 克、紅花 10 克、玄胡 10 克、雙花藤 15 克、陳皮 10 克、炙甘草 6 克。

中醫傳統療法

★拔罐法
頭部：太陽、陽白、下關、翳風、頰車、地倉。
上肢部：曲池、外關、合谷。
下肢部：血海、足三里、三陰交、陽陵泉。

【預防與保健】
加強體育鍛鍊，保持精神愉快，勿躁、勿怒。積極尋找病因，消除誘發因素。

發病期間注意休息，防止併發感染。

避免吃刺激性食品，如辛辣食物等，不飲酒。多吃水果和蔬菜。

❤ 神經性皮炎

本病誘因
神經性皮炎主要由神經功能障礙引起的，可能與大腦皮質興奮和抑制功能失調有關，如過度疲勞、精神緊張及搔抓、日曬、多汗、飲酒或機械刺激。

也可能與胃腸道功能障礙、內分泌功能紊亂、體內慢性感染灶等有一定關係。

【主要症狀】

本病以陣發性皮膚瘙癢和皮膚苔蘚化為主症。

苔蘚樣皮損。本病的皮損特徵為皮膚苔蘚化，病變區皮膚呈苔蘚樣變，皮膚增厚，皮紋加深，皮嵴隆起，皮損區呈暗褐色，乾燥，有細碎脫屑，邊界清楚，邊緣可有小的散在的扁平丘疹。

瘙癢。皮損區域陣發性瘙癢，夜晚尤甚，可影響入睡。情緒波動時，瘙癢隨之加劇。

【就醫指南】

根據典型的苔蘚樣變、劇烈瘙癢，好發部位及慢性病程等特點進行診斷。若皮疹侷限於頸後、肘窩及腋窩、骶尾部，稱為侷限性神經性皮炎。如泛發全身，分佈廣泛則稱為泛發性神經性皮炎。

本病好發於青年和成年人。病程纏綿，常遷延數年之久，雖經治癒，容易復發。

診斷時應與慢性濕疹鑑別，後者雖也有苔蘚化，但仍有丘疹、小水疱、糜爛等表現。

還需與皮膚瘙癢症區別，後者先瘙癢後起疹，主要為抓痕、血痂、脫屑、苔蘚化，邊界不清。

【西醫治療】

＊瘙癢劇烈給予地西泮，每晚 5 毫克；或賽庚啶每次 4 毫克，每日 3 次。維生素 B_1 每次 20 毫克，每日 3 次；谷維素每次 20 毫克，每日 3 次。10%葡萄糖酸鈣 10 毫升，緩慢靜脈注射，每日 1 次。

＊泛發性神經性皮炎可用 0.25%鹽酸普魯卡因，靜脈封閉。

＊侷限型可用皮質類固醇激素局部封閉，可選用曲安西龍或潑尼松龍，並加入適量鹽酸普魯卡因，作局部皮下封閉。

＊外用藥物：可選用地塞米松煤焦油搽劑、地塞米松丙二醇、氟輕松等；各種皮質激素霜劑等；軟膏：5%～10%糠餾油軟膏、黑豆餾油軟膏等；貼膏：曲安奈德新黴素、皮炎靈等。

同位素磷 32 或鍶 90 敷貼，液氮冷凍、磁療、蠟療及礦泉浴等均能收到較好的療效。

【中醫治療】

中醫稱本病為「頑癬」「牛皮癬」「攝領瘡」。中醫根據症狀及脈象分型辨證論治。

◎風熱鬱阻：多見於侷限性患者，皮損成片，以丘疹為主，呈淡紅或淡褐色，粗糙肥厚，陣發劇癢，抓搔後迅速苔癬樣變。舌苔薄或微膩，脈濡滑或濡緩。宜採用清熱疏風，解毒散結大方法治療。

可用中成藥：消風散等。

◎血熱風盛：多見於泛發性患者，皮損色紅，泛發全身，呈大片浸潤性潮紅斑塊，有抓痕、血痂，成苔癬樣變，奇癢不止，入夜尤甚，伴心煩，口渴，失眠多夢，心急易怒。舌質紅，苔薄，脈滑數或弦。宜採用清熱涼血搜風的方法治療。

可用中成藥：清營湯等。

◎血虛風燥：病久皮損不癒，日漸加重，局部皮損增厚粗糙，色淡或淺褐，表面乾燥有鱗屑，劇烈瘙癢，入夜尤甚。舌質淡，苔薄，脈細。宜採用養血潤燥，搜風止癢

大方法治療。

可用中成藥：四物湯等。

····················中醫傳統療法····················

★針灸療法

針刺取曲池、血海、三陰交、神門等穴；耳針取肺、神門、腎上腺、皮質下或敏感點；還可用梅花針叩打局部。

艾捲灸患處或艾絨隔鮮薑片灸之，每日 1～2 次，每次 10～20 分鐘。

··

【預防與保健】

平素保持心情愉快，避免精神緊張、焦慮、戒惱怒。避免過度勞累。避免各種機械性、物理性刺激。

早睡早起，生活規律。適當進行體育鍛鍊。

避免進食辛辣刺激性食物和海鮮發物。不飲酒，少抽菸。多吃些新鮮蔬菜和水果。

患病後避免搔抓、摩擦及熱水燙洗等方法來止癢。

♥ 銀 屑 病

本病誘因

銀屑病俗稱「牛皮癬」，是一種常見的紅斑、丘疹、鱗屑性皮膚病。銀屑病成因複雜，與遺傳、感染、內分泌、免疫和神經精神因素有關。此外，精神創傷、外傷、手術、月經、妊娠和食物等可為誘

發因素或使皮損加重。

　　本病發病率較高，病程緩慢，容易復發，有夏重冬輕或冬重夏輕的傾向。

【主要症狀】

銀色鱗屑：皮損邊界清楚，表面覆蓋著多層銀白色鱗屑，用刀片刮之可見層層脫落。

薄膜現象：刮去鱗屑後可露出紅色有光澤的薄膜面。

點狀出血：繼續用刀刮紅色薄膜面，可見點狀出血點。

皮損形態：皮損可見於身體任何部位，常對稱出現，尤以肘膝關節伸側、頭部和骶部為常見。皮損形態不一，可呈點滴狀、斑塊狀、地圖狀、錢幣狀、環狀或半環狀、蠣殼體，以及大片瀰漫性皮損。

　　根據病情發展銀屑病又可分為以下幾個類型：

尋常型：是最常見的類型。顯著的特徵是具有典型的斑塊、丘疹上覆銀白色鱗屑。有薄膜現象、點狀出血及同形反應。

紅皮病型：常因銀屑病在進行期時外用刺激性較強的藥物，大量激素治療突然減量或停藥而引起本型。多伴高熱、畏寒等全身症狀。全身皮膚呈瀰漫性潮紅、浸潤，大量脫屑，呈糠麩狀。

膿疱型：急性發病，常伴高熱、關節腫痛、全身不適。在銀屑病或紅斑的基礎上，出現多數密集的小米粒大小無菌性膿疱，可融合成膿糊狀，數日後乾涸脫屑。全身發疹以四肢屈側及皺褶部位較重。

關節病型：除有銀屑病皮損外，還有類風濕性關節炎症狀。關節炎症往往與銀屑病症狀平行。

【就醫指南】

具有典型症狀。根據典型的銀色鱗屑、薄膜現象和篩狀出血即可確診。且在進行期可出現同形反應，即沿搔抓或鈍器劃過痕跡出現銀屑病皮疹。

好發於四肢兩側、肘、膝、頭皮及背部，嚴重者泛發全身，廣泛對稱。發生於頭部者發成束。指（趾）受累時甲面呈頂針狀凹陷，嚴重者甲板增厚。累及黏膜，如龜頭部位時表現為無鱗屑的紅色浸潤性斑塊。

組織病理檢查有助於診斷。

檢查診斷其不同類型時，也有不同特點：

異常型：根據病程可分為 3 期。進行期皮疹不斷增多，鱗屑豐富，炎症反應明顯，皮膚較敏感。靜止期炎症減輕，基本無新發皮疹。退行期皮疹漸消退，留有色素減退或色素沉著斑。

膿疱型：易反覆發作，併發肝腎功能障礙。白細胞升高，常伴低鈣血症。

關節病型：少數伴發熱等全身症狀，血沉增快，血清類風濕因子陰性。

需與脂溢性皮炎、玫瑰糠疹鑑別。脂溢性皮炎損害多呈邊界不清的黃紅色毛囊丘疹，上覆油膩性糠狀鱗屑。玫瑰糠疹典型皮損為橢圓形黃紅色斑疹，周圍繞以玫瑰色堤狀隆起，斑疹上附灰白色環形糠狀鱗屑，好發於軀幹和四肢近端，可自癒。

【西醫治療】

＊ 對於尋常型銀屑病，早期進行期給予維生素 D_2、維生素 E、維生素 B_{12}、維生素 B_6、維生素 C 及普魯卡因封閉療法等。

維生素 C 每次 0.2 克，每日 3 次。維生素 A 每次 2.5 萬～5 萬單位，每日 3 次。進行期或膿疱型銀屑病給予維生素 D_2 每次 1 萬～2 萬單位，每日 3 次。可應用葉酸及維生素 B_{12} 等。

＊ 對於鏈球菌感染有關的用抗生素治療。

＊ 對泛發性神經性皮炎靜止期患者，在其他療法不佳時，可酌情選用甲氨蝶呤、乙亞胺、乙雙嗎啉等，但應注意其毒性，定期檢查血、尿及肝功能。

＊ 對於膿疱型、關節型、紅皮病型銀屑病，可根據情況選用免疫抑製劑如白血寧、環孢素 A 等，阿維 A 製劑如依曲替酯、依曲替酸等，或皮質激素、雷公籐製劑等。

＊ 紅皮病型、關節病型及膿疱型銀屑病。也可用皮質類固醇激素如地塞米松每日 10～20 毫克，靜脈滴注，每日 1 次，皮疹好轉後漸減量。

＊ 可配合選用免疫調節劑如轉移因子、聚肌胞、靈桿菌素、左旋咪唑等，抗血凝藥物，如華法令、藻酸雙酯鈉等。

＊ **外用藥治療**：外用煤焦油、松餾油、1%～2%焦性沒食子痠軟膏，曲安西龍尿素霜、氟輕松軟膏、樂膚液、5%水楊痠軟膏等交替外用，5% 5-氟尿嘧啶軟膏及0.1%～1%蒽林軟膏或霜劑外用。

＊**物理療法**：紫外線照射，光化學治療，沐浴療法如硫黃浴、糠浴、礦泉浴等。

此外，用 8-甲氧補骨脂素和黑光（長波紫外線）聯合治療有一定療效。

【中醫治療】

中醫根據症狀及脈象分型，然後進行辨證論治。

◎**血熱型**：症見皮損發生、發展迅速，多呈點滴狀，有蔓延趨勢，皮膚潮紅，瘙癢明顯，鱗屑較多，易剝離，伴見口舌乾燥，心煩易怒，夜寐夢多，便乾尿黃，且舌紅苔黃膩，脈弦滑數。適宜用清熱涼血解毒的方法治療。

可用中成藥龍膽瀉肝丸、防風通聖散、牛黃清心丸、清熱解毒口服液等。

【參考方藥】生槐花 15 克、白茅根 15 克、生地 15 克、紫草 15 克、丹皮 10 克、大青葉 15 克、茯苓 15 克、白花蛇舌草 30 克、赤芍 15 克、丹參 30 克、莪朮 10 克。

◎**血燥型**：症見皮損顏色較淡，病程日久，無新疹發生，皮疹肥厚乾燥，且舌質淡、苔白，脈沉細。適宜用養血潤燥、活血解毒的方法治療。

可用中成藥潤膚丸、秦艽丸、龜苓膏等。

【參考方藥】當歸 10 克、生地 15 克、首烏 15 克、丹參 30 克、雞血藤 15 克、麥冬 10 克、天冬 10 克、茯苓 15 克、白花蛇舌草 15 克、白芍 10 克、甘草 10 克。

◎**血瘀型**：症見皮損肥厚，顏色暗紅，經久不退，且舌質紫暗，或有瘀斑瘀點，脈澀或細沉。適宜活血化瘀的方法治療。

可用中成藥銀樂丸、複方丹參片等。克銀丸每次 1

丸,每日2次;或複方青黛膠囊每次3粒,每日3次。對
諸型均有一定療效。

★拔罐法

背部:肺俞、肝俞、腎俞。

上肢部:曲池、內關、神門。

下肢部:血海、三陰交、足三里、飛揚。

【預防與保健】

　　保持生活規律,保證充足睡眠,注意衛生,積極參加
體育鍛鍊。

　　要注意避免上呼吸道感染及清除感染性病灶。

　　避免物理性、化學性物質和藥物的刺激,防止外傷和
濫用藥物。

　　保持心情愉快,避免惱怒憂慮。注意消除精神創傷,
解除思想顧慮,使患者樹立戰勝疾病的信心。

　　忌食辛辣刺激性食物和肥甘厚味,不吃高熱量動物食
品,如牛、羊、雞、魚、蝦等。

　　戒酒,不抽菸。多吃些新鮮蔬菜和水果。

 痱　子

本病誘因

　　痱子是夏季常見病,主要是外界氣溫增高而濕
度大,出汗不暢而引起。

【主要症狀】

典型症狀為皮疹。根據皮疹形態又可分為以下幾種：

紅痱：

又名紅色粟粒疹。是最常見的一種。皮損為針尖大密集的丘疹或丘皰疹，周圍繞以紅暈，自覺燒灼及刺癢。

白痱：

又名晶狀粟粒疹。為非炎性針頭大透明的薄壁水皰，易破，無自覺症狀，1～2 日內吸收，有輕度脫屑。

膿痱：

又名膿皰性粟粒疹。在丘疹的頂端有針尖大小淺表性小膿皰，皰內常無菌或為非致病性球菌。

【就醫指南】

根據皮疹即可確診。

診斷時發現紅痱好發於腋窩、胸、背、頸，婦女乳房下，嬰兒頭面及臀部等處。

天氣涼爽時皮損可自行消退。

白痱好發於頸部及軀幹等處，常見於體弱、高熱、大量出汗者。膿痱好發於小兒頭頸部和皺褶部。

【西醫治療】

＊治療原則以消炎止癢為主，局部可用溫水洗淨，揩乾後撒痱子粉，或外用爐甘石洗劑。膿痱者可加用莫匹羅星（百多邦）軟膏或環丙沙星軟膏治療。

【預防與保健】

注意保持室內通風，衣著寬鬆。

保持皮膚清潔、乾燥，炎熱季節勤洗澡、勤換衣。

肥胖嬰兒及產婦應勤洗澡，撲痱子粉。

少吃油膩食品，多吃蔬菜水果。

❤ 痤　瘡

本病誘因

痤瘡是一種毛囊與皮脂腺的慢性炎症性皮膚病。病因主要與雄性激素增多、微生物如痤瘡棒狀桿菌有關，遺傳、飲食、胃腸功能障礙、毛囊感染也是重要因素。

【主要症狀】

在臨床上，除尋常痤瘡外，還有聚合性和壞死性痤瘡，以及較為少見的嬰兒痤瘡等。由於尋常痤瘡最為常見，因此進行重點介紹。

常見於青年。好發於顏面、肩部、前胸、後背等處。

早期典型皮損為位於毛囊口的黑頭粉刺和白頭粉刺。黑頭粉刺為阻塞於毛囊管內的脂栓末端，見於擴大的毛囊口中，呈點狀黑色，可擠出脂栓。

炎症較重者可變成小膿疱，周圍有紅暈。部分形成皮下大小不等的淡紅或暗紅色堅硬結節，高出於皮面，可有黃豆或杏核大小囊腫，繼之有波動感，破後流出黏稠膿液。

多呈慢性，多數青春期過後傾向自癒。

【就醫指南】

根據典型症狀即可確診。

需與酒渣鼻鑑別，後者發病年齡較晚，中年人多見，僅發於面部，皮損常伴有毛細血管擴張。

【西醫治療】

＊ 內服藥：

可用四環素每次 0.25 克，每日 4 次，1 個月後每半月遞減 0.25 克，最後每日 0.25 克，連服 2～3 個月。或用紅黴素、鹽酸米諾環素或甲硝唑等。皮脂溢出較多、炎症較重者可選用 13-順維 A 酸每公斤體重 0.5～1 毫克，分 3～4 次口服，連用 1～2 個月。可並用維生素 B_6、硫酸鋅等。嚴重者給予己烯雌酚，每日 1 毫克，連用 2～3 週，女性患者應於經後第 14 日開始服用，至下次經前 1 日止。

＊ 外用藥：

可塗複方硫黃洗劑、0.05%維 A 酸霜、5%～10%過氧苯甲醯溶液對黑頭粉刺、炎症有效。曲安西龍混懸液 0.5～1 毫升（含曲安西龍 10 毫克/毫升）結節或囊內注射，每週 1～2 次。表淺性瘢痕可用磨削整容法治療，增生性瘢痕可用液氮冷凍治療。

【中醫治療】

中醫根據症狀及脈象分型，然後進行辨證論治。

◎濕熱型：症見皮損為黑色粉刺、丘疹、膿疱，並見皮膚油膩光亮，便乾溲赤，且舌紅苔膩，脈象濡數。適宜用疏風勝濕、清熱的方法治療。

可用中成藥防風通聖丸、連翹敗毒丸等。

【參考方藥】枇杷清肺飲加減，大便燥結者加大黃，感染重者加地丁、蒲公英。

◎血瘀型：症見皮疹以囊腫、結節、瘢痕為主，且舌紫暗，脈弦滑。適宜用祛濕化瘀，兼以解毒的方法治療。

可用中成藥大黃蟲丸。

【參考方藥】茵陳 15 克、薏苡仁 15 克、生山楂 10 克、黃芩 10 克、連翹 15 克、丹參 30 克、川大黃 6 克、桔梗 6 克、皂刺 10 克、夏枯草 15 克、赤芍 15 克、白花蛇舌草 30 克。

【預防與保健】

講究衛生，養成良好的衛生習慣。早睡早起，生活規律，保證充分睡眠。

精神愉快，避免過度緊張和勞累。

患病後樹立信心，不憂傷，不苦惱，心情愉快。

常用熱水、肥皂洗滌患部，不宜用油脂類化妝品，避免用手擠壓患部。注意飲食，少食脂肪及甜食，多飲開水。多吃蔬菜及水果。

♥ 黃　褐　斑

本病誘因

黃褐斑是一種面部發生黃褐色斑片的皮膚病，又稱作妊娠斑、肝斑和蝴蝶斑等。

病因未明，可能與內分泌有關，可見於慢性酒精中毒、肝病、結核等患者。

【主要症狀】

皮損為淡褐色至深褐色斑片，形如地圖或蝴蝶，大小不等，邊緣不整，境界清晰，常對稱分佈於額、眉、頰、鼻、上唇等處，重者可累及整個面部。斑區表面光滑、無鱗屑，無自覺症狀。

【就醫指南】

具有典型症狀，根據皮損的黃褐色變化，好發部位及無自覺症狀等即可診斷。診斷時應排除婦科疾病、肝病、甲狀腺內分泌方面疾病。

妊娠期婦女出現的黃褐斑，一般分娩後幾個月自行消退，這種情況不可視為病態。若半年至 1 年仍未消退者，可視為黃褐斑病。男子和未婚女子也可患此病。

【西醫治療】

＊ 口服或靜脈注射維生素 C，每次 0.2 克，每日 3 次。口服維生素 E，每日 300 毫克。

＊ 外用 3%氫醌霜、3%過氧化氫溶液、20%壬二酸霜、5%二氧化鈦霜及脫色劑。也可用 5%白降汞軟膏，塗患部，每日 1～3 次。或 3%過氧化氫溶液，塗患部，每日 3～5 次。

【中醫治療】

中醫稱本病為「面塵」「黧黑斑」等。根據症狀及脈象將本病分為 3 個類型辨證論治。

◎肝鬱氣滯型：症見面部褐斑瀰漫分佈，兼有情志抑鬱、胸脅脹滿或少寢多夢，面部烘熱，月經不調，且舌有瘀點、苔薄，脈弦細。適宜用疏肝理氣活血的方法治療。

可用中成藥逍遙丸、舒肝丸、白鳳丸等。

【參考方藥】柴胡 10 克、赤白芍 15 克、當歸 10 克、茯苓 10 克、蒼朮 10 克、薄荷 6 克、陳皮 10 克、香附 10 克、丹參 30 克、丹皮 10 克、甘草 6 克。

◎痰濕型：症見面部褐斑，兼見胸悶脘痞，納呆，且舌白潤滑，苔膩，脈濡滑或沉弦。適宜用除濕化痰的方法

治療。

可用中成藥通宣理肺丸或藿香正氣丸同服。

◎**肝腎陰虛型**：症見色斑褐黑，邊界明顯，面色晦暗無華，兼頭暈目眩，腰膝痠軟，且舌紅少苔，脈細數。適宜用滋補肝腎的方法治療。

可用中成藥金匱腎氣丸、右歸丸、滋補肝腎丸等。

【參考方藥】生熟地各 15 克、山萸肉 10 克、女貞子 15 克、旱蓮草 15 克、天花粉 10 克、當歸 10 克、丹參 30 克、茯苓 10 克、丹皮 10 克、炙甘草 6 克。

······················**中醫傳統療法**·····················

★針灸療法

耳針：面頰區、內分泌、腎上腺、肝、肺、腎等埋豆，3～5 日更換。

體針：肺俞、肝俞、脾俞、膽俞、腎俞、三焦俞、血海、太谿、太衝等穴。

背穴針後加火罐。

【預防與保健】

生活宜規律穩定。外出時避免日光曝曬，積極治療其他原發疾病，但不亂服藥，不濫用外用藥。

病因明確者儘量除去病因，及時治療。婦女口服避孕藥者，應停止服用。

保持心情舒暢，力求性格開朗，切忌憂思惱怒。

多食富含維生素 C、維生素 E 的食品，適當多吃新鮮蔬菜和水果。避免進食辛辣刺激性食物，少飲濃茶、咖

啡。少吃含糖較多的甜食，忌冷飲。

♥ 斑　禿

本病誘因

斑禿是一種侷限性斑片脫髮，常驟然發生，俗稱「鬼剃頭」。整個頭皮頭髮全脫光稱全禿，伴全身毛髮均脫落者稱普禿。本病病因不明，多認為和精神因素、免疫因素、內分泌紊亂、遺傳素質等有關。

【主要症狀】

常突然發現一片或數片脫髮區，大小不定，邊界清楚，圓形或橢圓形，脫髮區頭皮正常。患處無炎症，也無自覺症狀。

病情發展時周邊毛髮鬆動，易拔出，此時脫髮斑繼續增多。有些病例短期內頭髮可全部脫光而成全禿；有的甚至眉毛、腋毛和毳毛等全部脫落而成普禿。

病情好轉，開始長出黃白色纖細、柔軟毛髮，痊癒後可長出黑色正常頭髮。

病情常反覆不定，新生細毛可再脫落，使病程延長到數月或 1 年以上。

【就醫指南】

根據典型症狀可以確診。

應與假性斑禿鑑別，前者頭部突然出現圓形或橢圓形禿髮斑，局部皮膚無炎症，平滑光亮，無自覺症狀。

後者患處頭皮萎縮，毛髮不能復生，表面常有島嶼狀正常毛髮束，邊緣具有細狹的紅暈。

【西醫治療】

＊本病有自癒傾向，初長時新髮大部纖細柔軟，呈灰白色，類似毳毛。可隨長隨脫，痊癒時髮漸變粗變黑。如無可能，可用藥物治療。如內服或注射 B 群維生素；內服胱氨酸片或複方胱氨酸片（髮維佳，每次 4 片，每日 3 次）。

＊對全禿及普禿患者可用潑尼松，或給予免疫治療，如胸腺肽和環孢素等。

＊外用藥物可選用 0.2%～1%蒽林軟膏或霜、1%米諾地爾霜或溶液、氮芥溶液（0.2 毫克/毫升）；皮質類固醇激素製劑局部外用或皮損內注射。

＊可應用光化學療法（PU-VA），即局部先外搽 8-甲氧補骨脂素酊劑，45 分鐘後照射長波紫外線，開始每週 2 次，以後逐漸減少治療次數。

【中醫治療】

中醫稱本病為「油風」。根據症狀及脈象分型辨證論治。

◎血虛風燥型：症見脫髮時間較短，輕度瘙癢，伴有頭昏，失眠，且苔薄，脈細數。適宜用養血散風的方法治療。

【參考方藥】當歸 10 克、川芎 10 克、赤白芍各 15 克、黃精 10 克、側柏葉 15 克、羌活 10 克、首烏 15 克、桑葉 10 克、木瓜 10 克、菟絲子 10 克。

◎氣滯血瘀型：症見病程較長或伴頭痛，胸脅疼痛，病變處有外傷史，且舌暗有瘀斑，脈沉細。適宜用理氣活血的方法治療。

【參考方藥】赤芍 15 克、川芎 10 克、桃仁 10 克、紅花 10 克、柴胡 10 克、當歸 15 克、陳皮 10 克、丹皮 30 克、白朮 10 克。

◎肝腎不足型：症見病程日久，甚至全禿或普禿，多伴頭昏耳鳴，失眠，且舌淡苔少，脈細。適宜用滋補肝腎的方法治療。

【參考方藥】熟地 15 克、女貞子 15 克、旱蓮草 15 克、當歸 10 克、首烏 15 克、赤白芍各 15 克、巴戟天 10 克、肉蓯蓉 10 克、桑葚 10 克、川芎 10 克、丹參 30 克。

【預防與保健】

平時不要用鹼性過強的肥皂洗頭。宜用溫水洗臉，避免過冷、過熱及不潔淨物品刺激。

去除可能誘因，幫助患者樹立治癒的信心。有明顯精神因素者，可給予鎮靜劑。

保持良好心態，避免過激情緒波動。

宜食清淡食品，忌食辛辣，不飲酒、濃茶，避免刺激性食品。

 ## 病毒性皮膚病

♥ 傳染性軟疣

本病誘因

本病是由傳染性軟疣病毒所致的傳染性皮膚病，多見於兒童及青年。潛伏期 14～50 日。其特點為在皮膚上發生蠟樣光澤的小丘疹，頂端凹陷，能擠出乳酪狀軟疣小體。

【主要症狀】

初起為米粒大的半球形丘疹，漸增到綠豆大。中央呈臍窩狀，表面有蠟樣光澤，早期質地堅韌，後期漸變軟，呈灰色或珍珠色。頂端挑破後，可擠出白色乳酪樣物質，稱為軟疣小體。

主要發生於軀幹、四肢、肩胛、陰囊等處，但全身任何部位均可發生。

【就醫指南】

具有典型症狀，根據年齡、好發部位及皮損情況可以診斷。

對單個較大的皮損，需與基底細胞瘤等進行鑑別，必要時可作病理組織檢查。

【西醫治療】

＊ 對損害中的軟疣小體完全擠出或挑除，或用小鑷子夾住疣體，將之拔除，然後塗以 2%碘酒，並壓迫止血。

＊ 對於數目少者，亦可採用液氮冷凍治療。

【中醫治療】

中醫稱該病為「鼠乳」。

該病多屬血虛生燥、風毒血瘀所致。因此，適宜用養血潤燥、化瘀解毒的方法治療。

【參考方藥】丹參 30 克、赤芍 15 克、紅花 10 克、雞血藤 15 克、莪朮 10 克、生牡蠣 30 克（先煎）、柴草 10 克、馬齒莧 30 克、大青葉 30 克。

也可參考以下外治驗方：

狗脊 30 克，地膚子 30 克煎水洗患處。

鴉膽子搗爛，包於紗布內，擦拭患處。每日 1～2 次。

【預防與保健】

忌自行搔抓，防止引起自身接種和傳染他人。

患者內衣、內褲宜用棉製品，且宜寬鬆，避免擦破皮疹。內衣、內褲定期用水煮沸，消滅傳染源。

患者所用物品不宜外借，以防傳播。

飲食應清淡，多吃蔬菜、水果。

♥ 扁 平 疣

本病誘因

扁平疣是一種病毒性皮膚贅生物，由人類乳頭瘤病毒所致。多見於青少年，常發於顏面和手背。容易自身接種，也可傳染他人。

本病往往突然發生，又很快完全消失。

【主要症狀】

皮疹為米粒到黃豆大扁平隆起的丘疹，表面光滑，質硬，淺褐色或正常皮色，圓形、橢圓形或多角形。數目較多，多數密集，偶可沿抓痕分佈排列成條狀。

一般無自覺症狀，可因抓搔而發生自身接種。偶感輕度瘙癢。

【就醫指南】

根據皮疹特點、發病年齡和部位等進行診斷。

發生於面部時需與汗管瘤鑑別，後者好發於眼瞼及頰上部，為半球形褐色堅實小丘疹，組織學與扁平疣完全不

同。

【西醫治療】

西醫藥治療時分為內治法和外法法。

＊內治法：

口服烏洛托品 0.3～0.6 克，每日 3 次；氧化鎂 0.5 克，每日 3 次；西米替丁 0.2 克，每日 3 次；肌內注射聚肌胞 2 毫克，每週 2 次，或皮下注射轉移因子 2 毫克，每週 1 次。

＊外治法：

局部外用 3% 酞丁胺霜搽劑，或 2.5%～5% 的 5 - 氟尿嘧啶軟膏。5%酒石酸銻鉀溶液外搽。或用 2.5%～5% 氟尿嘧啶軟膏點塗疣點。

數目少者可液氮冷凍治療。

【中醫治療】

中醫稱本病為「扁瘊」。一般無須內服藥物。

此疹發生較多者可試服防風通聖丸。

中醫治療此病時，外治法較為有效，可參考以下驗方：

鴉膽子搗爛，包於紗布內，擦拭患部，每日 1～2 次。

狗脊 30 克、地膚子 30 克，煎水外洗患部。

白鮮皮、白礬各 30 克，水煎趁熱搽洗患處。

【預防與保健】

養成良好的衛生習慣。不用他人的臉盆、毛巾。

清淡飲食為宜，不吃辛辣刺激性食物，多吃新鮮蔬菜和水果。

勿抓撓患部。

其他皮膚病

體　癬

本病誘因

體癬是一種發生於平滑皮膚上的淺部真菌病。

真菌可侵犯身體各部位，大致可分為以下幾種：

感染頭髮和毛髮淺部時為頭癬。常見者有3種，即黃癬、白癬和黑點癬。黃癬由許藍黃癬菌引起；白癬由犬小孢子菌及石膏樣小孢子菌引起；黑點癬由紫色毛癬菌及斷髮毛癬菌引起。頭癬由直接或間接接觸患者或患癬的貓、狗等動物傳染，不潔的理髮器具也是主要傳染途徑，共用帽子、枕巾及梳子等也可引起本病。

皮膚癬菌侵犯手掌、足跖和指（趾）間平滑皮膚所引起的感染分別稱為手癬和足癬。多由紅色毛癬菌、鬚癬毛癬菌、絮狀表皮癬菌引起，由接觸傳染所致。

發生於股內側、會陰、臀部者稱股癬。常由手癬傳染而來，也可由直接接觸患者、患癬家畜或間接接觸污染的衣物引起。

【主要症狀】

皮疹為紅色丘疹或丘疱疹，以後擴展成鱗屑性暗紅色斑片，中心炎症輕微或只有色素沉著，邊緣隆起有丘疹、膿疱，融合在一起成堤狀，邊界清楚，成圈向外擴展。皮

損大小不等，單發或多發。長期服用皮質類固醇激素者併發的體癬，皮疹常泛發，呈大片狀，自覺搔癢，長期搔抓可有苔蘚樣變。

頭癬中，黃癬損害先在毛髮根部發生炎性丘疹或黃色點狀皮疹，漸擴大增厚，形成黏著性厚痂，中心微凹，邊緣翹起成蝶狀，有斷髮穿出，有鼠尿臭味，稱黃癬痂，新鮮的為硫黃色，陳舊的為灰黃色或灰白色。病髮乾枯、失去光澤，長短不一，易於拔出，髮際處一般不受侵犯，有正常髮帶。可形成萎縮性瘢痕，造成永久性脫髮。自覺劇癢，常伴許多血痂，也可侵犯其他部位皮膚。白癬頭皮有數片圓形灰白色鱗屑斑，可漸擴大或融合。病髮無光澤，灰白色，距頭皮 2～5 毫米折斷，根部有白色菌鞘，易拔出。慢性病程，青春期大多自癒。黑點癬損害初起為侷限性點狀紅斑，漸擴大成鱗屑斑，邊緣清楚。病髮出頭皮即斷，呈黑點狀，自覺瘙癢。

手足癬的共同特點為皮疹開始常單側發生，以後可傳染至對側。手足癬又可分為 3 個類型，即水疱型、擦爛型和鱗屑角化型。

水疱型常發生於掌、跖，其次為指（趾）間及側緣。皮疹初為米粒大小厚壁水疱，以後變成綠豆至黃豆大小，不易破，疱液開始清澈，以後混濁，部分水疱融合成多房性水疱，疱破後露出紅色濕潤面，部分水疱可自行吸收，脫屑自癒，自覺瘙癢。

擦爛型常發生於第 3 至第 5 指（趾）間，初為紅斑，以後角質層浸軟發白，劇癢。因搔抓和摩擦露出紅色糜爛面，少許滲出，易繼發細菌感染，引起淋巴管炎、丹毒等。

鱗屑角化型常發生於掌、跖、足跟部。角質層增厚，可為淡紅色，表面有鱗屑。

　　夏季常伴少數水疱，冬季氣候乾燥時足跟部多有皸裂，瘙癢較輕。

　　股癬的皮疹表現與體癬基本相同，初起單側發生，以後可傳染至對側。

　　由於皺褶部位多汗、潮濕、易受摩擦，皮疹炎症較重，瘙癢劇烈。

【就醫指南】

　　體癬的診斷比較容易，主要根據典型症狀進行診斷，但不同部位的癬在檢查診斷時也有少許不同。

　　頭癬可用濾過紫外線燈檢查、真菌直接鏡檢和培養可助診斷。

　　手足癬和股癬的輔助檢查方法可用真菌直接鏡檢和培養陽性。

【西醫治療】

　　西醫藥治療時，各部位的不同癬也略有不同。

　　＊頭癬：全身治療時，可口服灰黃黴素，小兒每日每公斤體重 15～20 毫克，成人每日 600 毫克，分 3～4 次口服，連用 20 日；或伊曲康唑成人每次 0.2 克，每日 2 次，兒童每日 0.1 克，每日 1 次，連用 4～6 週。

　　局部治療時，每日睡前用肥皂水洗頭 1 次，外塗 2.5% 碘酊；白天外塗硫黃水楊痠軟膏 5%～10%；硫黃軟膏，連用 2 個月。

　　無論用何種方法治療，頭癬的治療都應徹底，治癒患者每 15 日複查 1 次，連續 3 次真菌檢查陰性方為治癒。

＊**手足癬**：嚴重患者可選用伊曲康唑每次 0.2 克，口服，每日 1 次，連用 7〜28 日。

一般患者只用局部治療即可。治療時，可外塗 2%克黴唑霜、益康唑霜、酮康唑霜（皮康王霜）、特比萘酚霜、聯苯苄唑霜（美克霜、孚琪霜）、咪康唑霜（達克寧霜），每日 2 次。

水疱型可外塗癬霜或複方土槿皮酊治療。

擦爛型禁用刺激性強的藥物，每日用 1：5000 高錳酸鉀液浸泡，然後外塗 2% 克黴唑軟膏等，滲液多、有感染者用 3% 硼酸溶液或 0.1% 雷夫奴爾溶液進行濕敷。

鱗屑角化型外塗複方硫黃水楊痠軟膏、5% 硫黃軟膏等。

＊**股癬**：股癬的治療以局部治療為主，治療時，可局部外塗 2%克黴唑霜、益康唑霜、酮康唑霜、特比萘酚霜、聯苯苄唑霜、咪康唑霜，每日 2 次。損害廣泛者選用伊曲康唑每次 0.2 克，口服，每日 1 次，連用 7〜14 日。

【中醫治療】

中醫根據症狀及脈象分型，然後進行辨證論治。

體癬治療一般不用內服藥物，病情嚴重時可參考以下方法：

◎濕熱下注型：症見皮損部位潮濕糜爛，瘙癢嚴重，甚至紅腫疼痛。適宜用清利濕熱的方法治療。可選用以下驗方：

蒲公英湯：鮮蒲公英 30 克（或乾品 10 克），煎湯代茶，飲服不拘時。

雙花茶：金銀花、槐花各 10 克，水煎代茶飲用。

◎**風濕蘊結型**：症見以水疱、丘疹、脫屑、瘙癢。適宜用疏風化濕的方法治療。可選用以下驗方：

荊芥飲：荊芥 10 克，水煎代茶飲用。

蘇葉飲：蘇葉 10 克，水煎代茶飲用。

◎**血虛風燥型**：症見以皮膚角化過度，皸裂疼痛。適宜用養血潤膚的方法治療。可選用以下驗方：

麥味飲：麥冬 10 克，五味子 5 克，水煎代茶飲用。

首烏地黃飲：何首烏、生地黃、熟地黃各 10 克，水煎代茶飲用。

【預防與保健】

保持心情舒暢，樹立戰勝疾病的信心。

避免進食辛辣刺激性食物和發物，戒菸酒，飲食以清淡為宜，多吃些新鮮蔬菜和水果。

養成良好的衛生習慣，不用他人的毛巾、浴巾，不與他人共用臉盆、腳盆。為防止交叉感染，患者污染的帽子、衣物要隨時煮沸消毒。家庭和集體中的患兒應同時治療，及時對患病寵物進行處理。

為了減少復發，平日勤洗腳，不穿膠鞋，不隨便亂用拖鞋。

 **膿 疱 瘡**

本病誘因

膿疱瘡是一種常見的急性化膿性皮膚病，俗稱「黃水瘡」。病原菌主要為金黃色葡萄球菌，其次為 B 型溶血性鏈球菌，少數為白色葡萄球菌，混合感染

也不少見。此外，環境溫度高、出汗及搔抓可促進本病發生。

主要發生於2～7歲兒童，多見於夏秋季節，接觸傳染。

【主要症狀】

本病多發於顏面、四肢等暴露部位。自覺瘙癢，常因搔抓而不斷接種新疹。

一般性膿疱瘡的主要症狀為，初起為點狀紅斑或小丘疹，迅速變為粟粒、豌豆或更大的水疱，1～2日後，水疱變為膿疱，呈群集分佈，周圍有紅暈，疱壁薄而易破。

膿疱乾涸結成蜜黃色痂，痂脫後痊癒，不留瘢痕。自覺瘙癢，因搔抓而不斷將病菌再接種到其他部位，發生新膿疱，病程遷延數日或數月不癒。全身症狀輕者無不適感，重者有高熱。

由金黃色葡萄球菌所致者，亦稱大疱性膿疱瘡。初起皮疹為米粒至黃豆大小水疱，以後增大至蠶豆或核桃大小，周圍有紅暈。膿疱壁開始緊張，數日後鬆弛，膿液沉積於疱底，可見特徵性的半月形積膿。疱壁破後形成表淺糜爛面。皮損中央常自癒，邊緣仍有炎症向四周擴延，並發生新膿疱，呈環狀。

由溶血性鏈球菌或與金黃色葡萄球菌混合感染者，亦稱膿痂性膿疱瘡。膿疱疱壁較厚，紅暈顯著，膿疱破後其滲液乾燥結成蜜黃色厚痂。

新生兒膿疱瘡由凝固酶陽性葡萄球菌71型所致。常發生在4～10日新生兒，發病急，傳染性強。開始為黃

豆大小水疱，周圍有紅暈，疱液初起澄清，後變混濁。疱破後露出鮮紅色糜爛面，乾涸後結黃色痂。

本病易發生在暴露部位，輕者無全身症狀，重者有高熱，可併發敗血症、肺炎等。

嚴重時可併發淋巴管炎、淋巴結炎。由鏈球菌引起者可併發急性腎炎或敗血症。

【就醫指南】

根據臨床表現即可診斷。白細胞和嗜中性粒細胞可增多，塗片鏡檢或培養可見致病菌。需與水痘相鑑別，後者多見於秋冬季節。

發疹時常伴有發熱等全身症狀，皮疹為向心性分佈，以綠豆大到黃豆大的水疱為主，同時可見到丘疹、結痂等各期皮疹，口腔黏膜亦可受累。

【西醫治療】

＊病情嚴重者應予全身治療，治療時首選青黴素，每次 80 萬單位，肌內注射，每日 2 次。重者可用氨苄青黴素、先鋒黴素等靜脈滴注。青黴素過敏者可用紅黴素或磺胺類藥物。

＊輕者可外塗 2%龍膽紫溶液、莫匹羅星軟膏或環丙沙星軟膏。大疱性膿皰用 0.1%雷夫奴爾溶液進行濕敷。深膿疱瘡外塗 2%雷夫奴爾軟膏軟化痂皮後去除膿痂，膿液宜通暢引流以縮短療程。

【中醫治療】

中醫稱本病為「黃水瘡」「滴膿瘡」。治療時，根據症狀及脈象認為本病證屬肺胃濕熱，外感毒邪。適宜用清熱解毒利濕的方法治療。

【參考方藥】蒲公英 10 克、紫花地丁 10 克、野菊花 10 克、金銀花 10 克、黃芩 10 克、生地 10 克、澤瀉 10 克、滑石 30 克（包煎）、生甘草 6 克。

此外，還可用外治法。可選用以下驗方：

西瓜皮曬乾，燒成灰，用香油調成糊狀塗患處。

如意金黃散用涼茶調均後外搽在患處。

馬齒莧 30 克、苦參 30 克，水煎濕敷患處。

顛倒散（大黃、硫黃各等份）洗劑外搽。

【預防與保健】

普及衛生教育，尤其對托兒所、幼兒園的保育員、教養員，以防本病流行。

隔離消毒，防止接觸傳播；注意皮膚清潔，及時治療各處皮膚損傷。

宜早治療，早隔離。如有濕疹、蟲咬皮炎等瘙癢性皮膚病，應早期積極治療，切忌搔抓。

注意清潔衛生，經常修剪指甲，勤洗手、勤洗澡，勤換衣服。

❤ 毛 囊 炎

本病誘因

毛囊炎是毛囊和毛囊周圍發生的化膿性炎症性疾病，以青壯年男性多見。病原菌多為金黃色葡萄球菌。常與糖尿病、貧血、腎炎及瘙癢性皮膚病有關。

【主要症狀】

毛囊炎好發於有毛和易受摩擦的部位，如頭皮、頸項部、背部多見。慢性病程，容易復發。

皮損初為粟粒大小鮮紅色或深紅色毛囊性丘疹，迅速變成膿疱，中心多有毛髮貫穿，數日後結黃痂，1週左右痊癒。

皮疹常分批出現，反覆發生，經久不癒者稱慢性毛囊炎。發生在頭皮，破壞毛囊，癒後形成瘢痕，造成脫髮稱脫髮性毛囊炎。

發生於頸後部，許多瘢痕融合在一起，呈乳頭狀增生，稱為瘢痕疙瘩性毛囊炎。

【就醫指南】

根據典型症狀可作診斷。

也可進行輔助檢查，血常規示白細胞及中性粒細胞增多。

【西醫治療】

＊ 輕者外塗 2%碘酊或 75%酒精溶液、莫匹羅星軟膏或環丙沙星軟膏。

＊ 毛囊炎如有膿頭，局部消毒後用消毒針輕輕挑破排膿。

＊ 臀部感染者用 1：5 000 高錳酸鉀溶液坐浴。

＊ 病情嚴重者可首選青黴素，每次 80 萬單位，肌內注射，每日 2 次。或靜脈滴注青黴素、氨苄青黴素、先鋒黴素等。

＊ 可用雷射、紫外線照射治療。

＊ 癤腫早期嚴禁切開，局部熱敷或外貼魚石脂軟膏。

＊化膿後應切開引流，同時配合藥物療法。

【中醫治療】

中藥可用黃連解毒湯加減，方用黃連、黃芩、黃柏、梔子等。

【預防與保健】

注意養成衛生習慣，不與他人合用毛巾、浴巾、臉盆、澡盆。

積極治療瘙癢性皮膚病及慢性全身疾病，也可肌內注射丙種球蛋白以提高機體免疫力。

位於鼻、上唇部位的癤腫嚴禁擠壓。發現炎症及時治療。

♥ 皮膚瘙癢症

本病誘因

皮膚瘙癢症是一種自覺瘙癢而無原發性損害的皮膚病。皮膚瘙癢原因複雜，發病機制尚未完全明了。

全身性瘙癢症常與某些系統性疾病如糖尿病、肝膽疾患、腎臟疾病、內臟癌腫、血液病、內分泌病等有關。

侷限性瘙癢症與局部多汗、感染、分泌物刺激等有關。飲酒、情緒變化可為瘙癢症的誘因。多發生於老年人，無明顯性別差異，冬季較夏季多見。

臨床上可分為全身性皮膚瘙癢和侷限性皮膚瘙癢症，後者多侷限在肛門和外陰部。

【主要症狀】

陣發性劇烈瘙癢，夜間加劇。無原發性損害，搔抓後皮膚出現抓痕、血痂、色素沉著、苔蘚樣變等繼發性損害。可伴神經衰弱症狀如頭暈、失眠等。

【就醫指南】

根據皮膚無原發損害而先有癢感，繼發抓痕、血痂、苔蘚樣變及色素沉著等特徵進行診斷。

頭皮瘙癢症，多見於癘病患者，尤以黎明時顯著，頭皮劇癢難忍，可繼發濕疹、毛囊炎或癤。

外陰瘙癢症，局部多汗或白帶增多引起瘙癢。表現為外陰黏膜肥厚。肛門瘙癢症，肛門皺襞肥厚，皸裂、浸漬、苔蘚樣變。

【西醫治療】

＊給予鎮靜劑如地西泮每次 2.5 毫克，每日 3 次，或每晚 5 毫克。維生素類如谷維素每次 20 毫克，每日 3 次；維生素 B_1 每次 20 毫克，每日 3 次；老年患者加用維生素 A，每次 2.5 萬單位，每日 3 次；維生素 E 每次 200 毫克，每日 3 次。

＊瘙癢劇烈、全身泛發者給予靜脈封閉。

＊老年性瘙癢可給予性激素治療，男性患者給予甲睪酮，每次 5 毫克，每日 2 次；女性患者給予己烯雌酚，每次 0.5 毫克，每日 2 次。

＊西醫藥外治時，可選用各種止癢劑如止癢水、1%～2% 酚軟膏、2% 樟腦軟膏，或皮質類固醇激素製劑如曲安奈德尿素霜、曲咪新乳膏等。可行礦泉浴、糠浴或澱粉浴。

【中醫治療】

中醫根據症狀及脈象分型，然後進行辨證論治。

◎血虛風燥型：

症見老年發病，皮膚乾燥、脫屑，有明顯抓痕和血痂，且舌淡苔白，脈弦。適宜用養血潤膚的方法治療。可用潤膚丸、二至丸、龜苓膏等。

也可參考驗方：

三味飲：女貞子、旱蓮草、白鮮皮各 10 克，水煎代茶。

歸芍飲：當歸、白芍、白蒺藜各 10 克，水煎代茶。

◎風濕蘊陽型：

症見病發於夏秋季，因瘙癢抓搔而繼發感染，或出現濕疹樣變，且舌黃苔膩，脈濡。適宜用疏風勝濕的方法治療。可用秦艽丸、除濕丸、防風通聖丸等。

也可參考驗方：

荊白飲：荊芥 6 克，白鮮皮、白蒺藜各 10 克，水煎代茶。

三白飲：白芷 6 克，白鮮皮、白蒺藜各 10 克，水煎代茶。

◎濕熱下注型：

症見肛門或前陰瘙癢難忍，患部潮濕、滲液，經抓撓可見局部紅腫，日久可見肥厚、苔蘚樣變。女子可見帶下腥臭。伴心煩易怒，夜寐不安。且舌紅苔黃且膩，脈濡數。適宜用清利濕熱的方法治療。

可用龍膽瀉肝丸。

也可參考驗方：

滑石車前飲：滑石、車前子各 10 克，水煎代茶。

地白飲：地膚子、白鮮皮、草河車各 10 克，水煎代茶。

【預防與保健】

生活規律，早睡早起，適當運動鍛鍊。

精神放鬆，避免惱怒憂慮，樹立戰勝疾病的信心。

積極尋找病因，去除誘發因素。

及時增減衣服，避免冷熱刺激，內衣以棉織品為宜，應寬鬆舒適，避免摩擦。

清淡飲食。

勿搔抓、燙洗等刺激。限制飲用酒類、咖啡及濃茶等。

眼科疾病

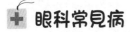
眼科常見病

瞼 腺 炎

本病誘因

瞼腺炎也稱麥粒腫，俗稱「挑針眼」，是睫毛囊、皮脂腺及瞼板腺的急性化膿性炎症。

本病多為金黃色葡萄球菌感染所致。

營養不良、屈光不正等為其誘因。糖尿病、消化功能紊亂、體質虛弱及不良衛生習慣者易患此病。

【主要症狀】

初起有眼瞼癢、痛、脹等不適感覺，之後以疼痛為主，少數病例能自行消退，大多數患者逐漸加重。

如果病變發生在近外眼角處，腫脹和疼痛更加明顯，並伴有附近球結膜水腫。部分患者在炎症高峰時伴有惡寒發熱、頭痛等症狀。

發病 2～3 日後睫毛根部出現黃色膿點，破潰排膿後紅腫消退，7～10 日痊癒。可於數處同時發生或反覆發作。

根據病變部位分為外瞼腺炎和內瞼腺炎。發生於睫毛、毛囊或周圍的皮脂腺者，稱為外瞼腺炎。瞼緣侷限性紅腫、疼痛，觸之有硬結及壓痛，發生於外眥者外側球結膜水腫，可伴發熱、畏寒及耳前淋巴結腫大。

發生於瞼板腺者，稱為內瞼腺炎。疼痛較外瞼腺炎劇烈。眼瞼紅腫、相應部瞼結膜而充血，可透見黃色膿點，破潰後膿液向結膜囊內排出，炎症可擴散至整個瞼板，形成眼瞼膿腫。

本病為常見病，多見於青少年，預後較好，無損於視力。但反覆或多發者，日後可能影響眼外觀或功能。

【西醫治療】

＊ 抗生素眼藥水如氯黴素或利福平或氧氟沙星滴眼液點眼，每日 4～6 次。眼膏如金黴素或紅黴素塗眼，每日 1～2 次。也可局部滴用 10%磺胺醋醯鈉溶液或 0.3%氟呱酸液等。

＊ 一般不需要全身使用抗生素。個別重症，可肌內注射青黴素或口服抗生素，並且注意調整消化系統功能，增強抵抗力。

＊膿腫成熟，出現黃色膿頭，可切開排膿。局部濕熱敷，用乾淨毛巾或紗布，每日 2～3 次，每次 15～30 分鐘。

＊早期也可以行小功率超短波治療。

【中醫治療】

中醫稱為「針眼」。根據症狀及脈象分型，然後進行辨證論治。

◎風熱外侵型：症見瞼部腫物初起，局部微有紅腫癢痛，伴頭痛，發熱，全身不適等，且舌苔薄白，脈浮數。適宜用疏風清熱的方法治療。

可用中成藥銀翹解毒丸。

【參考方藥】金銀花、連翹各 15 克，桔梗 12 克，薄荷 6 克（後煎），淡竹葉 10 克，甘草 6 克，防風 10 克，天花粉 12 克，牛蒡子 10 克，蘆根 10 克。

◎熱毒壅盛型：症見眼瞼紅腫痛難睜，兼有口乾、頭痛、發熱、尿黃、便秘，且舌紅苔黃，脈數有力。適宜用瀉火解毒的方法治療。

可用中成藥連翹敗毒丸或牛黃解毒丸。

【參考方藥】穿山甲 12 克、梔子 10 克、連翹 15 克、黃連 10 克、黃芩 10 克、白芷 10 克、天花粉 12 克、皂角刺 12 克、歸尾 12 克、甘草 6 克、赤芍 12 克、金銀花 15 克、大黃 5 克，芒硝 10 克。

可外塗玉樞丹或清火眼丸。方法是：取藥研磨成汁，塗於結腫部位。

【預防與保健】

養成良好生活習慣，注意眼部衛生。增強體育鍛鍊，

加強營養攝入，提高機體抵抗力。

如已成熟應切開排膿，切忌任意擠壓或穿刺，以免炎症擴散，甚至造成海綿竇栓塞。

 沙　眼

本病誘因

　　沙眼是一種慢性傳染性結膜角膜炎。因患眼眼瞼結膜粗糙不平，形似砂粒，故名沙眼。是由沙眼衣原體感染引起的。

【主要症狀】

乳頭增生，瞼結膜充血且粗糙不平，外觀呈紅色天鵝絨狀，乳頭小而微突起，好發於近內、外眥及瞼板上緣。

濾泡形成，大小不一，呈圓形、橢圓形或不規則形，隆起於充血腫脹和增厚的眼結膜面，呈黃紅或暗紅色丘形膠狀顆粒，不透明，多見於上穹隆部。

瞼結膜面出現灰白色、黃白色細線條狀瘢痕。

【就醫指南】

具有典型症狀。

放大鏡或裂隙燈檢查、結膜刮片檢查、聚合酶鏈反應檢查衣原體核酸有助於診斷。

確診時，應與慢性濾泡性結膜炎相鑑別。後者濾泡多見於下穹隆部與下瞼結膜，濾泡形小，大小均勻，排列整齊，不融合，無瘢痕，無血管翳。

還應與包涵體性結膜炎相鑑別。後者濾泡以下瞼下穹隆結膜為顯著，沒有血管翳與瘢痕。

【西醫治療】

＊局部滴用 0.1%利福平、10%～30% 磺胺醋醯鈉溶液、0.25% 氯黴素、0.1% 酞丁安、0.3% 氟呱酸等，每日 4～6 次。0.5% 四環素、0.5% 金黴素、0.5% 紅黴素眼膏等，每晚 1 次。

＊重症者或急性期可短期服用紅黴素、阿奇黴素、羅紅黴素、克拉黴素、強力黴素或米諾環素，1～2 週為一療程，停藥 1 週後再重複 1 療程。

＊嚴重患者藥物治療無效時，濾泡多者可採用沙眼濾泡擠壓術，乳頭多者採用沙眼摩擦術。

【中醫治療】

本病相當於中醫的「椒瘡」和「粟瘡」範疇。根據症狀及脈象分型，然後進行辨證論治。

◎血熱壅盛型：症見眼刺癢灼痛，磣澀羞明，眵淚黏膠，瞼內顆粒纍纍，連而成片，色紅赤，甚則黑睛赤膜下垂。可兼心煩口乾，且舌紅，脈數。適宜用涼血散瘀清熱的方法治療。

【參考方藥】大黃、紅花、白芷、防風各 10 克，當歸、梔子仁、黃芩、赤芍、生地、連翹各 12 克，生甘草 6 克。可酌加丹皮。

◎脾胃熱盛型：症見澀癢痛重，眵目糊多而膠黏，羞明難睜，瞼內紅赤，脈絡模糊，顆粒大，大便秘結，且舌紅苔黃，脈滑數。適宜用清脾胃，祛風邪的方法治療。

【參考方藥】廣陳皮、防風、玄明粉、荊芥、桔梗、大黃各 10 克，連翹、知母、黃芩、玄參、生地各 12 克，

黃連 6 克。

◎**風熱熾盛型**：症見眼內癢澀，迎風淚出，瞼內細小顆粒叢生。適宜用散風清熱的方法治療。

可用中成藥銀翹解毒丸。

【**參考方藥**】金銀花、連翹各 15 克，桔梗 12 克，薄荷 6 克（後煎），淡竹葉 10 克，甘草 6 克，防風 10 克，天花粉 12 克，牛蒡子 10 克，蘆根 10 克。

【**預防與保健**】

養成良好衛生習慣，不用髒手揉眼。避免接觸傳染。公共場所的公用洗浴用具須嚴格消毒。提倡一人一巾一盆。可用喝剩下的茶水洗眼，護目養目。

♥ 青 光 眼

本病誘因

青光眼是指具有病理性高眼壓足以引起視乳頭凹陷、視神經萎縮和視野缺損的眼病。青光眼是致盲的主要眼病之一。患病率約占全民的1%，老年人相對較多，且女多於男。青光眼危害較重，致盲率較高。但早期診斷、合理治療並注意調護，多數可避免失明。

本病常因眼的解剖因素，如前房淺、前房角狹窄、房角發育異常、某些疾病在眼部出現合併症等阻礙房水排出，加之情緒激動、精神創傷、過度疲勞、用眼失當等的誘發，使眼內壓升高，從而引起視力損傷、眼球脹痛、頭痛等，發生本病。

青光眼可分先天性、後天性兩大類。先天性青光眼分嬰幼兒和青少年性等，後天性青光眼分原發性和繼發性兩種。

原發性者又有急、慢性閉角性和開角性之分，其中以原發性閉角性青光眼最多見，約占總病者的3/4。閉角青光眼是指眼壓增高時房角關閉。

閉角青光眼又分為急性與慢性，下面只介紹急性閉角青光眼。

【主要症狀】

急性閉角性青光眼又稱急性充血性青光眼，是老年人的常見眼病。目前病因尚未明瞭。多由於相對性瞳孔阻滯引起，而眼球小、前房淺、房角窄則是解剖因素。

常見症狀：突然發作，劇烈眼痛並伴同側頭痛，視燈火有紅暈，視力下降，兼見有噁心、嘔吐等。

常見體徵：眼壓升高，眼球緊硬如石，瞳孔散大並帶有綠色外觀，眼部充血，房水混濁等。

常合併有噁心、嘔吐、發熱、寒戰及便秘或腹瀉。

急性發作如得不到控制，即可轉為慢性。如眼壓持續升高，終究導致失明。

部分患者出現青光眼急性發作的三聯徵，即虹膜扇形萎縮，角膜後壁和晶體前囊色素沉著，晶體前囊下出現灰白色點狀、條狀和斑塊狀混濁，稱為青光眼斑。

【就醫指南】

具有典型症狀。

檢查眼部可見眼壓升高。一般在 50～80 毫米汞柱。

正常值 10～21 毫米汞柱，用手指測膜，眼球堅硬如石。瞳孔散大，眼球混合充血，有時合併球結膜及眼瞼水腫。角膜水腫，呈霧狀或毛玻璃狀，又稱哈氣樣混濁，如同冬天對著透明玻璃哈過氣一樣。前房變淺及房角閉塞，房水混濁等。

在排除內科疾病的基礎上，經細心觀察眼部症狀及體徵，具有以上特點時即可作出診斷。

診斷時，應與顱腦疾病、偏頭痛、感冒、急性胃腸炎等相鑑別，只要不忽視眼部檢查，不難鑑別。同時，還應與急性虹膜睫狀體炎、急性結膜炎相鑑別。

【西醫治療】

＊急性閉角青光眼如不及時治療，24～48 小時後可能導致永久失明，因此要有爭分奪秒「搶救」的概念，急救的原則是用綜合措施降低眼壓。

一般用縮瞳劑、碳酸酐酶抑制劑或高滲脫水劑治療。

＊上述措施只能暫時緩解症狀，而不能阻止復發，故眼壓下降後應及時選擇適當手術，以防再發。

【中醫治療】

本病屬於中醫眼科之「綠風內障」及「青風內障」。根據症狀及脈象分型，然後進行辨證論治。

◎**肝膽火熱型**：症見有眼球脹痛，頭痛如裂，鞏膜充血，瞳孔散大，且舌紅苔黃，脈弦數。適宜用清熱瀉火，涼肝熄風的方法治療。可用龍膽瀉肝丸。

◎**肝鬱氣滯型**：症見兼見情志不舒，噯氣胸悶，口苦，嘔吐，且舌紅苔黃，脈滑數。適宜用疏肝和胃的方法治療。可用丹梔逍遙散合左金丸。

◎**陰虛陽亢型：**症見頭暈健忘，失眠多夢，耳鳴如蟬，腰膝痠軟，且舌紅少苔，脈細數。適宜用滋養肝腎、平肝息風的方法治療。可用知柏地黃丸。

【預防與保健】

有家族史者應注意觀察，以便早發現，早治療。

生活起居有規律，注意少食酸辣等刺激性食物，戒菸酒，不喝濃茶，不暴飲水，不吃致敏食物，多吃蔬菜、水果等。

禁止使用具有擴瞳作用的藥物，如阿托品類藥。

保持心情舒暢及充足睡眠。

注意保持大便暢通，不在過暗的地方看書和工作。一旦出現鼻根部發酸，眼脹或者出現視物模糊不清，花眼進展較快，看燈火有紅綠彩環及頭痛等症狀時，要及時到醫院做詳細檢查，做到早發現，早治療。

♥ 近 視 眼

本病誘因

近視眼屬於眼的屈光異常。是指在眼球調節靜止時，平時光線在視網膜前結像的眼部疾患。

其病理是在無調節狀態下，平行光線經眼屈光系統的屈折後，不能清晰地在視網膜上成像，而是在視網膜前結成焦點。

本病可能與遺傳因素、發育因素、近距離工作有關。照明不足、閱讀時間過久、字體過小、姿勢不良等也與發病有關。

本病的發生以青少年較多，且發病率日趨上升，在中小學生中發病率相當高。

【主要症狀】

多數近視眼患者初期臨床症狀不太明顯，但天長日久則可相繼表現為下列症狀：

遠視力減退，但近視力良好；視物雙影，眼球脹痛。

頭痛、噁心，視物時眼感睏乏、乾澀等視疲勞現象；中度以上的近視眼可見眼前黑影飄動。

此外，外觀上可見眼球突出。

由於調節與集合的相互矛盾，為避免視疲勞，少用或放棄集合，久之可引起外斜視。

按近視程度本病可分為以下 3 度：

輕度近視為<−3.00D。

中度近視為−3.00 ～ 6.00D。

高度近視為>−6.00D。

近視眼輕度者併發症很少，高度者，常可併發視網膜脈絡病變、玻璃體液化、玻璃體混濁、視網膜脫離、黃斑部萎縮或出血、視神經萎縮併發性白內障和外斜視等。

【就醫指南】

問詢遺傳病史。

具有典型症狀。眼底檢查有助於診斷。

具體檢查時，一般常用的方法有常規視力檢查，如遠視力不到 0.5 而近視力正常的就可初步定為近視眼。

對初步確診者進一步做插片檢查，可進一步確定近視程度。此外，還需對近視者做雲霧法檢查，以判斷是否屬

假性近視、功能性或調節性近視的範圍。

【西醫治療】

＊ 主要是採用屈光性角膜手術，如放射狀角膜切開術、表面角膜鏡片術、準分子雷射角膜切削術和自動板層角膜成形術等，對高度近視者，還可採用鞏膜縮短術。

【中醫治療】

本病運用中醫藥治療，如能辨證清楚，用藥得當，均有一定效果，治療時，根據症狀及脈象分型，然後進行辨證論治。常可分以下 4 型：

◎肝虛風熱型：症見久視目昏赤澀，乏困羞明，頭痛眼脹，失眠多夢，且舌質紅。

近視度 100～300 度。適宜用養血、鎮肝、明目的方法治療。

可用杞菊地黃丸。

◎心脾虧虛型：症見頭暈目痛，多夢易醒，健忘，心悸或面色少華，倦怠少食，且舌淡苔白。多為中度、高度近視。適宜用補中益氣，養血安神的方法治療。

可用歸脾丸。

◎肝膽濕熱型：症見視久眼脹頭昏，口苦，夜睡易驚醒，且舌紅苔黃膩，一般近視度在 200 度以下，時間 2 年以內時。最為多見。適宜用清肝膽祛濕熱的方法治療。

可用龍膽瀉肝丸。

◎肝腎虧虛型：症見病程長久的高度近視和中度近視，症見眼珠突出，視物不清，頭暈目眩，耳鳴不聰，眼乾澀乏困。適宜用滋腎養肝，退障明目的方法治療。

可用磁朱丸、石斛夜光丸。

此外，還有許多中藥外用滴眼液，如紅丹眼藥水、珍視明眼藥水、夏天無眼藥水、紅花眼藥水等均可酌情使用。

・・・・・・・・・・・・*中醫傳統療法*・・・・・・・・・・・・

★拔罐法

頭頸部：承泣、翳明、風池。

背部：肝俞、腎俞。

上肢部：合谷。

下肢部：足三里、光明、三陰交。

【預防與保健】

養成良好用眼習慣，姿勢端正，眼與讀物距離保持在25～30公分，不在乘車、走路或臥床時看書，用眼1小時後休息10分鐘並遠眺；不在光線過強或過暗處讀書寫字，桌椅高度合適；定期檢查視力，及時矯正近視；加強鍛鍊，增強體質。

看電視時，應保持室內一定的亮度，人距電視2.5～3米，最好不超過半小時就休息10分鐘。

兩眼屈光參差大、高度近視、不規則散光及特殊職業者可佩戴隱形眼鏡。

這種眼鏡不僅能矯正視力，而且可增加視野，並有較佳的美容效果，還可減少兩眼像差提高雙眼視功能，對青少年患者，還可壓迫角膜防止近視繼續發展。不足之處為受個體及環境條件的限制，若處理不當，可引起一系列角膜併發症。堅持做眼保健操。

♥ 淚 囊 炎

本病誘因

淚囊炎有急性和慢性之分，病因也有所不同。

慢性淚囊炎是淚囊的慢性化膿性炎症常見。因鼻淚管阻塞，淚囊內容物滯留，細菌感染所致。而沙眼、慢性鼻炎或鼻竇炎、鼻甲肥大、鼻息肉、鼻中隔彎曲等是引起鼻淚管阻塞的常見原因。本病常見，多為中老年女性。

急性淚囊炎是由葡萄球菌或肺炎球菌感染所致，多為慢性淚囊炎急性發作。是致病菌穿過淚囊壁侵及其附近組織，或施行鼻淚管探通術不慎穿破淚囊造成感染。

【主要症狀】

雖然急性淚囊炎是慢性淚囊炎的急性發作，兩者有其內在聯繫，但在症狀表現上也有一定的區別。

慢性淚囊炎的典型症狀是淚溢，常揩淚而使下瞼皮膚浸漬形成濕疹，淚阜、半月皺襞及結膜充血。患者淚水汪汪，下瞼潮濕，內眥皮膚潮紅或糜爛。壓迫淚囊區或沖洗淚道有黏液或膿性分泌物自淚點溢出，部分患者淚囊壁擴張形成黏液囊腫。

急性淚囊炎的則淚囊區紅、腫、熱、痛，炎症可波及眼瞼和顏面部，伴全身不適、發熱、下頜及耳前淋巴結腫大；數日後膿腫形成，破潰或切開後炎症漸消退或形成瘻管。

【就醫指南】

均有典型症狀表現。

慢性淚囊炎檢查時，發現有時在內眼角下方見皮膚隆起，用手指壓迫該處，有黏液或膿液自淚點反流。如自下淚點沖洗淚道，沖洗液自上淚點反流，並有黏液或膿液。

急性淚囊炎一般有慢性淚囊炎病史，或做過淚管探通術。

急性淚囊炎檢查時，可見淚囊區皮膚紅腫發硬，並有壓痛。腫脹可蔓延至眼瞼、鼻根及本側頰部，患側耳前淋巴結腫大。

【西醫治療】

因其病因和病菌侵蝕程度以及對機體的危害不同，因此在治療上也各有側重。

慢性淚囊炎的治療有緩解治療和理想治療兩種。

＊ 緩解治療：

一般用抗生素眼藥水滴眼或沖洗淚道，這只能減輕症狀。

＊ 理想治療：

理想的療法是行鼻腔淚囊吻合術，年老體弱不能行此術者應行淚囊摘除術。其目的是將淚囊和中鼻道的黏膜，通過打通的一個人造骨孔吻合起來，使淚液經吻合孔順利流入鼻道（正常情況下應該流入下鼻道），阻塞解除後，炎症、流淚自然解除。而對於年老體弱不能忍受淚囊鼻腔吻合術者，將淚囊摘除，雖可消除病灶，但淚溢現象仍然存在。

急性淚囊炎的治療首先是消除炎症，一般有以下幾種

方法。

＊ 抗生素治療：

未成膿腫時，予以抗生素治療，如全身應用足量抗生素如青黴素、紅黴素等。

＊ 物理治療：

局部熱敷，每日 2～3 次，或超短波理療。

＊ 排膿治療：

膿腫形成後，應切開排膿，並插入引流條。

炎症消退後，按慢性淚囊炎處理，但可能已不適合作吻合術。如有瘻管，應同時切除。

【中醫治療】

本病屬中醫「漏睛」範圍，根據症狀及脈象分型，然後進行辨證論治。

慢性淚囊炎中醫藥治療：

◎**心脾濕熱型**：症見隱澀不適明顯，內眥角紅赤潮濕，膿液浸漬，拭之又生，小便黃赤，且舌苔黃膩。適宜用清熱利濕的方法治療。

【參考方藥】柴胡、羌活、升麻各 10 克，梔子、黃芩、大黃、赤芍、澤瀉、草決明、車前子、淡竹葉各 12 克，炙甘草、黃連各 6 克，茯苓 15 克。

◎**風熱蘊結型**：症見患眼隱澀不適，時而淚出或有涎水樣黏液。宜用疏風清熱的方法治療。

【參考方藥】白薇、石榴皮、防風、白蒺藜、羌活各 10 克，金銀花、蒲公英各 12 克。若見全身虛象，可加補益之藥。

急性淚囊炎中醫藥治療：

◎**熱毒熾盛型**：症見患處紅腫堅硬，痛而拒按，紅腫蔓延，身熱口渴，大便燥結，且舌質紅、苔黃，脈洪數。適宜用清熱解毒，消瘀散結的方法治療。

【**參考方藥**】黃連 10 克，黃芩、黃柏、梔子各 12 克。酌加金銀花、蒲公英、紫花地丁、大黃、穿山甲、皂角刺等。

◎**風熱上攻型**：症見患處紅腫疼痛，頭痛淚多，惡寒發熱，且舌苔薄黃，脈浮數。適宜用疏風清熱的方法治療。

【**參考方藥**】連翹、牛蒡子、赤芍、當歸尾、川芎、梔子各 12 克，大黃、羌活、防風各 10 克，甘草 8 克，薄荷 6 克。

【**預防與保健**】

養成良好衛生習慣，注意眼部衛生。由於慢性淚囊炎常有黏液或膿液反流入結膜囊，極易引起結膜炎，更為嚴重的是，當角膜受到損傷，如角膜異物、角膜擦傷時受細菌感染，極易引起角膜潰瘍。

更有甚者，當行眼球手術時致病菌隨之進入眼球內，引起化膿性眼內炎，重者可致失明。

因此，對於慢性淚囊炎必須積極而又徹底的治療。

♥ 角 膜 炎

本病誘因

角膜炎在角膜病中是一種較為嚴重的病症。是致盲的主要原因之一。多數為角膜外傷、結膜炎、

鞏膜炎或某些全身疾病導致角膜感染而發生。

本病分類尚不統一，一般以病因、病位、病變形態和性質等作為依據，病因明確常以病因命名。本節主要介紹真菌性角膜炎和單純疱疹病毒性角膜炎。

真菌性角膜炎近年來日漸增多，可能與皮質類固醇及抗生素的廣泛應用有關。

常見致病真菌有鐮刀菌、曲黴菌、青黴菌、白色念珠菌及酵母菌等。

單純疱疹病毒性角膜炎由單純疱疹病毒Ⅰ型感染所致，且多係原發感染後的復發，原發感染後病毒在三叉神經節內長期潛伏，一旦機體抵抗力下降，如熱病後，全身使用皮質類固醇及免疫抑製劑後，均可復發。近年來本病有增多趨勢，可能與此有關。

【主要症狀】

角膜好比眼球前面完全透明的玻璃窗口，只有神經，沒有血管。其營養靠眼角膜周圍的血管供給，所以光線能暢通無限地進入眼內，使我們看清東西。如發炎或外傷損及角膜，就會由炎症反應和毒素刺激產生一系列刺激症狀，嚴重者還可形成雲翳、斑翳、白斑而影響視力甚至失明。

真菌性角膜炎一般起病較緩，病程長，疼痛、怕光、流淚等症狀較細菌性角膜炎輕。潰瘍色較白，表面稍隆起，中心病灶周圍有時可見到「偽足」或「衛星灶」。角

膜後壁沉著物，前房積膿。

單純疱疹病毒性角膜炎初起時，角膜上皮呈小點狀混濁，輕度睫狀充血，有畏光、異物感。繼而形成小水疱，小水疱很快破裂，並相互連接，形成樹枝狀淺潰瘍（臨床診斷為樹枝狀角膜炎）。疼痛、畏光、流淚、瞼痙攣症狀加劇。角膜知覺減退。這種潰瘍如不向周圍及深層發展，歷時數天至數週可癒合，留下少許瘢痕混濁，對視力影響不大。

單疱角膜炎的另一種臨床表現是盤狀角膜基質炎，是角膜組織對抗原物質的一種免疫反應。症狀較緩和，病程長，表現為角膜水腫、增厚、後彈力層皺褶，但上皮完整，不染色。

【就醫指南】

具有典型症狀。

真菌性角膜炎刮片檢查時，能找到真菌菌絲，或真菌培養有菌落生長者，可確診。

單純疱疹病毒性角膜炎起病前常有感冒或發熱病史，或角膜擦傷，或局部及全身使用激素，或勞累等。與其形成樹枝狀淺潰瘍後，如樹枝狀者久治不癒或使用了激素，則病變向深廣發展成地圖狀（地圖狀角膜炎），症狀又復加重，並常繼發虹膜睫狀體炎，但通常無前房積膿，提示有細菌混合感染的可能性。

當用點螢光素染色，用放大鏡或裂隙燈顯微鏡檢查時，潰瘍被染成綠色，中央部潰瘍染成深綠，其周有一淡綠色的邊緣包繞是其特性，據此即可幫助確診。

【西醫治療】

＊真菌性角膜炎採用西醫治療時，可採用以下方法：

①0.5% 兩性黴素、5% 匹馬黴素或 0.3% 金褐黴素滴眼，每 2 小時 1 次，晚上塗眼藥膏。

②阿托品散瞳及熱敷。

③頑固難治病例，可作結膜瓣覆蓋術或角膜移植術。

＊單純疱疹病毒性角膜性角膜炎西醫治療時，可採用以下方法：

①點 0.1% 碘去氧嘧啶或 1% 無環鳥苷或 1% 三氟胸腺嘧啶，在急性階段，每 1～2 小時點 1 次。晚上塗 0.5% 碘去氧嘧啶眼膏。

②用人類白細胞干擾素和抗病毒藥物合併使用，可以縮短病程，促進潰瘍癒合。

③在前房積膿時，應聯合應用廣譜抗生素。有虹膜睫狀體炎時，要及時點阿托品散瞳。

④在一般情況下禁用皮質類固醇。但對盤狀角膜基質炎，或潰瘍已癒合，可在抗病毒藥物配合下滴用皮質類固醇藥。

【中醫治療】

中醫根據症狀及脈象分型，然後進行辨證論治。

◎外感風熱型：症見眼澀流淚，眼珠刺痛，黑眼生翳，白睛充血，兼見惡寒、身熱，脈浮。適宜用疏風清熱的方法治療。可用銀翹解毒片。

◎肝火內熾型：症見畏光流淚，目痛難睜，鞏膜充血，黑睛黑翳密集融合，其色微黃。兼見頭昏目眩，且口

苦苔黃，脈弦數。適宜用清肝瀉火的方法治療。可用龍膽瀉肝丸。

◎**熱邪傷陰型**：症見病程較久，症見眼痛及紅赤減輕，畏光流淚，黑睛小疱扁平。身體瘦弱，面紅口乾，五心煩熱，且舌紅少苔，脈細。適宜用滋陰降火的方法治療。可用知柏地黃丸、杞菊地黃丸。

【預防與保健】

提倡勤洗手，不用手擦眼，禁用公用毛巾，儘量少進公共浴室或游泳池，並避免與患者接觸。

增強體質，預防感冒，對預防本病有重要作用；防止眼外傷是預防本病的重要措施；對於結膜炎、沙眼等應及時治療，以防繼發本病。生活起居上，應注意適當休息，早睡早起。儘量控制看電視和用電腦的時間。

患者用過的洗臉用具和器械應及時消毒，以免交叉感染。患病後精神調養十分重要，忌鬱怒，以免加重肝火，不利康復。

宜多吃含維生素及纖維素的蔬菜和水果。多吃豆類、豆製品、瘦肉、蛋類等高熱量、高蛋白食品，以利角膜修復。不宜多食煎炸肥甘之品，戒菸慎酒，以免加重病情。

 急性結膜炎

本病誘因

急性結膜炎主要分為兩種，一種是急性卡他性結膜炎，也就是平常說的「暴發火眼」；另一種是急性病毒性結膜炎，即平常所說的「紅眼病」。

二者雖都屬急性結膜炎，但病因不一樣。

急性卡他性結膜炎最常見的致病菌有肺炎球菌、柯 - 魏桿菌、流感桿菌和葡萄球菌。

急性病毒性結膜炎也稱為流行性出血性結膜炎，是一種由腸道微小核糖核酸病毒引起的暴發流行性急性結膜炎。

【主要症狀】

急性卡他性結膜炎常為雙眼發病，患眼刺癢，有異物感、燒灼感及大量膿性或黏液性分泌物；結膜嚴重充血，以穹隆部及瞼結膜明顯，可伴結膜及眼瞼水腫；少數可有角膜緣部點狀浸潤。

急性病毒性結膜炎發病急，潛伏期短，多為雙眼患病。

症狀較急性卡他性結膜炎重，有劇烈的眼痛、畏光、流淚及異物感，分泌物為水樣；結膜高度充血、水腫，球結膜有點、片狀出血；角膜上皮可有點狀剝脫，螢光素染色陽性；伴耳前淋巴結腫大。

實驗室輔助診斷時，急性卡他性結膜炎可用結膜分泌物塗片或結膜刮片檢查確定致病菌。

急性病毒性結膜炎可採用病毒分離、血清抗體測定幫助診斷。

【西醫治療】

＊沖洗治療：患眼分泌物較多時，可用生理鹽水或2%硼酸水沖洗結膜囊。根據病因不同，白天點眼藥水，每小時甚至半小時點眼 1 次，每次 1～2 滴。晚上睡覺前

塗 1 次眼藥膏。

　　＊急性卡他性結膜炎可局部滴用 10%磺胺醋醯鈉溶液、0.25%～0.5% 氯黴素、0.5% 新黴素、0.2%～0.5% 慶大黴素、0.5%卡那黴素等，每小時 1 次，睡前塗抗生素眼膏；重症者可冷敷，每日 3 次，每次 20～30 分鐘；併發角膜炎時應按角膜炎治療。

　　＊急性病毒性結膜炎可局部滴用 0.1%碘去氧尿嘧啶、4% 嗎啉雙胍、0.1% 無環鳥苷及 0.05% 環胞苷溶液，每小時 1 次；選用 1～2 種抗生素溶液以控制繼發感染，炎症期不宜使用皮質類固醇類滴眼；有全身症狀者口服嗎啉雙胍，每次 0.2 克，每日 3 次。

【中醫治療】

本病屬中醫「天行赤眼、暴風客熱」範疇。

治療時，根據症狀及脈象分型，然後再進行辨證論治。

◎風熱內侵型：症見眼症驟起，沙澀刺癢，怕光流淚，眵多眼赤，且舌紅苔薄黃，脈浮數。適宜用清熱解毒，疏散風熱的方法治療。可用銀翹解毒丸和黃連解毒丸，或防風通聖散合三黃片。

◎熱毒熾盛型：症見眼瞼腫大如桃，刺癢劇烈，怕光澀痛，淚熱眵多，白睛暴赤，且舌紅苔黃，脈數有力。適宜用清熱解毒，瀉火通腑的方法治療。

可用龍膽瀉肝丸。

◎熱邪傷陰型：症見病後 10 餘日，眼乾不適，白睛微赤，且舌紅少律，脈細數。適宜用養陰清熱的方法治療。可用養陰清肺丸，或杞菊地黃丸。

方藥可參考以下基礎方劑並根據不同狀況予以加減。

【基礎方藥】

防風、荊芥、麻黃、桔梗、山梔、白朮、黃芩各 10 克，甘草、薄荷各 6 克，川芎、當歸、白芍各 12 克，連翹 15 克，生石膏 30 克，生大黃 4 克，芒硝 2 克。

加減變化：大便不乾結者可去大黃、芒硝。癢甚者酌加羌活、細辛；眵膠黏結者加金銀花、大青葉；白睛紅赤重或片狀出血者，加生地、丹皮、紫草等。

外用中成藥較多，如三黃眼液、10%千里光眼液、10%穿心蓮眼液、黃連西瓜霜眼液等均可。

【預防與保健】

本病多發生於春秋季節，常散發或流行於學校、幼兒園等集體生活環境，偶爾還可發生大面積暴發流行。應提倡勤洗手，不用手擦眼，禁用公用毛巾，避免與患者接觸，儘量少進公共浴室和游泳池。

對患者用過的洗臉用具、手帕及治療使用過的器械進行消毒；急性期患者應隔離；接觸患者後必須洗手消毒。

患病期間保持精神愉快，安定，不吃刺激性食物，注意休息和睡眠。單眼患病者還應防止另一眼也被感染。

慢性結膜炎

本病誘因

慢性結膜炎是由感染因素和非感染因素引起的結膜慢性炎症。

其中感染因素主要為急性結膜炎治療不徹底或

未經治療，也有的是因致病菌毒力較弱未能引起急性感染所致。

非感染因素是本病最常見的病因，主要有以下幾點：

生活因素：

起居環境條件不良，如空氣污染、風沙、強光、照明不足、過多看電視、用電腦過度、睡眠不足、酗酒等。

刺激因素：

如慢性淚囊炎、瞼緣炎、瞼腺炎、瞼內翻、瞼外翻、倒睫、瞼閉合不全、眼球突出等，此外，屈光不正未經矯治，也可引起此病。

藥物因素：

如長期應用某種藥物，如腎上腺素、縮瞳孔藥點眼等。這種情況的特點是：一般能分析出為何種藥物，對抗生素治療無效，停用該藥後好轉或痊癒。

【主要症狀】

本病是一種常見病，多兩眼發病，雖無嚴重後果，但會長期困擾患者。

一般表現為灼熱、沙澀或輕痛、癢、眼瞼沉重及視力疲勞等。症狀於夜間或閱讀後加重。分泌物不多。

【就醫指南】

具有典型症狀。

具有起居環境不良和過度用眼病史。檢查時發現有輕度充血，有時可見乳頭增生，即可作出診斷。

【西醫治療】

＊及時找到原發病因積極治療。

＊可試點皮質類固醇類眼藥水，但不能常點，且應觀測眼壓。

＊有細菌感染時，應在醫生指導下用抗生素眼藥水，每日 3～4 次。

【中醫治療】

中成藥可選用滋陰降火丸、知柏地黃丸、銀翹解毒丸等。

外用藥可用珍珠明目液，每日 3～4 次。

【預防與保健】

採取科學洗手法，講究眼部衛生，不用手擦眼，禁止用公用潔具，以免交叉感染。

患者使用過的東西要嚴格消毒。

飲食清淡，不吃刺激性食品。注意勞逸結合，注意睡眠品質。控制看電視和用電腦時間，避免視疲勞。

➕ 其他眼病

♥ 春季結膜炎

本病誘因

春季結膜炎又稱春季卡他性結膜炎，是一種雙眼反覆發作的變態反應性結膜炎。病因主要是花粉、微生物、灰塵、動物皮屑、羽毛、日光等致敏原導致的過敏反應。

本病春夏季時症狀加重，秋冬涼冷時症狀緩解，故名春季結膜炎。好發於 20 歲以下的男性，多為雙眼發病。

【主要症狀】

典型症狀為雙眼奇癢、灼熱感，伴輕度畏光、流淚及少量黏稠絲狀分泌物。但因其類型不同而症狀也有所區別。本病一般分為 3 種類型：

瞼結膜型：上瞼結膜充血、肥厚，可見多數硬而扁平、大小不等、淡紅色混濁的乳頭，外觀似鋪路卵圓石。病變不侵犯穹隆部，下瞼結膜乳頭少且不像上述特殊形狀。

角膜緣型：瞼裂部角膜緣處球結膜有粒狀結節，呈黃褐色或污紅色膠樣，膠樣物互相銜接包繞角膜緣呈堤狀，局部結膜充血。

混合型：兼有以上兩種類型症狀。

【就醫指南】

具有典型症狀，並呈季節性反覆發作。檢查時，可見分泌物中嗜酸性細胞多。上瞼結膜或角膜緣結膜的特殊改變。

【西醫治療】

＊發病時戴有色眼鏡，避免接觸致敏原。如找到致病原，可用脫敏療法。

＊全身可用葡萄糖酸鈣，每次 1 克，每日 3 次；阿司咪唑每次 10 毫克，每日 1 次。

＊局部選用 2%～4% 色甘酸鈉、0.1% 腎上腺素、

2% 氯化鈣滴眼液或環孢素油劑等，每日 4〜6 次。皮質類固醇激素滴眼液應短期使用於重症患者。黏稠分泌物多時用 3% 硼酸沖洗結膜囊。重症者可用鎝照射或冷凍療法。

【中醫治療】

中醫根據症狀及脈象分型，然後進行辨證論治。

◎**風熱壅目型**：症見眼內灼癢，遇風日曬或近火燻灼後加重。適宜用疏風清熱，涼血的方法治療。

【**參考方藥**】防風、荊芥穗各 10 克，薄荷 6 克，生地、苦參、川芎、黍黏子、連翹、天花粉、赤芍、當歸各 12 克。

◎**血虛生風型**：症見眼癢較輕，時作時止，紅赤不重，且舌淡，脈細。適宜用養血熄風的方法治療。

【**參考方藥**】當歸、白芍、川芎各 12 克，熟地 15 克，防風、白蒺藜各 10 克，殭蠶 12 克。

◎**脾胃濕熱復受風邪型**：症見眼內奇癢難忍，眵淚膠黏成絲，胞瞼沉重，白睛黃濁，可兼口乾不欲飲，大便不成形，且舌紅苔黃，脈滑數。適宜用清熱散風、除濕止癢的方法治療。

【**參考方藥**】滑石塊 45 克，連翹、車前子、黃芩各 12 克，茯苓 15 克，枳殼、陳皮、荊芥、防風各 10 克，黃連、木通、甘草各 8 克。

【預防與保健】

講究衛生，不用手擦眼，禁用公用毛巾、臉盆。患者使用的東西要嚴格消毒，以免交叉感染。宜飲食清淡，戒菸戒酒，不吃刺激性食品。注意避免視疲勞，避免生氣。

♥ 弱　視

本病誘因

　　弱視是指眼球無任何器質性病變，而矯正視力不能到正常。一般認為由斜視、屈光參差、屈光不正、形覺剝奪、先天性因素等導致。這是一種嚴重危害幼兒視功能發育的眼病。兒童中平均發病率2%～5%。

【主要症狀】

　　視力減退。屈光矯正之後的視力＜0.8。用單個「E」字測量視力比成行視力表檢查視力增進 2～3 行，稱擁擠現象或分開困難。

　　部分患者伴眼位偏斜或眼球震顫。多有固視不良，如旁中心固視，即用中心凹以外的某點注意目標。

【就醫指南】

　　視力檢查可將弱視分為 3 度：

　　視力≦0.1 者為重度弱視，0.2～0.5 者為中度弱視，0.6～0.8 為輕度弱視。

　　外眼及眼底檢查、屈光檢查、斜視檢查、固視性質檢查、雙眼單球檢查、視網膜對應檢查、融合功能檢查和立體視覺檢查可助診斷。

【西醫治療】

　　＊散瞳驗光，佩戴準確度數眼鏡，消除抑制，訓練黃斑固視和融合功能。

　　＊矯正斜視，提高視力，以恢復兩眼視功能，如遮

蓋、紅色濾光膠片、後像及光柵等療法。

.... 中醫傳統療法 ....

★拔罐法

頭面部：瞳子髎、承泣、絲竹空。

背部：肝俞、脾俞、腎俞。

下肢部：足三里、光明。

【預防與保健】

學齡前開始治療，效果較佳，15 歲以後開始治療和旁中心注視者療效較差。

及時糾正幼年期的散光，以免導致弱視。

♥ 老年性白內障

本病誘因

老年性白內障最常見，占白內障的 50%以上。主要病因是晶狀體老化過程中出現的退行性改變，與紫外線照射、糖尿病、動脈硬化、遺傳因素及營養狀況等有關。

本病多發生於 50 歲後，發病率隨年齡增長而增加，常為雙眼先後發病。

【主要症狀】

早期常有固定不飄動的眼前黑點，亦可有單眼複視或多視。症狀為進行性視力下降而無其他不適。

隨病情發展，視力明顯下降，晶狀體混濁，直至失

明。根據病變發展程度可分 4 期：

第 1 期為初發期，晶體周邊部開始出現混濁，但中間透明，視力不變。

第 2 期為膨脹期，以晶體膨脹、日益混濁為特點，視力逐漸下降。

第 3 期為成熟期，晶體已變得完全混濁，含水量也恢復正常，視力消失，但仍有光感。

第 4 期為過熟期，含水量減少，晶體皺縮變小，皮質可有液化，晶體核可發生沉積。

晶狀體混濁一旦形成，尚無促使其消退的特效方法。如白內障已發展至嚴重影響視力時，仍以手術治療為主。

【就醫指南】

具有典型症狀。

早期的混濁可位於晶體的皮質、核心或後囊下，如無裂隙燈顯微鏡或在放大瞳孔的情況下，難以作出診斷，只有發展到很明顯且視力明顯下降時，肉眼在充分照明情況下，才可察見混濁的晶狀體。

【西醫治療】

＊局部選用法可林、消白寧、吡諾克辛鈉、谷胱甘肽等點眼，每日 3 次。

＊口服維生素 B_2、維生素 C、維生素 E，可有輔助療效。

＊當本病發展到使患者的視力降至影響生活與工作時即可行手術治療。

現代白內障摘除術有囊外白內障摘除術加人工晶體植入術、超聲乳化白內障吸出術加人工晶體植入術。

採用先進的超聲乳化儀，使手術具有切口小、精確度高、手術時間短、患者痛苦少、視力矯正好等優點。手術的時間也大大提前，不必等待晶體成熟或近成熟，如矯正視力低於 0.3 甚或 0.5 以下即可手術治療。

【中醫治療】

中醫根據症狀及脈象分型，然後進行辨證論治。

◎**肝腎陰虛型**：症見目生雲翳，視物模糊，眼內乾澀，頭昏耳鳴，且舌紅無苔，脈細。適宜用滋補肝腎方法治療。

可用中成藥杞菊地黃丸或石斛夜光丸。

◎**脾胃氣虛型**：症見目生內障，面色無華，精神不振，飲食乏味，且舌質淡，脈濡弱。適宜用補益脾胃的方法治療。

可用中成藥歸脾丸和參苓白朮散。

◎**心腎不交型**：症見目生內障，兼見心煩，失眠，多夢，妄見，且舌紅，苔少，脈細數。適宜用交通心腎的方法治療。

可用中成藥磁朱丸。

可用中成藥如障眼明每次 4 片，每日 3 次；復明片每次 4 片，每日 3 次。或以中藥麝珠明目液點眼，也可望減輕症狀，延緩進展。

⋯⋯⋯⋯⋯⋯中醫傳統療法⋯⋯⋯⋯⋯⋯

★按摩法

早晨起床時，用左手食指從左眼大眼角（睛明穴）用中等力度向外橫揉至小眼角 100 次；再用右手食指，用同

樣的方法橫揉右眼 100 次。揉後用雙手食指尖重壓兩側太陽穴 36 次。晚上睡覺前按照方法重揉一遍。

【預防與保健】

喜、怒、憂、思、悲、恐、驚，中醫稱為「七情」。七情中怒、悲、憂最損目。因此，本病患者應保持心情平和，不急不躁，避免憂思悲泣。

注意適當休息，避免眼睛過勞。不宜過久看書寫字、看電視，更不應在不適宜的條件下（光暗、臥床、行走、乘車等）閱讀。用眼時光線不宜太強或太弱。

老年性白內障常是糖尿病的伴發病，應積極控制糖、飲食，才能有效地控制本病。

術後需矯正視力者，應在切口癒合、角膜散光穩定的情況下進行，其效果理想。

白內障發生的原因是複雜的，但飲食不當，缺少維生素和微量元素、血脂過高也是重要的原因。因此堅持合理安排飲食，不僅可以大大延緩病情發展，而且對恢復視力、防止復發也有重要作用。

忌食辛辣，忌菸、禁酒。

耳、鼻、咽喉、口腔科疾病

➕ 耳　病

♥ 外耳道癤

本病誘因

外耳道癤是外耳道皮膚的毛囊或皮脂腺被細菌感染所導致的局部急性炎症。

致病菌常為葡萄球菌。挖耳是常見原因，糖尿病、慢性便秘、身體衰弱者易患此病。

【主要症狀】

癤多為單個，也可多發。劇烈耳痛是此病的主要症狀。耳痛可擴散至同側頭部。張口、咀嚼、打呵欠時疼痛加重。嬰幼兒常表現為哭鬧不安或抓患耳。耳痛為跳動性，可放射至同側頭部，咀嚼、牽拉耳郭、壓耳屏時疼痛加重。

外耳道皮膚侷限性紅腫；癤腫化膿時其頂部有黃白色膿點，穿破後有稠膿及膿栓；有全身不適或體溫微升現象。癤成熟後可自行破潰，耳道內微量黏膿，但不易流出。出膿後耳痛明顯減輕。

聽覺正常或減退；部分患者病變部位較深，炎症波及鼓膜，或癤腫較大，堵塞了外耳道，所以有耳閟、聽力下

降表現。隨耳癤好轉，耳悶、耳聾也隨之減輕。

【就醫指南】

具有典型症狀。

與化膿性中耳炎鑑別：

耳癤在破潰流膿後耳悶、耳聾、耳痛明顯減輕，而化膿性中耳炎流膿後耳聾表現明顯。

與急性中耳炎鑑別：

耳癤按壓耳屏或牽拉耳朵時，疼痛明顯加重，而急性中耳炎無耳朵牽拉痛。

與腮腺炎鑑別：

嚴重耳癤可使外耳道口皮膚甚至耳前、耳後皮膚腫痛，而腮腺炎表現為耳下及腮部腫痛，並多伴有發熱，且發生於腮腺炎流行季節。

【西醫治療】

＊一般可口服螺旋黴素、紅黴素（按常規量），疼痛劇烈者可給抗生素，如青黴素鈉 80 萬單位，肌內注射。鎮痛劑可給去痛片。

＊癤腫初期尚未成熟時可用棉條蘸 10%魚石脂甘油放在外耳道，每日換 1～2 次。也可用紅黴素軟膏塗於外耳道，每日 2 次。

＊癤腫如破潰出膿，應及時清洗，以免膿痂堵住耳道，妨礙引流。清除膿汁時，用 75%酒精清潔外耳道皮膚，並放置棉條引流。

【中醫治療】

中醫認為耳癤是由於邪毒侵入耳竅而發病。稱本病為「耳疔」，一般採用清熱解毒、消腫止痛的方法治療。可

選用牛黃解毒丸或犀黃丸，口服。

【參考方藥】金銀花、紫花地丁、丹皮、生甘草各 10 克，野菊花、蒲公英各 15 克，龍膽草 6 克。

大便乾燥者另加大黃 6 克；耳悶、耳聾者加柴胡 10 克、梔子 10 克；耳痛劇烈者加赤芍 10 克，製乳香、沒藥各 6 克。

還可外用中成藥金黃膏、黃連膏塗患處。

【預防與保健】

不在污水中游泳，或游泳以前在外耳道內塗少量紅黴素軟膏，可起到保護皮膚、防止感染作用。

游泳、洗澡後及時拭淨污水，保持外耳道乾燥，避免損傷。

不自己挖耳，如耳癢或耳屎多時，應及時請醫生幫助處理。如有全身慢性病應積極治療。

耳癤的治療，即要全身用藥，還要局部用藥，堅持按時用藥很重要。在癤腫早期，可用熱毛巾敷耳部，有幫助炎症消散作用。

患者進食宜吃流食或半流食，減少下頜關節活動，可使耳痛減輕。對於患耳癤的嬰幼兒應加強護理。

癤腫出膿之前如耳痛劇烈，可讓患兒側臥，患耳朝上，以減輕充血，減少疼痛。

癤腫出膿後應及時清除膿液，保護耳周皮膚，膿多時使其患耳向下，充分引流，然後再直立抱起，以防膿汁流進外耳道深部。

♥ 耵聹栓塞

本病誘因

耵聹是外耳道軟骨部皮膚內的耵聹腺體分泌物，如耵聹積聚過多，凝結成塊，阻塞外耳道，影響聽力，則稱為耵聹栓塞。

本病與炎症刺激，塵土等異物，外耳道狹窄、畸形、腫瘤、瘢痕等有關。

【主要症狀】

外耳道軟骨部皮膚具有耵聹腺體，其分泌物具有保護外耳道皮膚和黏附異物的作用。若耵聹完全阻塞耳道時可有閉塞感及聽力減退。水進入外耳道時膨脹，使症狀加重，甚至引起炎症。

【就醫指南】

具有典型症狀。耳部檢查時，可見耵聹團塊呈棕黑色，有的質硬如石塊，有的質軟如棗泥。

【西醫治療】

＊ 小而未完全阻塞外耳道的耵聹塊可用耵聹鉤將其鉤出。軟的耵聹栓塞可用耵聹鉗或槍狀鑷分次夾取。硬而嵌塞較緊的耵聹，可先用 3% 碳酸氫鈉溶液滴耳，每日 3～4 次，3～4 日後耵聹軟化，再用生理鹽水或 3% 硼酸溶液沖洗。

＊ 將耵聹軟化後，用吸引器抽吸，對外耳道狹窄者尤為適宜。

以上方法應找耳科醫生完成。

【預防與保健】

養成良好的衛生習慣，保持耳部清潔。有耵聹後不要自己動手掏挖，以免損傷耳道和鼓膜，應及時到醫院治療。

❤ 分泌性中耳炎

本病誘因

分泌性中耳炎是一種有漿液性與黏液性滲出的非化膿性中耳炎。

咽鼓管功能不良是主要發病原因，其次為感染和變態反應等因素。

【主要症狀】

有耳內堵塞感、耳聾、耳鳴，擤鼻後有所改善。

中耳積液時耳內有水動感，常有自聲增強現象。

【就醫指南】

具有典型症狀。

急性者多有普通感冒史，慢性者病程緩慢，多無明顯發病史，常出現耳聾後才引起注意。

耳鏡檢查、聽力檢查、鼓室導抗圖、鼓膜穿刺檢查可助診斷。

【西醫治療】

＊急性期可選用頭孢拉定、氟嗪酸、氨苄青黴素或羥氨苄青黴素；有過敏因素者應用地塞米松或潑尼松口服。

＊鼻或鼻咽部炎症較重者可用 1%麻黃素滴鼻或局部噴霧。咽鼓管阻塞較重者應用咽鼓管吹張法、捏鼻鼓氣

法、波氏法或導管法。

＊**手術治療**：清除中耳積液可行鼓膜穿刺抽液，鼓膜切開術，鼓室置管術。

鼓室內有粘連者可用鼓膜按摩機作鼓膜按摩；嚴重耳聾經一般治療無效者可佩戴助聽器或行聽力重建術。

應積極治療鼻咽或鼻腔疾病，腺樣體肥大者應作腺體切除術。

＊**物理療法**：物理治療如紅外線、短波透熱、氦氖雷射等，上述治療對改善聽力有一定作用。

【預防與保健】

養成良好的衛生習慣，保持耳部清潔，避免感染現象發生。

檢查身體，發現咽鼓管功能不良時及時治療。

加強鍛鍊，防止感冒；積極治療鼻、咽部疾病。

♥ 慢性化膿性中耳炎

本病誘因

慢性化膿性中耳炎是中耳黏膜、黏膜下層或深至骨質的慢性化膿性炎症。

本病多因急性化膿性中耳炎延誤治療或治療不當所致，致病菌常為變形桿菌、金葡萄球菌和綠膿桿菌等。少數上鼓室膽脂瘤型中耳炎有時可以由急性中耳炎階段而進入慢性炎症階段。

【主要症狀】

以鼓膜穿孔、長期流膿、經久不癒為表現特徵。

耳流膿：是本病的主要症狀，可為黏液、黏膿或純膿性。非危險型流膿較稀薄，無臭味；危險型流膿雖不多，但較稠，多為純膿性，並伴有異臭味。

耳聾：輕重不一，因多是單耳發病，易被忽視。此種耳聾，多隨病情的進展而加重，一般為傳導性耳聾。

除上述症狀外，如有眩暈、嘔吐、面癱、劇烈頭痛、寒戰、高熱等症狀出現，證明已有併發症發生，應立即去醫院就診。

【就醫指南】

急性化膿性中耳炎經過 6～8 週不癒者即轉變為慢性。

具有典型症狀，檢查時局部可見鼓膜穿孔，電測聽檢查多呈傳導性耳聾，聲阻抗檢查多呈聲阻減小，聲順增加。

乳突 X 光，非危險型一般顯示乳突呈硬化型，無骨破壞腔。危險型往往鼓竇區有典型的骨質破壞空腔。

確診時，應與非化膿性中耳炎相鑑別。非化膿性中耳炎種類較多，以聽力下降，耳堵悶感為主要表現，但均以鼓膜無穿孔，不流膿為其特點。

確診時，應與外耳道皮膚炎症等相鑑別。外耳道皮膚的炎症、濕疹、癤腫破潰等均會表現為患耳流水或流膿，但對聽力無影響，無耳聾表現。

還應與慢性鼓膜炎相鑑別。慢性鼓膜炎聽力僅有輕微損失，鼓膜無穿孔，經治療較快痊癒。

本病可分為 4 期。

活動期：中耳持續流膿，或間歇流膿的間歇期不超過

6週，鼓室黏膜潮濕，隨時可再流膿。

靜止期：中耳間歇流膿，乾耳時間維持 6 週以上，但不超過半年。

非活動期：中耳流膿停止達半年以上，但穿孔未癒合。

癒合期：穿孔的鼓膜已自行癒合，或手術修補後癒合，中耳不再流膿。

慢性化膿性中耳炎根據臨床表現，一般分為危險型和非危險型兩種。

危險型在臨床上又分為膽脂瘤型和骨瘤型，其特點是破壞骨質，可引起腦膜炎、腦膿腫、耳後骨衣下膿腫、面癱等顱內外併發症。

【西醫治療】

＊ 在流膿期間，多用藥水治療，常用的有 3% 過氧化氫溶液，待膿淨後，再滴入抗生素藥水，每次點入 3～5 滴即可，然後將頭偏向健耳一側 5 分鐘，以使藥液充分進入中耳。

切忌在流膿期間噴入藥粉，妨礙引流。

【中醫治療】

中醫認為本病為腎元虧虛及脾虛濕困，上犯耳竅所引起。適宜用補腎健脾、祛濕排膿的方法治療。

【參考方藥】黨參 10 克、黃蓍 10 克、茯苓 12 克、川芎 6 克、皂刺 6 克、澤瀉 12 克、薏苡仁 12 克、白芷 6 克、炙甘草 6 克。

膿多者加魚腥草 10 克、冬瓜子 10 克；急性發作期可加菊花 10 克、蒲公英 10 克、車前子（包煎）10 克；膿

有臭味者加桃仁 10 克、紅花 6 克、穿山甲 10 克。

【預防與保健】

預防感冒及各種流行病，如麻疹、猩紅熱、水痘等。積極鍛鍊身體，增強體質。

小兒患病，要注意餵養姿勢，不要讓小兒平臥吃奶或喝水，以免引起嗆咳後將奶水經耳咽管嗆入中耳。

防止患耳進水，洗頭、洗澡時可先用棉球或耳塞將患耳堵住，有鼓膜穿孔者不能游泳，以免污水入耳，引起發作。

慢性化膿性中耳炎絕非短期內能治癒，即使經治療流膿停止，亦極容易復發，故長期堅持治療，防止復發，才能有效。

少食魚、蝦、羊肉等食物，飲食以清淡為宜，戒除菸酒。

如患者在短期內流膿增多，膿色灰黑味臭，並出現頭痛、發熱、神志不清等，要及時到醫院進行治療。

鼻　病

急性鼻炎

本病誘因

鼻腔炎症主要有急性鼻炎、慢性單純性鼻炎、慢性肥厚性鼻炎、萎縮性鼻炎、乾酪性鼻炎、藥物性鼻炎及變應性鼻炎等類型。

急性鼻炎是鼻腔黏膜急性炎症，俗稱「傷風」或

「感冒」，是一種很普遍的具有傳染性的疾病，有時為全身疾病的一種局部表現。

急性鼻炎發病率高，發病範圍廣。主要病因為上呼吸道的病毒感染及伴有細菌性繼發感染。

常見致病病毒為鼻病毒、腺病毒、流感和副流感病毒、冠狀病毒等。受涼、過勞、菸酒過度、維生素缺乏、內分泌失調、鼻腔慢性疾病、臨近感染病灶等為常見誘因。

如治療不及時或不當，可引發鼻竇炎。

【主要症狀】

病初鼻內乾燥，有癢感、噴嚏、流清水，漸覺鼻塞、全身不適、乏力、發熱、頭痛、肌肉及四肢痠痛，並有食慾減退。有閉塞性鼻音，甚至張口呼吸，膿性鼻涕。

病程表現為：

1～2 日後在上述典型症狀的基礎上，漸有鼻塞，流大量清水樣鼻涕，嗅覺減退，頭痛。2～7 日後因繼發感染，分泌物轉為膿性不易擤出，鼻塞加重。如無併發症，7～10 日可癒。

小兒症狀較成人重，多有發熱、倦怠，甚至高熱、驚厥，或嘔吐、腹瀉等消化道症狀，伴腺體樣肥大者鼻塞更重，妨礙吮奶。

可併發鼻竇炎、中耳炎、咽炎、喉炎、氣管炎、支氣管炎，甚至肺炎。

【就醫指南】

具有典型症狀。局部可見鼻黏膜充血、腫脹、有清水

樣鼻涕，後期在鼻底部可見黏膿性鼻涕。

對小兒應加強全身檢查及觀察，以排除其他傳染病的前驅症狀。

應與流行性感冒相鑑別：流行性感冒傳染性強，許多人可同時發病，全身衰弱及中毒症狀明顯，如寒戰、高熱、四肢關節及肌肉疼痛，重者可有噁心、嘔吐。

應與過敏性鼻炎鑑別：過敏性鼻炎只流清水樣鼻涕，鼻黏膜多呈灰白色，無惡寒、發熱等症狀。

【西醫治療】

＊可給予鎮痛退熱劑，如阿司匹林、複方阿司匹林，每次 1 片，每日 3 次，至全身症狀減輕後即停用。

＊若症狀嚴重或出現併發症時應酌情用抗生素，如磺胺類。1%～2%麻黃素生理鹽水滴鼻。病癒後可考慮手術矯治引起鼻塞的原發病如鼻中隔偏曲、鼻甲肥厚等。

＊全身治療也可用中西成藥如速效感冒膠囊、感冒清、感冒退熱沖劑、銀翹片、藿香正氣丸等。

【中醫治療】

中醫根據症狀及脈象分型，然後進行辨證論治。

◎風熱型：症見春、夏、秋季發病，發熱重、惡寒輕、口渴。適宜用辛涼解表的方法治療。

【參考方藥】金銀花 10 克、連翹 10 克、菊花 10 克、竹葉 10 克、牛蒡子 6 克、桔梗 10 克、薄荷 3 克、生甘草 6 克。

◎風寒型：症見冬季發病，惡寒重，發熱輕，無汗。適宜用辛溫解表的方法治療。

【參考方藥】荊芥、防風、蘇葉、淡豆豉、川芎、白

芷各 10 克，甘草、辛夷各 6 克。

中醫傳統療法

★按摩法

按摩鼻部：用食、中指廣泛採摩鼻根、鼻背、鼻翼兩側及顴髎和太陽穴部位，以局部發熱、鼻竅通暢為佳；也可用雙手大魚際擦鼻子的兩側，以出現發熱為度。

點穴通竅：用食指點按迎香、印堂、太陽、四白、顴髎諸穴，力量稍大，以局部酸脹為度。同時配合點風池和按揉合谷，每穴點按半分鐘。

【預防與保健】

鍛鍊身體，增強人體抵抗力。

如有鼻息肉、鼻中隔偏曲、鼻甲肥大等應儘早治療。

患病後避免捏緊雙側鼻孔用力擤鼻，以防膿涕進入鼻竇及耳咽管繼發鼻竇炎及中耳炎。

患者應臥床休息，大量飲水。宜進清淡食物，通便利尿。切忌菸酒過度。

小兒抵抗力差，急性鼻炎時易繼發下呼吸感染，應注意保暖和加強觀察，對小兒尤為重要。

♥ 慢性鼻炎

本病誘因

慢性鼻炎是指鼻腔內黏膜及黏膜下層的慢性炎症。

主要為慢性單純性鼻炎和慢性肥厚性鼻炎兩種。後者多由前者發展演變而來，兩者間無明顯界線。

　　慢性單純性鼻炎和慢性肥厚性鼻炎的病因分為局部和全身兩種。

　　局部病因有：急性鼻炎反覆發作，或治療不當；慢性鼻竇炎的鼻黏膜長期受膿性分泌物刺激；慢性扁桃體炎、腺樣體肥大未及時治療；鼻中隔偏曲妨礙鼻腔通氣；鼻腔用藥不當或過久，導致藥物性鼻炎。

　　全身病因有：結核、糖尿病、風濕病、痛風、急性傳染病後、慢性便秘、肝腎及心臟病等全身慢性疾病，內分泌失調、免疫功能障礙也與本病有關。

　　【主要症狀】

　　鼻塞：間歇或交替性甚至雙側鼻腔持續性堵塞，疲勞及飲酒後常可使鼻塞加重，由於鼻塞可出現嗅覺下降、頭脹、頭痛、說話鼻音較重等症狀。其中，慢性單純性鼻炎為間歇性、交替性，常在運動後或吸溫濕空氣後減輕，遇寒冷時加重，側臥時，居下側之鼻腔阻塞，上側通氣良好。慢性肥厚性鼻炎，鼻塞較重，多為持續性。

　　多涕：鼻涕多呈黏稠或半透明狀液體，兒童患病可見鼻涕長期刺激鼻孔及上唇，使局部皮膚潮紅，鼻涕亦可向後流入咽部，出現咽喉不適、痰多等表現。

　　【就醫指南】

　　具有典型症狀。但鼻炎類型不同時，鼻腔血管收縮情

況不同，可幫助區別鼻炎類型：慢性單純性鼻炎鼻黏膜光滑、有彈力，血管收縮敏感，故以 1% 麻黃素滴鼻液滴鼻 3～5 分鐘後，鼻塞明顯減輕。

慢性肥厚性鼻炎除較輕型的用 1% 麻黃素滴鼻液血管可以收縮外，一般因黏膜肥厚，對血管收縮劑不敏感，故即使滴麻黃素後鼻塞亦無明顯減輕。嗅覺障礙、頭痛、記憶力減退，一般見於慢性肥厚性鼻炎。

應與鼻息肉鑑別。鼻息肉鼻塞的特點為逐漸加重，隨著息肉生長，最後導致一側或兩側鼻孔完全堵塞，重者可見鼻部被息肉撐寬呈蛙鼻狀。

應與鼻竇炎鑑別。鼻竇炎頭痛突出，並多有時間性，即上午、下午頭痛時間和頭痛部位的不同，與某個鼻竇發病有關；鼻竇炎流鼻涕為黃膿性。

【西醫治療】

＊ 1%麻黃素滴鼻液：每日 3 次，每次 2～3 滴。

＊ 慢性肥厚性鼻炎，對 1%麻黃素滴鼻液不敏感者，可施行下鼻甲黏膜硬化法或手術切除部分下鼻甲黏膜。因用於治療慢性鼻炎的滴鼻藥水有很多種，所以，具體使用時應在醫生的指導下使用。慢性鼻炎不適合用鹽酸萘甲唑林滴鼻，更忌長期使用。

＊ 對家中患有慢性鼻炎的小兒尤應注意護理，叮囑按時點藥、服藥，對鼻孔及上唇皮膚長期受鼻涕刺激而發紅者，應及時將鼻腔內鼻涕擤出，並用油劑藥膏，如紅黴素軟膏等塗於上唇及鼻孔內，以保護局部皮膚。

＊ 可採用下鼻甲黏膜下電凝術、液氮冷凍、二氧化碳雷射治療，藥物常用 30%～50%三氯醋酸、鉻酸珠或硝

酸銀結晶燒灼。

【中醫治療】

本病屬中醫「鼻窒」範疇，認為慢性鼻炎以肺脾氣虛和氣滯血瘀為主，慢性單純性鼻炎多以補益肺脾、通利鼻竅的辦法為主，慢性肥厚性鼻炎則以調和氣血、行滯化瘀的方法治療。具體治療時可分以下兩型辨證施治：

◎**肺脾氣虛、邪滯鼻竅型**：症見交替性鼻塞，咳嗽，氣短，面色蒼白，且舌質淡紅，苔薄白，脈緩或浮無力。適宜用補益肺脾、通散鼻竅的方法治療。

若以肺氣虛為主，則服用溫肺止流丹；若以脾氣虛為主，則服用參苓白朮散。

◎**邪毒內留、氣滯血瘀型**：症見鼻塞無歇，涕多黃稠，咳嗽痰多，且舌質紅脈弱細。適宜用調養氣血、行滯化的方法治療。

可口服當歸芍藥湯或藿膽丸。

【參考基礎處方】蒼耳子 10 克、白芷 10 克、辛夷 10 克、薄荷 3 克（需要後下）。

·············· **中醫傳統療法** ··············

★**推拿療法**

以右手拇指和食指捏住鼻梁兩側，上下稍用力推移，上至內眼角下，下至鼻翼上方，每次 10 分鐘，每日 2 次。此法對鼻塞症狀的緩解有明顯效果。

★**針灸療法**

取穴迎香、印堂、太陽、風池、曲池、足三里等，每次 2～3 穴，強刺激。

【預防與保健】

堅持鍛鍊身體，增強體質，在秋末冬初可增加身體禦寒能力。如果持之以恆，定可收到良好效果。

預防上呼吸道感染，在流感時期可燒醋燻居室，保持室內空氣新鮮，必要時服用藥物預防。

遇感冒鼻塞加重，不可用力摳鼻，以免引起鼻腔感染。避免局部長期使用血管收縮類西藥滴鼻，以致形成「藥物性鼻炎」。

戒菸酒及辛辣食物的刺激，飲食多清淡少油膩。積極防治全身慢性疾病，及時治療鼻腔鄰近組織的疾病，如扁桃體炎、咽喉炎、齲齒等。

此外，還要正確使用滴鼻藥。

正確的方法：滴藥時鼻孔朝上，頭後仰，以不使藥液流入口中，每次一側鼻腔點入 3～5 滴即可，點藥後保持頭位 5 分鐘，每日用藥 3～5 次。

耐心治療，充滿信心。正確滴藥，堅持不懈。夏秋治療，效果會更佳。

❤ 過敏性鼻炎

本病誘因

本病是發生在鼻黏膜的變應性疾病，以 15～40 歲多見。

過敏性鼻炎屬 I 型變態反應性疾病，引起本病的致敏原主要是吸入性變應原，包括室內粉塵、塵蟎、真菌、動物皮毛、棉絮等；某些食物性變應原

家庭醫學速查百科

如牛奶、雞蛋、魚蝦、水果等也可引起本病。油漆氣味也可成為致病因素。

【主要症狀】

本病可常年發生，陣發性連續打噴嚏、流清涕、鼻塞等為本病的典型症狀。

噴嚏：每天常有數次噴嚏陣發性發作。清晨和夜間加重，每次發作少則幾個，多則幾十個。

流涕：常有大量清水樣鼻涕，在急性發作期尤明顯。

鼻塞：為間歇性或持續性，程度輕重不一。

鼻癢和嗅覺障礙：鼻內發癢，甚至鼻外眼部發癢。因鼻黏膜腫脹或息肉形成而引起嗅覺障礙，因此嗅覺障礙可能是暫時性的，也可能是持久性的。

【就醫指南】

具有典型症狀。在發作期間，鼻黏膜呈蒼白或灰白色，水腫樣，尤以下鼻甲顯著，鼻腔內可見多量水樣或很稀的鼻涕。鼻分泌物塗片，在顯微鏡下可見較多嗜酸細胞。

診斷時，應區分常年變應性鼻炎和花粉症 2 型，常年變應性鼻炎即通常所謂過敏性鼻炎，而花粉症僅在花粉播粉期發病，每年發病季節基本一致。

抗原皮試反應時，局部出現風團、紅暈者為陽性反應，以此可確定致敏的變應原類型。

【西醫治療】

＊症狀較輕時，可外用滴鼻藥，如 1%麻黃素滴鼻液，0.5%可的松藥水滴鼻等。

可選用氯苯那敏口服，每次 4 毫克，每日 3 次，口

服。也可口服賽庚啶、阿司咪唑等藥。

　　＊ 症狀較重時，可選用類固醇激素，如潑尼松每次 5 毫克，每日 3 次，口服。

　　因為藥物久服可產生水、鹽、糖、蛋白質代謝紊亂，所以應在醫生指導下服用。

【中醫治療】

　　中醫根據症狀及脈象分型，然後進行辨證論治。

　　◎腎陽虛型：除有鼻腔症狀外，症見腰膝冷痛、遺精早洩、形寒怕冷、夜尿多，且舌質淡嫩、苔白、脈沉細。適宜用溫壯腎陽的方法治療。可用金匱腎氣丸。

　　◎肺氣虛型：症見倦怠懶言、氣短、音低，或有自汗、面色蒼白，且舌淡苔白、脈虛弱。適宜用溫補肺臟、祛散風寒的方法治療。可用防風通聖散、溫肺止流丹、玉屏風散。

　　◎脾虛型：症見腹脹、肢困、便溏，且舌淡苔白，脈濡弱。適宜用健脾益氣、升清化濕的方法治療。可用補中益氣丸、參苓白朮散。

⋯⋯中醫傳統療法⋯⋯

★按摩法

　　按摩鼻部：用食、中指廣泛揉摩鼻根、鼻背、鼻翼兩側及顴髎和太陽穴部位，以局部發熱、鼻竅通暢為佳；也可雙手大魚際擦鼻子的兩側，以出現發熱為度。

　　點穴通竅：用食指點按迎香、印堂、太陽、四白、顴髎諸穴，力量稍大，以局部酸脹為度。同時配合點風池和按揉合谷，每穴點按半分鐘。

【預防與保健】

注意觀察尋找誘因，發現致敏因素應去除或避免之。鍛鍊身體，增強體質，防止受涼。避免過食生冷、油膩、魚蝦等腥葷之物。

♥ 急性鼻竇炎

本病誘因

急性鼻竇炎是鼻腔黏膜的急性化膿性炎症，本病絕大多數由傷風感冒引起，全身抵抗力低下，鼻腔疾病妨礙引流。游泳，跳水方法不當，以及氣壓的迅速改變（如飛行、潛水等）均可導致本病的發生。可一個鼻竇單獨發病，也可幾個鼻竇同時發炎，重者可累及骨質，還可引起周圍組織和鄰近器官的併發症。

【主要症狀】

患者可發生持續性鼻塞、嗅覺障礙、膿涕、頭痛，全身症狀似急性鼻炎。或有局部壓痛，中鼻道、嗅溝積膿。

因本病常發於傷風、感冒，故可見畏寒、發熱、食慾不振、便秘、周身不適。

鼻腔不斷擤出大量的膿性或黏液性分泌物，初起時可見涕中帶少量血液。

【就醫指南】

具有典型症狀。鼻腔檢查時可見黏膜充血、腫脹，中鼻道或鼻腔底有膿性分泌物。X 光示病變竇腔透光較差或

不透光，甚至有液體影像出現，可助診斷。

【西醫治療】

＊抗生素類如青黴素每次 80 萬單位，肌內注射，每日 2 次；螺旋黴素 0.3 克，每日 3 次，口服，或紅黴素 0.375 克，每 6 小時 1 次，口服。

＊局部治療時，可用 1% 麻黃素和 0.15% 黃連素滴鼻液滴鼻或 0.25%氯黴素眼藥水滴鼻。

【中醫治療】

急慢性鼻竇炎均屬中醫「鼻淵」範疇。根據症狀及脈象分型，然後進行辨證論治。

◎脾胃濕熱型：症見涕黃，量多，鼻塞持續，並見頭暈、頭重、體倦、脘脅脹悶，且舌質紅苔黃，脈濡或滑數。適宜用清脾瀉熱、利濕祛濁的方法治療。

可用黃芩滑石湯或甘露消毒飲、加味四苓散。

◎肺經風熱型：除鼻部症狀外，症見發熱，畏寒，頭痛，胸悶，痰多，且舌質紅，脈浮數。適宜用疏風清熱的方法治療。

可用蒼耳子散、羚翹丸、千柏鼻炎片。

◎膽腑鬱熱型：症見涕多黃稠，嗅覺差，頭痛，並見發熱、口苦、咽乾，且舌質紅苔黃，脈弦數。適宜用清洩膽熱、利濕通竅的方法治療。

可用龍膽瀉肝丸等。

-------------- 中醫傳統療法 --------------

★按摩法

按摩鼻部：用食、中指廣泛揉摩鼻根、鼻背、鼻翼兩

側及顴髎和太陽穴部位，以局部發熱、鼻竅通暢為佳；也可雙手大魚際擦鼻子的兩側，以發熱為度。

點穴通竅：用食指點按迎香、印堂、太陽、四白、顴髎諸穴，力量稍大，以局部酸脹為度。同時配合點風池和按揉合谷，每穴點按半分鐘。

【預防與保健】

保持鼻腔清潔，鼻塞時以滴鼻藥滴鼻，尤其患急性鼻竇炎時，應及時除去積留的鼻涕，但不可用力擤鼻，以免引起中耳感染。

勞逸結合，平時注意鍛鍊身體，增強體質，預防感冒，患急性鼻竇炎時，要注意保暖，臥床休息，加強營養。

患急性鼻竇炎時，注意多飲開水，多食蔬菜。禁食辛辣刺激食物，戒除菸酒。

💜 慢性鼻竇炎

本病誘因

慢性鼻竇炎較多見，常繼發於急性鼻竇炎之後，多數與變態反應有關。本病病程較長，可數年至數十年反覆發作，經久難癒。

慢性鼻竇炎絕大多數是鼻竇內的多種細菌感染，致病菌以流感桿菌及鏈球菌多見。

【主要症狀】

慢性鼻竇炎是以鼻塞、流膿涕、頭昏、頭痛、嗅覺減

退為主要症狀。

少數人可無明顯症狀，但多數有頭昏、食慾不振、易疲倦、記憶力減退以及失眠等。

鼻塞：輕重不等，用滴鼻藥後，鼻涕擤出，鼻塞暫時改善，但不久又覺阻塞。

多膿涕：為慢性鼻竇炎主要症狀，鼻涕為黏液或膿性，有時鼻涕經後鼻孔流入鼻咽，常有痰多感。牙原性上頜竇炎鼻涕常有腐臭味。

頭痛：為非必有症狀，若有亦不如急性鼻竇炎嚴重，一般多屬鈍痛、悶痛，均為鼻竇內引流不暢所致。

嗅覺下降：多為兩種原因所致，一為鼻黏膜腫脹、鼻塞，氣流不能進入嗅覺區域；二為嗅區黏膜受慢性炎症長期刺激，嗅覺功能減退。

【就醫指南】

具有典型症狀，鼻腔檢查時，可見鼻腔黏膜慢性充血、腫脹或肥厚，甚至可見鼻中息肉樣變或息肉等，鼻腔底或中鼻道瀦留膿液。

X 光斷層檢查。常見竇腔模糊、混濁，或見黏膜增厚。

上頜竇穿刺沖洗。可瞭解竇出膿液的性質、多少，此法也是慢性鼻竇炎的治療方法之一。

應與慢性鼻炎鑑別。慢性鼻炎流鼻涕不呈綠膿性，亦無臭味，故觀察鼻涕的性質是鑑別關鍵；拍攝 X 光片檢查鑑別可準確無誤，慢性鼻炎病變侷限於鼻腔，而慢性鼻竇炎則鼻竇內可見有炎性病變。

應與神經性頭痛鑑別。有些患神經性頭痛的患者可長年頭痛，反覆發作，往往誤認為有鼻竇炎，但這種患者基

本沒有鼻部症狀，故從表現及拍 X 光片即可加以鑑別。

【西醫治療】

＊ 1% 麻黃素每次 2～3 滴，滴鼻，每日 3 次；一般來講，鼻腔內忌用藥粉噴入治療，故不宜自行配製藥粉吸入鼻腔。

＊鼻竇內積膿較多而又不易排出時可用穿刺治療法，常用於上頜竇炎，本法安全、可靠，局部損傷很小，須經醫生用特製穿刺針穿入鼻竇內，將膿涕冲出，再將消炎藥直接注入鼻竇，多可收到較好療效。

＊局部理療對慢性鼻竇炎亦有一定效果。

＊對適應證還可選擇手術治療，如上頜竇開窗術、上頜竇清理術、鼻內篩竇切除術，中鼻甲肥大、鼻中隔偏曲等也應手術治療。

【中醫治療】

慢性鼻竇炎中醫稱之為鼻淵，與肺、脾的虛損有關。

◎肺氣虛寒型：症見多涕且黏，鼻塞或輕或重，並見頭昏略脹、形寒肢冷、氣短乏力、咳嗽有痰，且舌質淡苔薄白，脈浮弱。適宜用溫補肺氣、疏散風寒的方法治療。

可用溫肺止流丹或玉屏風散。

◎脾氣虛弱型：症見涕黏稠或黃稠，量多，鼻塞較重，全身乏力，食少腹脹，便溏，面色萎黃，且舌質淡苔薄白，脈浮弱。適宜用健脾益氣、清利濕濁的方法治療。

可用參苓白朮散、補中益氣丸。此外，可參考基礎方：茯苓 12 克，黨參、白朮、陳皮、山藥、蒼耳子、辛夷、白芷各 10 克。

膿涕多者加魚腥草 12 克、冬瓜子 10 克。頭昏、頭痛者加

川芎10克、菊花10克。鼻塞重、嗅覺下降者加鵝不食草10克。

·········中醫傳統療法·········

★按摩法

按摩鼻部：用食指、中指廣泛揉摩鼻根、鼻背、鼻翼兩側及顴髎和太陽穴部位，以局部發熱、鼻竅通暢為佳；也可雙手大魚際擦鼻子的兩側，以發熱為度。

點穴通竅：用食指點按迎香、印堂、太陽、四白、顴髎諸穴，力量稍大，以局部酸脹為度。同時配合點風池和按揉合谷，每穴點按半分鐘。

【預防與保健】

如果工作環境粉塵、污染較重，應戴口罩，避免細菌進入鼻腔。

積極預防感冒，在上呼吸道感染期及時治療，因為「上感」治療不徹底，常是慢性鼻炎及慢性鼻竇炎的誘因。居住室內應保持空氣新鮮，注意休息，堅持治療。小兒患病應按時用藥。

禁止吸菸飲酒，熱症忌食辛辣刺激物，宜食清淡蔬菜、豆類、忌食油膩厚味。

清潔鼻腔，去除積留的膿涕，保持鼻腔通暢。患者可多做低頭、側頭動作，以利鼻竇內膿涕排出。不用力擤鼻，膿涕多者可先滴藥，再擤鼻，以免單個鼻竇炎因擤鼻不當，將膿涕壓入其他鼻竇而導致多個鼻竇發炎。

慢性鼻竇炎的治療往往是長期的，尤其在天氣變化及冬季，注意防止外感，減少急性發作。

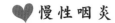

咽喉疾病

慢性咽炎

本病誘因

慢性咽炎是慢性感染引起的瀰漫性咽部病變，即咽部黏膜的慢性炎症，多見於中年人，是很常見的一種疾病。

本病可以是由於急性咽炎反覆發作所致，也有較多人因上呼吸道的慢性炎症，如慢性扁桃體炎及口腔牙齒炎症，慢性鼻炎、鼻竇炎、鼻腔膿性分泌物下流刺激咽部引起。

不少全身性疾病如風濕熱、糖尿病、心臟病或貧血、消化不良、肝病、腎病等，一些職業因素（如教師或歌唱者及在不潔環境中工作的人），以及與菸、酒、粉塵等外界刺激、生活習慣、過敏體質或身體抵抗力減低等也有一定關係。

【主要症狀】

典型症狀為咽部不適，常見咽部乾燥、發脹、堵塞、瘙癢、吞咽不適、有異物感等。

以上感覺常可引發短促而頻繁的咳嗽，晨起較劇，並且容易引起噁心。

上述表現在用嗓過度、氣候突變或吸入乾冷的空氣時及菸酒後均可加重。

【就醫指南】

具有典型症狀。咽部檢查時，可見咽壁黏膜充血，呈

暗紅色，在咽後壁可見分散突起的小顆粒或成片如串珠，其周圍有擴張的血管網，表面有時附有黏液或膿性分泌物。

確診時應與慢性扁桃體炎鑑別：慢性咽炎常與慢性扁桃體炎伴存，但以慢性扁桃體炎為主要表現時，多伴有頜下淋巴結腫大，而慢性咽炎以咽後壁淋巴濾泡增生為特點。

確診時應與早期食管癌鑑別：食管癌早期尚未出現吞嚥困難，常有咽部不適或胸骨後壓感，此時若做食管鏡或食管鋇餐拍片即可加以區別。

【西醫治療】

＊慢性單純性咽炎常用複方硼砂溶液、呋喃西林液、2%硼酸液等漱口，2%碘甘油塗咽部，口含四季潤喉片、杜滅芬喉片、健民咽喉片、桂林西瓜霜等。

＊用2%～5%硝酸銀塗擦咽部，每日1次，每週2～3次，有消炎、收斂作用。

＊及時治療鼻腔炎、鼻竇炎，行扁桃體摘除術及處理全身疾患。

＊對於咽後壁增生較大的淋巴濾泡，可進行冷凍或電烙法，使其縮小或消失，減輕對咽部的刺激。

＊可採用超短波透熱療法、紫外線照射或二氧化碳雷射治療，也有一定療效。

【中醫治療】

中醫認為慢性咽炎是虛火喉痺，因肺腎陰虛，虛火上升，咽喉失養所致，所以適宜用滋養肺腎、清咽利喉的方法治療。

【參考方藥】沙參 10 克、玄參 10 克、麥冬 10 克、鹽黃柏 6 克、桔梗 10 克、生甘草 6 克。

如為貧血等全身虛證病所致者，應在上方中加當歸 10 克、首烏 10 克、太子參 10 克。

如乾咳少痰，咽乾不適者，可服養陰清肺糖漿。如大便干，咽部乾痛者，可服用知柏地黃丸。

中藥外治時，也可用中藥珍珠層粉、雙料喉風散，少量均勻地噴於咽部，每日 2～3 次。

可用沙參 30 克、麥冬 15 克、桔梗 10 克、生甘草 10 克，加水 500 毫升，煎至 300 毫升，濾淨藥渣，取藥液做霧化吸入（放入霧化吸入器內），每次用藥 30 毫升。

中醫傳統療法

★刮痧法

足部反射區：先刮拭肺、腎、脾反射區；重點刮拭扁桃體、頸、喉、淋巴（腹部）、淋巴（上身）、反射區。

頸部：風池至肩井，廉泉至天突。

手部：魚際、少商。

下肢：三陰交、太谿、照海。

【預防與保健】

保持居室內空氣濕潤清潔，室內不吸菸，不把有刺激氣味的物品放在室內。生爐取暖的家庭，在爐子上放置一盆水，以改善乾燥環境。

減少咽部刺激，戒菸、戒酒，避免化學氣體刺激。

有全身性疾病者應積極治療。避免過多用聲、講話。

注意休息，適當鍛鍊身體。

少食煎炒和有刺激性的食物。慢性咽炎的治療不會在短時間內痊癒。

除局部和全身治療外，堅持用溫的淡鹽水在睡前及飯後含漱，對咽黏膜有很好的保養作用。

如果不是急性發作，不要濫用消炎藥，必要服用時，亦應在醫生指導下使用。

❤ 急性扁桃體炎

本病誘因

急性扁桃體炎是指顎扁桃體的急性感染，為常見病，發病率高。

冬春兩季發病較多，常發生在10～30歲，嬰幼兒及50歲以上者少見。

本病多屬鏈球菌感染。工作、居住於擁擠或通氣不良的場所易傳播感染。

有勞累、受涼、菸酒過度、慢性病等誘因。

鼻和鼻竇炎等慢性化膿性感染為內源性感染的誘因。

【主要症狀】

典型症狀為發病急驟，突然畏寒、高熱，體溫上升至39～40℃或更高，全身不適、頭痛、四肢痠痛、食慾不振等。

咽痛，起先疼痛在一側，繼而波及對側，吞咽、咳嗽時加重。可有同側耳痛或耳鳴、聽力減退。

在扁桃體急性發炎時可有扁桃體周圍膿腫，如隱窩口被堵塞，感染向深層發展，在扁桃體被膜和咽縮肌之間的疏鬆組織發生炎症，繼而形成膿腫。

急性扁桃體炎 4~6 日後，症狀若無好轉，反出現體溫上升，一側咽痛加劇，吞咽時尤重，疼痛常可牽連同側耳部，口水增多，說話含糊不清，張口困難，下頜淋巴結腫大。

在膿腫形成前可見軟顎及一側舌顎弓顯著充血，膿腫形成後側扁桃體周圍明顯紅腫，扁桃體被推向前下方。

【就醫指南】

患者呈急性病容，扁桃體紅腫，表面有黃白色膿點，膿點可融合成假膜，但不超出扁桃體範圍，易於拭去，不留出血創面。下頜角淋巴結常腫大或壓痛。血常規檢查白細胞增高。

【西醫治療】

＊對症狀輕者常用複方硼砂液或生理鹽水漱口。

杜滅芬喉片或碘喉片含化；用 10% 硝酸銀或 20% 弱蛋白銀塗咽部。

用生理鹽水沖洗扁桃體陷窩內膿栓及假膜。

用冰硼散、錫類散吹撒於扁桃體表面有良效。

＊炎症嚴重時應首選青黴素 80 萬單位，肌內注射，每日 2 次，或青黴素，靜脈滴注，每日 1 次，直至症狀消失後 3~4 日。或選用敏感的其他抗生素治療。

＊高熱、頭痛與四肢痠痛者可口服阿司匹林 0.3 克，每日 3 次。

【中醫治療】

中醫認為本病早期為風熱實證，後期為肺胃壅熱，故

早期適宜用疏風清熱、解毒利咽的方法治療。

中成藥如六神丸、牛黃解毒丸、金蓮花片口服有效。

【參考方藥】錦燈籠、山豆根各 15 克，黃芩、桔梗、荊芥、金銀花、連翹、牛蒡子各 10 克，生甘草 6 克。

【預防與保健】

常鍛鍊身體，提高抵抗力。應儘可能臥床休息，多飲水，飲食應以清淡為主，吞咽疼痛者可吃流食或半流食，高熱者可用酒精擦浴，協助降溫。

發病期間多用漱口水含漱，常用的有多貝爾氏液或自行配製淡鹽水，每日含漱 5～10 次。

♥ 慢性喉炎

本病誘因

慢性喉炎是喉黏膜因細菌感染引起的慢性炎症。

慢性喉炎多見於成人，是一種喉黏膜的長期炎症。

可為急性喉炎反覆發作的結果；鼻咽部感染也可發病；用聲過度、發聲不當、吸入有害氣體或長期菸酒也可導致本病。

【主要症狀】

發病初期患者常有分泌物黏附於喉腔，說話時先要將嗓子「清理」一下，不然聲音不清晰，聲音嘶啞，晨起或講話多時加重，分泌物咳出後，嗓聲時減輕，上午較輕，下午較重。早期為間歇性，晚期變為持續聲嘶。

有些患者有咽乾燥不適，喉內異物感，不斷清嗽，喉

內乾燥、灼痛感。

【就醫指南】

具有典型症狀。

應區分喉炎類型，類型不同檢查時表現不同。

應與官能性失音相鑑別。官能性失音是因為情緒變化而引起的暫時性發聲障礙。患者談話時呈微弱的耳語聲，但咳嗽及尖聲正常。喉鏡檢查聲帶無異常。用暗示療法聲音能很快恢復。

應與聲帶麻痺相鑑別。聲帶麻痺常因喉返神經受損傷引起，如甲狀腺手術、甲狀腺癌、頸部轉移性癌、食管癌、縱隔腫瘤、主動脈弓瘤、肺結核等均可使該神經受累。此外，中樞性疾病也可致聲帶麻痺。臨床上左側聲帶麻痺較右側多見。喉鏡檢查可見患側聲帶不能運動。

應與喉癌相鑑別。喉癌多發生於 40 歲以上的男性，有持續聲嘶，喉鏡檢查可見有結節樣或菜花樣新生物，常發生於聲帶中段，做組織活檢可明確診斷。

慢性喉炎可分為單純性喉炎、肥厚性喉炎和結節性喉炎。

單純性喉炎可見喉黏膜瀰漫性充血，聲帶失去正常光澤，呈淺紅或暗紅色，也可在其上看到舒張的血管紋，聲帶邊緣增厚，喉腔常有分泌物附著。

肥厚性喉炎可見喉黏膜呈暗紅色，聲帶增厚，室帶明顯增厚，甚至在發音時可以遮蓋室帶，喉腔內可見有分泌物附著。

結節性喉炎可見在兩側聲帶前、中 1/3 交界處的邊緣有對稱的小結突起，色白，如粟米大小，基部略紅，發聲

時兩聲帶不能緊密閉合。

【西醫治療】

＊ 治療鼻、咽及下呼吸道感染。

＊ 霧化吸入，霧化液中可加入類固醇激素、糜蛋白酶等藥。

＊ 也可用離子透入療法，如 1%碘化鉀、2%水楊酸鈉等。或用超短波或微波理療。

＊ 對較大的聲帶小結、息肉，或過度肥厚者可以手術摘除。

【中醫治療】

中醫根據症狀及脈象分型，然後進行辨證論治。

中醫認為此病多屬虛證，常因肺腎陰虧，虛火上灼咽喉，喉失滋養，或用聲過度，肺氣耗損而失聲。因此適宜用益氣養陰、潤肺化痰的方法治療。具體治療時：

◎陰虛型：症見聲嘶伴咽乾微痛，午後潮熱，痰少而黏，不易咳出，聲帶慢性充血、肥厚或有小結。

【參考方藥】生地 10 克、玄參 10 克、知母 10 克、射干 6 克、玉蝴蝶 10 克、桔梗 10 克、生甘草 6 克。

◎氣虛型：症見聲嘶伴少氣乏力，多話或勞累後聲嘶加劇，聲門閉合不全。

【參考方藥】太子參 12 克、炙黃蓍 10 克、南沙參 10 克、淮山藥 10 克、鳳凰衣 6 克、玉蝴蝶 6 克、桔梗 10 克、生甘草 6 克。

或用玄參、生地、桔梗、麥冬、胖大海、石斛、海藻、昆布、板藍根、金銀花各 10 克，蟬蛻 5 克，每日 1 劑，煎服。

也可用鐵笛丸、金嗓清音丸。

中醫傳統療法

★按摩法

以食指和拇指在喉結兩側上下輕輕地按揉，每日 2 次，每次 10～20 分鐘。

【預防與保健】

鍛鍊身體，增強體質，防止上呼吸道反覆感染。教師、演員、歌唱者注意正確發音。

嚴禁吸菸，不吃刺激性強的食物，不接觸空氣污染的環境。

急性喉炎期及時徹底治癒。

去除刺激因素，使聲帶休息，減少發聲，禁止大聲發音，矯正發音方法，發音訓練對慢性單純性喉炎有較好效果。

以示指和拇指在喉結兩側上、下輕輕按揉，每日 2 次，每次 10 分鐘。

 **口腔疾病**

❤ **齲　病**

本病誘因

齲病是較為常見的疾病。齲病是牙齒的硬組織（牙釉質、牙本質、牙骨質）在多種因素作用下逐漸

被破壞的疾病。患齲病的牙齡亦稱蟲牙、蛀牙。齲病不僅使牙病缺損，而且常伴有不同程度的疼痛，咀嚼功能障礙等，嚴重的還可以引起牙髓、牙槽骨及頜骨的炎症。

本病與細菌、食物、宿主、時間因素有關。主要致病菌有變形鏈球菌、乳酸桿菌、放線菌。

宿主牙齒結構有缺陷、排列擁擠、重疊，缺微量元素氟、釩、鍶、鉬等。

齲病的發生和發展是一個緩慢過程。齲病容易發生於牙面的隱蔽部位，齲損導致牙齒的顏色、形態、質地發生變化，牙齒硬組織的損害不能自身修復。

【主要症狀】

臨床上根據牙齒的齲壞程度，分為淺齲、中齲和深齲。

淺齲：即牙釉質齲，牙齒上未形成齲洞，病變僅限於牙釉質內，牙齒病變部位多由半透明的乳黃色變為淺褐色或黑褐色，此時不會產生什麼主觀症狀，但牙頸部淺齲多已破壞到牙本質，應注意。

中齲：病變破壞了牙本質淺層，牙齒已有齲洞形成，牙齒對酸甜食物較為敏感，特別是冷刺激尤為明顯，刺激去除後，症狀消失。

深齲：病變破壞到了牙本質深層，牙齒有較深的齲洞形成，溫度刺激、化學刺激以及食物進入齲洞時均引起疼痛，但在這種情況下，不產生自發性疼痛。

按牙體破壞程度，可分為淺齲、中齲和深齲3度；依病變進展情況，可分為慢性齲、急性齲、靜止齲3期，也包括繼發齲。

慢性齲： 一般情況下齲蝕呈慢性進行性發展。

急性齲： 也稱猖獗齲，多發生於兒童和久病體弱者。齲病同時累及多數牙齒和牙面，且病情較重，齲蝕進程較迅速。

靜止齲： 齲病發展到某一階段，齲損停止，不再發展。齲洞在牙合面，洞形敞開呈淺碟狀，牙本質底呈黃褐色，質硬而光亮，對溫度刺激不敏感。

繼發齲： 已修復過齲洞在其充填物邊緣又發生齲蝕。

【就醫指南】

具有典型症狀，並且根據不同類型鑑別診斷。

X光可助確診。

【西醫治療】

淺齲、中齲、深齲的治療方法各不相同。

＊未形成齲洞時可塗以防齲藥物，如75%氟化鈉甘油糊劑或氨硝酸銀，已形成齲洞的製備洞型後可直接充填。

＊對於中齲和深齲，首先判斷牙髓有無充血症狀，牙髓情況正常者，消毒窩洞，用墊底材料（如磷酸鋅粘固粉）墊底充填，有充血病狀的，作安撫治療，如氧化鋅丁香油粘固粉封閉齲洞，觀察1～2週，無症狀的可去除一部分氧化鋅並作永久到達骨膜下或黏膜下，在患牙相應根尖區膿腫明顯處切開，引流排膿。

＊急性期緩解後，徹底清除根管內感染物，嚴密充

填根管，做永久性治療。病變較大可做消除根尖區病變，但只限於上下前牙。

【預防與保健】

徹底及時治療牙髓炎可預防本病。增強宿主抗齲力，控制菌斑，限製糖食。

飲水中加氟、口服氟化物、潔牙劑加氟。

♥ 牙 周 病

本病誘因

牙周病是牙周組織的慢性炎症，是牙周圍組織的慢性破壞性疾病。

牙周組織包括牙齦、牙槽骨、牙周膜和牙骨質。

本病是由於局部刺激因素如菌斑、牙石、食物嵌塞、不良修復體等發生的，另外，細菌感染、遺傳、免疫缺陷及全身因素對發病也有影響。

本病常見於 30～50 歲，年齡越大，患病率越高，病情也愈重。

【主要症狀】

牙周病常開始於牙齦炎，牙齦腫脹、變紅、出血，正常外形改變，齦緣糜爛或增生，咀嚼食物或刷牙時容易出血。

齦溝加深繼而形成齦袋，而牙周袋形成導致牙齦在牙面上的附著喪失，一般無症狀，有感染時可發生並波及整個牙周袋壁，可有疼痛、溢膿、口臭等症狀。依據 X 光顯示，可見牙槽嵴頂的硬骨板消失，邊緣如蟲蝕狀，細而

牙槽嵴發生垂直吸收，高度降低。

牙周組織的損害到達一定程度，支持骨減少，加之創傷加重，導致牙齒鬆動。

【就醫指南】

具有典型症狀。

分型診斷：按照病情本病可分為輕、中、重 3 度。

輕度：牙周袋≦4 毫米，牙周附著喪失≦2 毫米，X光片顯示牙槽骨吸收不超過根長的 1/3。

中度：牙周袋≦6 毫米，牙周附著喪失≦5 毫米，X光片顯示牙槽骨水平型或角型吸收超過根長的 1/3，但小於 1/2，根分歧區可有輕度病變。

重度：牙周袋＞6 毫米，牙周附著喪失＞5 毫米，X光片顯示牙槽骨的水平型或角型吸收超過根長的 1/2。有根分歧病變，牙齒多已鬆動。

【西醫治療】

＊局部治療時，應控制菌斑；徹底清除牙石；牙周袋及根面可用複方碘液或抗菌藥物；經上述治療仍有較深牙周袋或根面牙石不易清除時則行牙周手術；鬆動牙行固定術；調牙合；拔除不能保留的病牙。

＊全身治療時，除非出現急性牙周症狀，一般不用抗生素，嚴重者可口服甲硝唑，每次 0.2 克，每日 3～4次，共用 1 週；選用牙周寧、中藥、維生素類；控制全身疾病如糖尿病、貧血、消化系統疾病、神經衰弱及消耗性疾病。

【中醫治療】

中醫根據症狀及脈象分型，然後進行辨證論治。

◎**腎陰虧虛型**：症見齦腫、露根、牙齦少量出血，牙鬆動，耳鳴，失眠，腰痠，且舌紅少苔，脈細數。適宜用補腎益髓的方法治療。可用中成藥六味地黃丸、寄生腎氣丸。

◎**胃火上蒸型**：症見齦腫明顯，極易出血，口臭明顯，口渴，便秘，且舌紅苔黃，脈數。適宜用清熱瀉火的方法治療。可用中成藥牛黃清胃丸、保安散、瀉黃散。

◎**氣血不足型**：症見齦色淡白，頭暈，倦怠，畏寒，且舌淡苔白，脈細。適宜用調補氣血的方法治療。可用中成藥八珍益母丸、十全大補丸、補中益氣丸。

【預防與保健】

加強鍛鍊，提高機體免疫力，積極治療全身性疾病。

叩齒、早晚按摩牙齦。

淡鹽水漱口，食後必漱。

選用保健牙刷和藥物牙膏，運用正確刷牙方法。晚餐後必刷牙。

多食含有蛋白質的食物，如雞蛋、牛奶、瘦肉、蠶蛹和豆腐。進食適量蔬菜水果。少吃辛辣食物。

精神愉快，控制感情變化，圍絕經期婦女注意自我調節。青少年避免突然的或過大的刺激。

♥ 牙 齦 炎

本病誘因

牙齦炎是一種最常見的牙齦組織疾病。成年人及青少年都可發病。此病與局部機械刺激及全身代

謝障礙有密切關係。並常伴有糖尿病、血小板減少性紫癜等。

【主要症狀】

牙齦炎的典型症狀是牙齦出血、牙齦癢腫。刷牙、說話時容易出血。

【就醫指南】

具有典型症狀。

本病臨床分 5 型：緣齦炎、肥大性齦炎、妊娠性齦炎、青春性齦炎和剝脫性齦炎。

緣齦炎：觸牙齦時易出血，牙石多。

肥大性齦炎：牙齦乳頭腫大明顯突起。

妊娠性齦炎：牙齦乳頭像腫瘤樣突起。

青春性齦炎：前牙齦乳頭肥大。

剝脫性齦炎：牙齦糜爛。

其中緣齦炎最常見，多發於成年人。該病病情輕但易發展為牙周炎。

肥大性齦炎多發於青少年，其病因明確，只要去除局部刺激（**牙石**）、改正口呼吸及咬合不良的習慣，預後良好。

妊娠性牙齦炎多在分娩後減輕或消失。

青春性齦炎多發於青春前期的青少年、女性為多，近成年時一般自行消退。

剝脫性齦炎是一種綜合徵，此症常伴有口腔苔蘚或天皰瘡，發生在 45 歲以上圍絕經期婦女，預後較差。

【西醫治療】

＊潔石上藥法：除去牙石，塗碘甘油。

＊維生素 C，每次 0.2 克，每日 3 次，口服。

＊上唇過短可戴前庭盾，並進行唇肌訓練，或夜間在唇側牙齦塗凡士林。

＊纖維性增生部分可施行牙齦成形術，恢復牙齦生理外形。

＊牙周塞治術和牙齦按摩也有助於消除炎症和腫脹。

＊藥物性牙齦增生者增生嚴重時需手術切除和修整牙齦外形；對需長期服用苯妥英鈉、硝苯地平、環孢素等藥物的患者，應在用藥前先治療原有的慢性牙齦炎。

【中醫治療】

中醫根據症狀及脈象分型，然後進行辨證論治。

◎胃經實熱型：

症見胃脘嘈雜，煩渴多飲，牙齦腫脹，口臭，齦出血，便秘，且舌紅苔黃，脈滑數。適宜用清胃瀉火的方法治療。

可用牛黃清胃丸。

◎腎陰虛胃熱型：

症見頭暈，腰膝痠軟，失眠夢多，五心煩熱，口乾不欲飲，胃脘嘈雜，且舌紅苔黃，脈沉細。適宜用滋腎陰、清胃熱的方法治療。

可用六味地黃丸、麥味地黃丸等。

◎外感風熱型：

症見口渴，發熱，牙齦紅腫，且舌紅苔白，脈浮數。適宜用疏風清熱的方法治療。

可用銀翹解毒丸、犀羚解毒丸等。

【預防與保健】

去除局部刺激，注意口腔衛生。早、中、晚都要刷牙，尤其吃過食物後要漱口。多飲水，養成定時排便的習慣。進餐要規律，細嚼慢嚥，多吃蔬菜。適量進食水果。

保持樂觀態度，避免情志刺激。積極治療原發病。

遵醫囑，按時用藥。

♥ 牙 髓 炎

本病誘因

牙髓炎，顧名思義，牙髓炎症。是由於深齲、受過不良刺激、食物落入齲洞、齲洞有息肉等因素造成的。

【主要症狀】

自發性痛，陣發性發作。不能咬合食物。遇冷、熱、酸、甜痛感加劇。

【就醫指南】

具有典型症狀。

分類診斷。根據病情，可分為下列幾種類型：急性牙髓炎、慢性閉鎖性牙髓炎、慢性潰瘍性牙髓炎、慢性增生性牙髓炎及牙髓壞死。診斷時應區別診斷。

急性牙髓炎：

自發性疼痛，陣發性發作，夜間加重；放射痛，疼痛部位不只侷限在患牙，而放射到頜面部、頭頸部，範圍較廣；溫度刺激可引起或加重疼痛，溫度試驗時常有疼痛。

慢性閉鎖性牙髓炎：

患牙有自發性鈍痛病史。遇溫度刺激時疼痛，可放射到患側頭部、頜面部，刺激除去後疼痛仍持續一段時間；深齲已穿髓，有輕微叩痛。

慢性潰瘍性牙髓炎：

慢性潰瘍性牙髓炎多發生在齲洞較寬大，且腐質易在咀嚼時崩解者，急性牙髓炎未繼續治療者可轉化為本病。患牙遇溫度刺激時痛，刺激除去後疼痛仍持續一段時間，進食酸、甜食物或食物落入齲洞中均會引起疼痛；有暴露的穿髓孔，但暴露的牙髓無增生，有咬合不適感。

慢性增生性牙髓炎：

慢性增生性牙髓炎多發生在青少年，患者齲損發展快並有大的穿髓孔。齲洞內充滿息肉，進食時易出血，或有輕微痛，較強的溫度刺激後鈍痛；患者長期不用患側咀嚼，患側多有廢用性牙石堆積，伴齦緣紅腫。X 光檢查可助診斷。

牙髓壞死：

如牙髓炎未得到治療或牙髓變性可引起牙髓壞死。患牙多有急慢性牙髓炎病史，或有外傷史。牙冠變為灰色或黑色，露髓的齲洞探入髓腔時無感覺。溫度及電活力試驗無反應，X 光檢查可助診斷。

【西醫治療】

＊慢性閉鎖性牙髓炎，前牙可採用根管治療，後牙則採用牙髓塑化治療，年輕恆牙不論前後牙均採用根管治療。

＊慢性潰瘍性牙髓炎，早期前牙可用根管治療術，後牙則行乾髓治療術或牙髓塑化治療，年輕恆牙行活髓切

斷術；晚期前牙行根管治療，後牙行牙髓塑化治療，年輕恆牙則作根管治療，應盡量促使牙根繼續形成。

＊急性牙髓炎，可繼發於牙髓充血，但常見由慢性牙髓炎轉化而來，多存在深齲，治療應及時開髓，減輕髓腔壓力，用浸有鎮痛劑如丁香油小棉球置於齲洞中；年輕恆牙應力求保存活髓，使牙根繼續發育完成。

＊若為慢性牙髓炎發展而來者則應行根管治療術；發育完成牙齒的炎症，後牙早期可行乾髓術晚期行牙髓塑化治療，前牙則行根管治療。慢性增生性牙髓炎，患牙破壞嚴重，伴嚴重的牙內吸收時應拔除；牙冠尚能修復，不伴牙內吸收，可採用根管治療，應徹底除去根管內的牙髓組織，嚴密充填。

＊牙髓壞死，前牙行根管治療，後牙行牙髓塑化治療；漸進性壞死的後牙可行乾髓術，前牙牙冠變色可行漂白治療或烤瓷。

【預防與保健】

保持口腔衛生。早晚刷牙，飯後漱口，牙刷毛不要太硬。牙齒不要太受刺激。從冰箱取出的食物最好不要馬上進食，吃火鍋不要太燙，麻辣食物應少吃或不吃。

♥ 牙本質過敏症

本病誘因

牙本質過敏症又稱牙齒敏感症，是指牙本質暴露部分受到機械的、溫度的或者甜酸等食物刺激後，所引起的牙齒異常痠軟疼痛的感覺。齲病、磨

損、酸蝕症、楔狀缺損、牙隱裂、牙折等可引起本病；本病還與婦女月經期、妊娠期、神經衰弱、頭頸部放射治療等有關。

【主要症狀】

牙本質過敏症的典型表現為刺激痛。刷牙、進冷熱酸甜及硬食物時，牙齒出現痠軟無力，一瞬間疼痛感覺，當停止刺激時，疼痛立刻消失。

【就醫指南】

具有典型症狀。用探針尖在牙面上尋找 1 個或數個敏感點或敏感區，可引起患者特殊的酸、軟、痛症狀。

【西醫治療】

＊牙合面多個敏感點或區用碘化銀、氨硝酸銀或酚醛樹脂脫敏；牙頸部敏感區用含氟糊劑如 75%氟化鈉甘油糊劑塗擦脫敏；全口多個牙牙合面或牙頸部敏感，可用氟離子和鈣離子導入法脫敏。

＊採用雷射脫敏也有一定療效。疼痛劇烈患者最終只有做牙髓治療（殺死牙神經）才能消除此症。

【中醫治療】

慢性牙周炎引起牙齦萎縮、牙頸部過敏者，可服六味地黃丸。

牙合面個別敏感點用麝香草酚熨熱脫敏。

【預防與保健】

注意口腔衛生，勤漱口，選用合適的牙刷，掌握正確刷牙方法。

糾正單側咀嚼習慣和用口呼吸的不良習慣。

♥ 口腔扁平苔蘚

本病誘因

口腔黏膜上出現的白色網狀或條紋狀，伴有充血、疼痛的表淺的非感染性疾病，稱為口腔扁平苔蘚。本病可以單獨發生於口腔，也可與皮膚扁平苔蘚同時發生。

其病因可能與細菌、病毒感染、精神因素，內分泌紊亂或免疫因素有關。性別上無明顯差異，中年女性患者較多。

【主要症狀】

口腔黏膜損害：口腔黏膜損害主要特徵為珠光白色條紋，白紋可以向各個方向延伸，整個線條不被紅紋切割，損害往往具有明顯的左右對稱性，黏膜柔軟，彈性正常，但有粗糙感，輕度刺激痛。

皮膚損害：為扁形有光澤的多角形丘疹，孤立或成片，覆鱗屑，可見細白紋，常對稱性侵犯四肢、軀幹、外生殖器和指甲。

【西醫治療】

一般治療時，應先解除憂慮和情緒波動，然後應用鎮靜藥，調整人體神經功能，可給維生素 B_1、維生素 B_{12}、谷維素等。

＊局部治療：對於有自覺症狀的非普通型病損給予抗炎、止痛、促癒合治療。長期糜爛病損，潑尼松龍 25

毫克/毫升，加等量 2%普魯卡因溶液，局部注射，每 3～7 日 1 次。白色角化層可用 0.3%維 A 痠軟膏塗擦、冷凍、雷射、離子導入治療。

＊ **全身治療**：對長期反覆糜爛者調整免疫治療，胸腺肽 5～10 毫克，肌內注射，隔日 1 次，20 天為 1 療程；左旋咪唑每次 50 毫克，每日 3 次，每週連服 3 日停 4 日，2 個月 1 療程。嚴重者可用潑尼松、維 A 酸口服。

【預防與保健】

心態平和，避免情志刺激。不要過於疲勞，按時起居。避免去公共場所，特別是公共浴室，防止傳染病。

飲食宜清淡，易消化，避免辛辣、刺激食物，忌吃過冷、過熱食物，忌菸酒。

健康加油站

糖尿病
預防與治療

腎部

不孕症治療

簡易
醫學急救法

肥胖
健康診療

肝功能
健康診療

高血壓
健康診療

高血糖值
健康診療

尿酸值
健康診療

膽固醇
中性脂肪
健康診療

痛風
劇痛消除法

手溫暖
健康法

手腳
調理按摩

B型肝炎
預防與治療

吃得更漂亮
健康

茶使你更健康

防治常見疾病
運動療法

改變亞健康

簡易
萬病自療
保健

王朝秘藥媚酒

立見實效
保健操

越吃越性福

荷爾蒙健康

越吃越長壽

自我保健鍛鍊

斷食促進健康

蔬菜健康法
Vegetable

水果健康法
Fruit

越吃越苗條

越吃越聰明
EAT & SMART

全方位
健康藥草

人體
記憶地圖

提升免疫力
戰勝癌症
CANCER

腎臟病
預防與治療

怎樣配吃最健康
Eat & Health

心臟病
腦中風

科學養生細節

由人相診斷
健康

青春期智慧

前列腺(攝護腺)
健康診療

下半身鍛鍊法

四高健康診療

運動精進叢書

快樂健美站

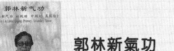

歡迎至本公司購買書籍

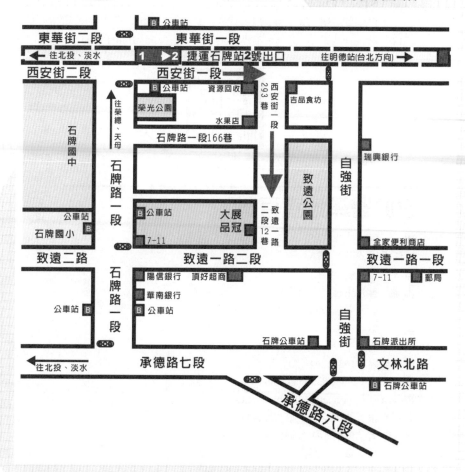

建議路線

1.搭乘捷運‧公車

　　淡水線石牌站下車，由石牌捷運站２號出口出站(出站後靠右邊)，沿著捷運高架往台北方向走(往明德站方向)，其街名為西安街，約走100公尺(勿超過紅綠燈)，由西安街一段293巷進來(巷口有一公車站牌，站名為自強街口)，本公司位於致遠公園對面。搭公車者請於石牌站(石牌派出所)下車，走進自強街，遇致遠路口左轉，右手邊第一條巷子即為本社位置。

2.自行開車或騎車

　　由承德路接石牌路，看到陽信銀行右轉，此條即為致遠一路二段，在遇到自強街(紅綠燈)前的巷子(致遠公園)左轉，即可看到本公司招牌。

國家圖書館出版品預行編目資料

家庭醫學速查百科／呂慶瑛編著
——初版，——臺北市，品冠文化，2015 [民 104.10]
面；21公分—（休閒保健叢書：32）
ISBN 978-986-5734-32-9（平裝）
1.家庭醫學 2.保健常識
429 104015605

家庭醫學速查百科

編 著／呂慶瑛
責任編輯／楊 洋
發 行 人／蔡孟甫
出 版 者／品冠文化出版社
社 址／臺北市北投區（石牌）致遠一路 2 段 12 巷 1 號
電 話／（02）28233123，28236031，28236033
傳 真／（02）28272069
郵政劃撥／19346241
網 址／www.dah-jaan.com.tw
E-mail／service@dah-jann.com.tw
登 記 證／北市建一字第 227242 號
承 印 者／傳興印刷有限公司
裝 訂／眾友企業公司
排 版 者／菩薩蠻數位文化有限公司
授 權 者／安徽科學技術出版社
初版 1 刷／2015 年（民 104 年）10 月

定價／420元

大展好書　好書大展
品嘗好書　冠群可期

大展好書　好書大展
品嘗好書　冠群可期